交流伺服系统
分数阶自适应控制方法

郑世祺　谢远龙　王书亭　著

科　学　出　版　社

北　京

内 容 简 介

　　本书是一部系统介绍交流伺服系统分数阶控制的专著，主要介绍基于模型和基于数据的自适应控制方法，具体包括分数阶微积分理论及交流伺服系统的分数阶建模方法、交流伺服系统的分数阶控制器参数图形化整定方法、单电机伺服系统的分数阶自适应控制方法、多电机伺服系统的分数阶自适应控制方法、数据驱动分数阶控制方法、数据驱动自适应扰动抑制方法和数据驱动多性能指标优化方法。

　　本书可供机械工程、控制科学与工程、电气工程等领域的研究生、教师、研究人员，以及从事运动控制研究的工程师参考和阅读。

图书在版编目（CIP）数据

交流伺服系统分数阶自适应控制方法 / 郑世祺，谢远龙，王书亭著.
—北京：科学出版社，2023.3

ISBN 978-7-03-074673-3

Ⅰ. ①交… Ⅱ. ①郑… ②谢… ③王… Ⅲ. ①交流伺服系统-自适应控制 Ⅳ. ①TM921.54

中国国家版本馆CIP数据核字（2023）第013426号

责任编辑：朱英彪　裴　育　赵微微／责任校对：任苗苗
责任印制：吴兆东／封面设计：蓝正设计

科 学 出 版 社 出版

北京东黄城根北街 16 号
邮政编码：100717
http://www.sciencep.com

北京富资园科技发展有限公司印刷
科学出版社发行　各地新华书店经销
*

2023 年 3 月第 一 版　开本：720 × 1000 1/16
2024 年 1 月第二次印刷　印张：16 1/4
字数：328 000

定价：**120.00 元**
（如有印装质量问题，我社负责调换）

序

 工业 4.0 的到来加快了机器人、数控机床以及高端制造装备的发展，交流伺服系统是高端制造装备的控制核心。一直以来，如何提高交流伺服系统的控制性能受到了众多学者的关注。先进的控制算法(如滑模控制、自适应控制、预测控制等)是解决这一问题的有效途径。

 《交流伺服系统分数阶自适应控制方法》从一个新颖的角度，即分数阶自适应控制，对伺服系统控制问题进行了研究，系统而深入地介绍了交流伺服系统分数阶自适应控制方法。该书是作者 2010 年从事科研以来在该领域研究工作的成果总结，内容丰富，特色鲜明，主要体现在以下几个方面。

 (1)内容新颖。分数阶微积分是对传统整数阶微积分的扩展，这一概念本身具有很强的数学性。该书将这一数学概念和实际的工程应用紧密地结合在一起，形成了一套分数阶控制方法。分数阶自适应控制方面虽然已有很多相应的理论研究成果，但是鲜有著作能够将理论与实际应用结合。

 (2)系统性强。该书从交流伺服系统的物理机理开始，将分数阶自适应控制方法分为基于模型和基于数据两大类，并分别介绍从离线控制器参数整定到自适应在线整定等一系列新颖的控制方法，由浅入深，带领读者探索伺服系统分数阶控制领域。

 (3)案例丰富。该书含有大量的工程应用案例，从旋转伺服电机到直线电机，再到多关节机器人、柔性摆臂、双惯量系统等，每种控制方法都有大量的实验支撑，让读者不会陷入枯燥的数学推导上，能够深刻体会分数阶控制理论在实际伺服系统中发挥的作用。

 (4)实用性强。该书始终面向工程应用，书中介绍的方法均已经在实际的伺服系统中加以实现，不仅能够进一步进行理论科学研究，而且能够为工程师进行产品研发提供一种新颖的控制思路，提高伺服系统的控制性能。

 综上所述，该书是交流伺服系统分数阶控制领域不可多得的优秀著作，故欣然为该书作序，乐于将其推荐给国内外的同行和学生，望引起伺服系统和分数阶领域研究者与应用者的注意，推动分数阶控制理论和交流伺服系统控制技术的发展。

Peng Shi

石 碰

欧洲科学院院士，IEEE/IET Fellow

2022 年 8 月于澳大利亚阿德莱德

前　言

工业化和信息化的深度融合已成为全球制造业的发展趋势，我国将智能制造作为当前和今后一段时期推进两化深度融合的主攻方向和抢占新一轮产业竞争制高点的重要手段。《中国制造 2025》中明确提出智能制造发展战略，高档数控机床和机器人成为重点突破方向之一。交流伺服系统是智能制造装备中的重要组成部分，其应用领域包括柔性电子、工业机器人、数控机床等。交流伺服系统的控制性能直接影响制造装备的运行状况，本书以提升交流伺服系统性能为目标，重点介绍分数阶自适应控制方法。

相信接触过控制理论的读者一定对自适应控制的概念不陌生，这一专业名词是 1954 年钱学森在《工程控制论》一书中提出的。直观地讲，可以将自适应控制系统看成一个能根据环境变化智能调节自身特性的反馈控制系统。正是这一特征使得自适应控制很符合交流伺服系统的应用需求，因为在实际的工程应用当中，环境的变化和不确定性因素是广泛存在的。

分数阶微积分是传统微积分的扩展，是形如 1/2、4/5 这样分数或者实数形式的导数。分数阶微积分最初出现于 1695 年伟大数学家莱布尼茨和洛必达的信件当中，后来被无数的科研工作者拓展，形成了很多优秀的成果。本书写作的灵感来源于如何将分数阶这一纯数学概念和实际的交流伺服系统相结合。通过不断探索，我们发现了很多有趣的结论，事实上很多实际的伺服系统，如柔性摆臂、惯量不均匀的电机系统，都可以用分数阶微积分更好地描述，并且当分数阶微积分和自适应控制方法相结合时，能够获得更好的控制性能。

本书主要分为三大部分，第一部分为第 1 章绪论，介绍交流伺服系统和分数阶微积分的发展和现状。第二部分是基于模型的分数阶自适应控制，包含第 2~5章。第 2 章主要介绍分数阶微积分理论及交流伺服系统的分数阶建模方法；第 3章介绍交流伺服系统的分数阶控制器参数图形化整定方法，能够求出所有满足特定性能指标的控制器参数的集合，这些集合将会被用于后续的控制器设计中；第 4 章主要介绍单电机伺服系统的分数阶自适应控制方法；第 5 章将结论扩展到多电机伺服系统。第三部分是基于数据的分数阶自适应控制，包含第 6~8 章。第 6章介绍通过采集伺服系统运行过程中的数据，离线整定分数阶控制器，这是后续自适应控制方法的基础；第 7 章介绍数据驱动下的分数阶控制方法和自适应扰动抑制方法；第 8 章介绍数据驱动多性能指标优化方法。

本书相关研究工作得到了国家自然科学基金项目（52105019，52275488，

61703376）、之江实验室开放基金项目(2022NB0AB03)和高等学校学科创新引智计划项目(B17040)的支持，在此表示感谢。

本书由郑世祺、谢远龙、王书亭撰写，王诗豪、陈响、赵明远、张雄良、梁丙鋆、杨自超、宋涛、孙嘉春、赵承浩也参与了本书的撰写工作，唐小琦和宋宝教授对本书的撰写提出了宝贵的意见。本书撰写过程中参考和引用了许多国内外文献，在此向文献的作者表示真诚的感谢！

本书写作历经三年，尽管作者反复审核，但由于水平有限，以及对有关资料和信息的掌握不足，书中难免存在不足和疏漏之处，敬请广大读者和专业同仁批评指正。

作　者

2022 年 7 月

目　录

第1章 绪　　论

1.1　交流伺服系统发展概述

1.1.1　交流伺服系统控制面临的挑战

随着交流电机调速理论的不断发展，交流伺服系统的工作性能得到了不断的提高，应用范围也更为广泛，在提升装备的高速高精度控制性能方面尤为突出[1-4]。交流伺服系统的典型应用领域如图 1.1 所示。在柔性电子制造系统中，芯片分选器的摆臂机构运动频率高达 20Hz，端部定位精度达 1μm，可实现每秒 15 次以上的芯片分选；六自由度工业机器人工具中心点的最大速度可到 6.2m/s，最大加速度可达 28m/s^2，重复定位精度达±0.01mm；利用直线伺服电机生产的高性能直线驱动机床，最大进给速度可达 4m/s，加速度可达 2g，定位精度达到 0.005mm。

图 1.1　交流伺服系统的典型应用领域

随着高速微处理器的出现，交流伺服系统朝着数字化、智能化及集成化方向发展，其控制精度和可靠性得到了显著改善。但是，根据对交流伺服系统的结构及运动形式的分析，其控制性能仍然受到以下因素的影响与限制。

(1)结构的非线性与分数阶特征。交流伺服系统存在着典型的非线性特征，主要包括死区特性、饱和特性和摩擦特性[5]。其中，死区特性会产生延滞效应，影响系统的稳定性；饱和特性会降低系统的等效增益，延长过渡时间，影响系统的响应速度；摩擦特性将导致位置静差并延长调整时间。另外，文献[6]～[8]研究表明永磁同步电机和柔性连接部件的动态响应都具有分数阶特性，对于兼具这两者的双惯量弹性连接交流伺服系统或者电子制造装备的柔性摆臂系统，系统的分数阶特性更为明显。

(2)模型的不确定性与时变特征。通过传统数学模型对交流伺服系统进行描述并不是理想的方法，将会产生未建模动态与建模误差。简化的系统模型存在结构与参数的不确定度，并且不确定度需限定在一个已知的区间内才能保证闭环系统的鲁棒性；同时，系统的模型特性和参数会随着不同的应用工况发生摄动，减弱了被控对象的品质，如稳定性和动态响应性能。

(3)扰动的多样性与复杂性。在实际运行中，外部扰动、齿槽转矩和纹波推力等多样性的扰动会影响交流伺服系统的控制性能，并且在实际的运行过程中呈现更为复杂的特征。例如，随着六关节工业机器人位姿的变化，重力及负载力矩将时刻发生变化，影响各关节交流伺服系统的控制性能。

1.1.2　商业交流伺服系统介绍

目前，国外生产交流伺服系统产品的公司主要有日本的安川、三菱、松下、发那科，美国的科尔摩根，德国的倍福等，国内的厂家主要有台达、汇川、华中数控和广州数控等，部分公司产品如图 1.2 所示。其中，安川公司 Sigma-7 系列伺服电机驱动速度环带宽可达 3.2kHz，整定时间可达 0～4ms，编码器分辨率达到 100 万脉冲/转，同时能与各类电机进行匹配，如直驱电机、直线电机和直线滑块等；科尔摩根公司 AKD 系列产品的速度环带宽可达到 1.6kHz，配备有 27 位高分辨率的编码器，还具备多功能伯德(Bode)图显示功能，可以有效地评估和优化运动以及机器性能；台达公司 ASDA 系列产品的速度环带宽可达 1kHz，并有全闭环控制和自动高频抑制功能。

(a) 松下　　　　　　　　　(b) 安川　　　　　　　　　(c) 科尔摩根

(d) 台达 (e) 广州数控 (f) 华中数控

图 1.2 商业伺服驱动产品

国内外各大生产厂家针对自己的伺服驱动产品也开发了相应的控制参数自整定软件，如松下的 PANATERM 软件、安川的 SigmaWin+软件、发那科的 SERVO GUIDE 软件、科尔摩根的 Workbench 软件等，部分如图 1.3 所示。参数自整定软件可以对伺服系统的控制器参数进行自动整定。松下的 PANATERM 软件，可以通过对伺服电机的反复定位，估算出电机的惯量比和模型，并根据用户定义的性能指标，搜索出适合的控制参数，如图 1.3(a)所示；安川的 SigmaWin+软件可以通过调整伺服系统刚度等级来方便地整定控制参数，如图 1.3(b)所示；科尔摩根的 Workbench 软件界面友好，操作方便，其整定算法的基本原理是通过测试伺服系

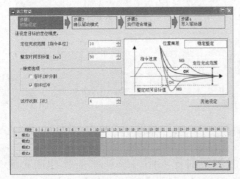

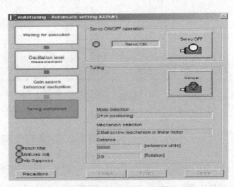

(a) 松下PANATERM软件 (b) 安川SigmaWin+软件

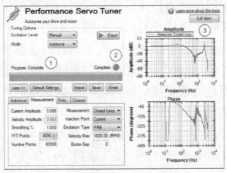

(c) 科尔摩根Workbench软件

图 1.3 商业伺服自整定软件

统的频率响应,调整出满足一定鲁棒性和动态性能的控制参数,如图 1.3(c)所示。

传统的伺服系统使用模拟量接口和脉冲串实现对驱动器的控制,这种方式直接影响了整个系统的运行效率与运动性能,难以满足精密设备和机器人等尖端场合的高速、高精度以及多轴加工制造需求。工业以太网在自动控制领域的成功应用为全数字交流伺服系统的研发提供了技术支撑与保障。同步串行总线技术解决了工业过程数据的高速、实时、可靠传输的难题。因此,网络化、信息化控制是目前交流伺服系统发展的趋势。图 1.4 展示了工业以太网现场总线系统连接,可见"协议融合、一网到底"技术可自动识别相关总线协议类型并进行协议转换,实现多类型总线兼容,解决了交流伺服系统与其他总线设备的互联互通问题,达到分布式智能驱动的目的。

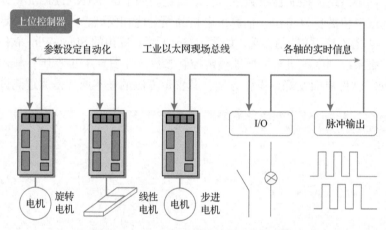

图 1.4　工业以太网现场总线系统连接图

脉冲式交流伺服系统与总线型交流伺服系统对比如图 1.5 所示。脉冲式交流伺服系统与总线型交流伺服系统的主要区别可概括为:①脉冲式交流伺服系统是单轴独立采样,其向主站控制器传送反馈数据时会出现伺服演算周期的时间差,而总线型交流伺服系统可实现同步通信,根据主站的系统时间产生同步信号,用于触发或中断控制,从而实现各轴任务的同步执行;②脉冲式交流伺服系统除指令线外还需要接入额外的控制信号线和反馈信号线,调试复杂、成本高且容易受到电磁干扰的影响,而总线型交流伺服系统不需要专用的外接端口设备,配线缠绕故障减少,传输速率高。

国内外专业机构都研发出了相应的总线型交流伺服系统,例如,倍福的 AX5000 伺服驱动器采用 EtherCAT 协议,通过硬件实现了高效的数据交换,具有 0.03ms 极短的刷新时间;松下的 MINAS A6 系列伺服电机可实现 RTEX(realtime express,实时超高速)总线协议,单轴通信周期可达到 0.0625ms;安川的

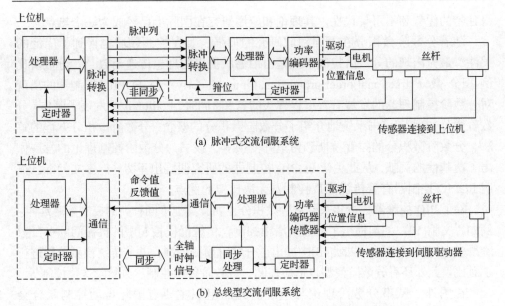

(a) 脉冲式交流伺服系统

(b) 总线型交流伺服系统

图 1.5 脉冲式交流伺服系统与总线型交流伺服系统对比

Sigma-V 系列伺服电机采用 Mechatrolink 通信协议进行指令的下发与状态的反馈，支持 0.125ms 的通信周期。工业以太网总线技术的发展为先进控制算法的成功实施奠定了工程基础。

1.2 分数阶微积分在控制领域中的应用

1695 年，伟大的数学家莱布尼茨提出了一个问题："整数阶导数的概念是否可以推广到非整数阶导数？"数学家洛必达觉得这个问题十分有趣，回复道："如果微分的次数是 1/2，那么该如何计算呢？"1695 年 9 月 30 日，莱布尼茨回答道："这将会导致一个悖论，或许某一天许多有用的结果会因此而诞生。"因此，这一天被认为是分数阶诞生的日子，之后无数的数学家及科研工作者对分数阶理论进行了完善和开拓[9]。

早在 18 世纪，欧拉和拉格朗日就分别对分数阶理论进行了研究，但直到 19 世纪中期，刘维尔(Liouville)、黎曼(Riemann)等才对分数阶理论做出了系统的研究和归纳，并对分数阶微积分进行了初步定义[10]。对于分数阶最早的应用是在 1823 年，Abel 发现利用 1/2 阶可以很好地表达摆线问题[11]。在 20 世纪，分数阶微积分得到了更广阔的发展，许多著名的科学家对分数阶微积分进行了更深入的研究。如今，分数阶微积分依然在发展，在很多不同的领域得到了成功的应用，如化工生产、生物医学、混沌理论、运动控制等。这些都凸显了分数阶微积分自身独特的优势和不可替代性，其理论和应用研究在国际上已经成为一个热点。

随着分数阶微积分在不同领域研究的加强，其在控制领域也得到了广泛的关注。最先出现的分数阶控制系统是由伯德所提出的理想传递函数[12]。分数阶比例-积分-微分(fractional order proportional integral derivative, FOPID)控制器的出现对分数阶控制理论的发展有着里程碑式的意义。同时，Podlubny[13]发表了著作《分数阶微分方程》，该书系统地介绍了分数阶微积分的概念、分数阶微积分方程的解法、分数阶微积分的拉普拉斯和傅里叶变换等，该书为分数阶控制理论的发展做出了奠基性的贡献，从此关于 FOPID 控制器的研究便层出不穷，许多文献都已证明 FOPID 控制器有着传统 PID 控制器无法比拟的优点。

除了 PID 控制器，近年来分数阶微积分也朝着其他不同种类的控制策略延伸。例如，文献[10]、[14]提出了分数阶滑模控制，传统滑模控制中的抖振问题在分数阶滑模中得到了抑制；文献[15]中提出了分数阶预测控制，并与传统预测控制进行了对比。此外还有分数阶模型自适应控制、分数阶鲁棒控制、分数阶迭代控制等。

在国外，从事分数阶理论与应用研究的组织主要有国际自动控制联合会(International Federation of Automatic Control, IFAC)、葡萄牙波尔图工程学院(Instituto Superior de Engenharia do Porto, ISEP)和阿威罗电子通信工程师协会(Institute of Electronics and Informatics Engineering of Aveiro)等。同时，还有一些大学里的研究课题组，如美国加利福尼亚大学陈阳泉教授领导的 MESA(Mechatronics, Embedded Systems and Automation)实验室[16]、法国巴黎第十一大学的 L2S 实验室(Laboratoire des Signaux et Systemes)[17]、法国波尔多大学的研究小组[18]、伊朗谢里夫理工大学的 Mohammad Haeri 团队[19]等。近年来很多国际的知名 SCI 期刊也纷纷设定分数阶微积分特刊，把分数阶作为专题进行讨论，这也能说明分数阶微积分已成为研究的热点，这些期刊包括 *Mechatronics*、*Computers & Mathematics with Applications*、*Nonlinear Dynamics*、*Asian Journal of Control* 等，近几年还出现了专门研究分数阶微积分的国际顶级期刊 *Fractional Calculus and Applied Analysis*。美国、日本等国家在分数阶上的研究较早，投入也比较大，已经成功地将分数阶应用到了工业生产和国防军事当中。在国内，分数阶的研究还相对较晚，但很多学者也取得了不错的研究成果[20-22]，如中国科学技术大学的王永、上海交通大学的卢俊国、华南理工大学的皮佑国等。目前，国内对于分数阶微积分的研究还未形成鲜明的流派，没有形成完整的研究体系，很多理论及应用问题需要进一步的深入研究。

1.3　自适应控制方法概述

自适应控制作为在工程和科学领域应用中越来越受欢迎的流行控制方法，其独特的功能可适应由有效负载变化或系统老化、组件故障和外部干扰引起的系统参数、结构和环境不确定性。在一些通用设计条件下，自适应控制系统能够容忍严重的不确定性，同时确保期望的系统渐近跟踪性能以及系统稳定性。这种渐近跟踪性能对于提升伺服系统控制性能十分重要。

自适应控制可大致分为基于模型和基于数据的两类控制方法，接下来将分别对这两类控制方法进行介绍。

1.3.1 基于模型的自适应控制方法

基于模型的自适应控制方法可大致分为以下几类。

1) 模型参考自适应控制

模型参考自适应控制已经得到了学术界广泛的研究。模型参考自适应控制作为自适应控制的一个重要分支，其设计目标就是使过程的输出与参考模型的输出相匹配，该参考模型规定了被控系统所要求的性能，等价于给被控系统设计了一个动态的性能指标。不同于鲁棒控制的设计思想，鲁棒控制使用优化技术，直接考虑系统不确定的最坏情形来设计控制器，不能避免由不确定参数造成的保守性。模型参考自适应控制使系统行为渐近逼近参考模型的响应，属于间接优化性能。该方法容易实现，且具有较高的自适应速度，能够应用到多种情形中。文献[23]研究了基于模型参考自适应的部分状态反馈问题，讨论了当采用全状态、输出反馈以及部分状态反馈时控制系统的性能问题。

2) 控制参数自整定控制

自整定控制通常包含两个步骤，首先根据在线模型辨识算法对被控对象进行实时辨识，然后根据辨识出的模型，利用参数更新规则对控制器参数进行在线调整。例如，文献[24]中利用递推最小二乘算法控制系统模型进行在线辨识，然后利用模型预测算法对整数阶控制器参数进行整定，取得了很好的动态响应性能；文献[25]中采用模型在线辨识算法对伺服系统模型进行辨识，然后利用李雅普诺夫(Lyapunov)稳定性原理以及梯度下降法对传统控制器参数进行调整，使伺服系统的性能得到了提升。然而，目前对于基于模型的分数阶在线参数整定策略的研究还不够深入，相关文献很少。

3) 自适应反步法控制

自适应反步法是一类针对不确定非线性系统的自适应控制方法。针对一些可参数化的非线性系统，如反馈可线性化(和可参数化)系统、参数严格反馈和输出反馈(规范形式)系统，采用自适应控制方法取得了显著的成功。文献[26]针对含有参数化的非线性系统，提出了基于事件触发机制的自适应反步控制方法，并在多智能体系统中得到应用。为了控制结构不确定(且不可参数化)的非线性系统，已经成功研究出基于近似的自适应控制方法。非线性函数可以用多项式、样条函数、径向基函数、多层神经网络、模糊函数或小波函数来近似[27]，然后设计自适应律实时更新权重，达到精确跟踪的控制目的。

1.3.2 基于数据的自适应控制方法

数据驱动控制理论是一种直接从过程数据到控制器设计的控制思路，与传统基于模型的控制方法相比，其不需要确定受控系统的模型结构或者对模型参数进行辨识，利用系统的输入和输出数据便可直接进行控制决策的制定。基于数据的自适应控制方法(也称为数据驱动控制方法)描述了控制对象与相应的运动控制方法之间的关系，在被控对象为复杂、阶数高且含有强非线性、不确定性大的系统或模型不可辨识的情况下，使用数据驱动控制方法可取得更好的控制效果。

和传统基于模型的控制方法对比，数据驱动控制方法具有以下特点，如图 1.6 所示：①数据驱动控制方法不依赖系统的模型信息，因此不受未建模动态、模型结构以及参数的时变和不确定度的影响；②从数据的层面而言，数据并没有线性与非线性之分，因而数据驱动控制方法可同时适用于线性与非线性强的系统；③传统基于模型的控制方法通过激励系统获取数据，从而进行模型的辨识。一旦系统的模型已经辨识得到，这些数据将会被舍弃，但是用于模型辨识的数据本身比用这些数据辨识得到的简化系统模型包含了更多的系统动态信息和运行规律，可进一步用于控制器的设计、系统稳定性以及鲁棒性的证明，这也是数据驱动控制理论的研究重点。

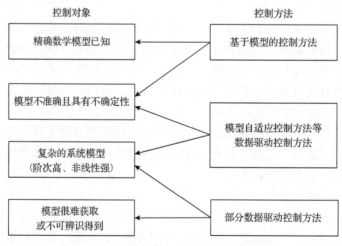

图 1.6　控制对象与控制方法之间的关系

从设计控制器的角度来看，现有的数据驱动控制理论可以分成两类：一类是对特定控制器结构的参数整定方法，包括虚拟参考反馈校正(virtual reference feedback tuning, VRFT)、迭代反馈调整(iterative feedback tuning, IFT)和去伪控制等控制方法，其将系统的参考指令跟随问题转化为以控制器参数为优化变量的整定问题，具有较好的控制效果，难点在于控制器结构的选择与算法的稳定性、收敛性证明。另外一类方法无须确定控制器结构，可直接利用系统的跟随误差，实时计算系统的最优输入信号，从而驱动系统完成相应的控制任务，主要有迭代学习和无模型自适应控制两种方法。对于迭代学习，迭代控制算法利用过去迭代周期的跟随误差等相关信息进行当前周期的控制律设计，存在滞后的暂态过程。无模型自适应控制方法通过建立数据动态线性伪偏导数表达式，去寻求适用于该系统的最优控制算法，达到自适应控制的目的。

为了进一步提升控制算法的性能，许多学者也将数据驱动方法与其他的智能控制算法结合起来，形成复合型的控制结构，从而取长补短，发挥两种乃至多种控制算法的最优性能。例如，与预测控制相结合的迭代预测控制算法利用系统的模型以及历史周期的数据进行控制律的设计，通过梯度下降法预测下一周期的跟随误差值，从而校正当前周期的控制律；将数据驱动应用于滑模控制中滑模面的设计[28]，解决了系统模型未知的情况下多输入多输出系统的高精度跟踪问题。发展至今，数据驱动闭环系统的稳定性、跟随误差收敛性、鲁棒性分析证明以及面向交流伺服系统控制场合的数据处理与控制器设计优化等研究工作值得进一步的开展与探索。

1.4　本书主要内容

1.4.1　控制对象

交流伺服系统一般由机械执行机构、交流伺服驱动器、交流伺服电机和位置反馈检测装置构成。依据处理信号方式的不同，交流伺服系统可以分为模拟伺服系统、数字模拟混合式伺服系统和全数字式伺服系统。相比于模拟伺服系统，全数字式伺服系统采用高速微处理器伺服控制单元，将原有的以模拟电子器件为主的硬件控制变成软件伺服控制，使得在伺服系统中实现先进控制算法成为可能。

依据交流伺服电机种类的不同，伺服系统可分为永磁同步旋转电机伺服系统、永磁同步直线电机伺服系统、异步电机伺服系统等。永磁同步旋转电机由于具有结构简单、损耗小、效率高等优点受到研发人员的青睐；永磁同步直线电机是直接驱动系统的典型代表，无须经过中间传动环节就能直接实现直线运动，其工作原理可以想象成把传统的旋转电机沿径向剖开展平。永磁同步旋转电机和永磁同步直线电机是目前交流伺服系统中应用最广泛的两类交流电机。

本书搭建了六关节工业机器人、柔性旋转摆臂和双惯量弹性交流伺服系统等实验平台，通过仿真和实验验证本书所提出的基于数据的交流伺服系统运动控制方法的适用性与有效性。

这里指出，本书的研究对象虽然限定为交流伺服系统，但是所提出的理论与方法亦可应用于其他的自动化控制领域。特别是在复杂环境下，当系统模型的结构与参数未知时，本书提出的自适应控制方法可以取得很好的控制效果，保证被控系统的动态性与稳定性。

1.4.2　内容组织

为了满足高性能伺服系统的控制要求，提高伺服系统的动态响应、鲁棒性和自适应能力，在全面了解交流伺服系统的数学模型和控制原理的基础上，针对交流伺服系统的分数阶自适应控制方法展开研究，如图 1.7 所示，主要包括如下内容。

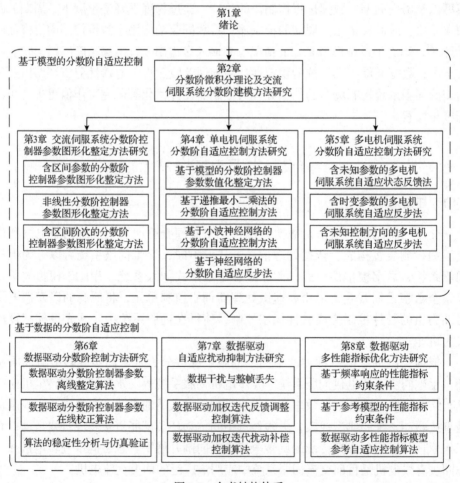

图 1.7　全书结构体系

第 1 章主要介绍交流伺服系统的发展和面临的挑战、分数阶微积分的历史和发展、分数阶微积分在控制领域中的应用、自适应控制方法的发展和分类以及本书的主要内容。

第 2 章利用分数阶模型更为精确地描述伺服系统，分数阶模型由于所蕴含的分数阶特性以及额外的分数阶参数，可以将原本具有复杂非线性的控制系统以一种更为简单的形式准确地描述出来。如果利用传统的整数阶模型对伺服系统进行描述，模型可能不够精准，或者出现较高的阶次。因此，该章首先对伺服系统的物理特征进行分析，然后利用分数阶模型对其进行描述，并研究分数阶模型参数的辨识方法。

第 3 章采用图形化整定方法求出的稳定域和 H_∞ 域，能使设计者深入地了解在特定性能指标下控制器参数在平面上的分布情况，对于后续自适应控制器的设计具有重要意义。因此，该章研究分数阶控制器图形化整定方法，分别考虑含区间参数和区间阶次的分数阶系统控制器参数图形化整定方法，充分考虑模型的不确定性因素，从而提高整定出的分数阶控制器的鲁棒性。

第 4 章在利用图形化整定方法求出稳定域和 H_∞ 域的基础之上，进一步研究单电机伺服系统的分数阶自适应控制方法。首先，研究分数阶控制器参数的数值化整定方法，该方法能够根据设定的性能指标，利用优化算法，在可行域内求解出最优的控制参数，使伺服系统达到满意的控制性能。然后，研究分数阶控制器的在线整定算法，该算法能够处理伺服系统在运行过程中受到的环境不确定性因素以及摄动的模型；研究模型在线辨识算法以及在线调整规则，包括基于递推最小二乘法和基于小波神经网络的在线参数整定方法；利用控制器在线整定算法，使伺服系统在整体运行过程中始终保持满意的控制性能；研究如何利用数值化方法离线整定出的控制参数进一步优化在线参数整定。最后，介绍一种基于神经网络的分数阶自适应反步法，该方法能够很好地控制一类高阶分数阶伺服系统，同时设计了分数阶扰动观测器，对伺服系统中的非匹配扰动进行补偿，从而进一步提高控制方法的性能。

第 5 章主要针对多电机伺服系统的分数阶自适应控制方法展开研究。将每一个电机系统看成一个智能体，利用多智能体系统的方法对多电机伺服系统进行建模、分析和控制。首先，针对一类含有未知参数的多电机伺服系统，提出一种基于频率分布模型的分数阶自适应反步方法；然后，研究一类含有时变参数的多电机伺服系统自适应反步法，利用切换系统来描述系统中含有的时变参数；最后，研究一类含有未知控制方向的多电机伺服系统自适应反步法，考虑到未知控制方向可能由系统存在的执行器故障或者网络攻击等造成，提出一种分数阶多 Nussbaum 函数法，该方法能够很好地解决含有未知控制方向的分数阶非线性系统控制问题。

第 6 章将分数阶控制器拓展至交流伺服系统中，可以增加控制的灵活性，并获得比传统整数阶控制方式更好的动态响应性能和稳定性，特别是对于具有分数阶特性的受控系统。分数阶控制器额外的参数带来控制自由度和优越性的同时也增加了整定的难度与计算的复杂度。考虑到未建模动态与建模误差等因素的存在，传统基于模型的控制器参数整定方法很难满足实际的控制需求。数据驱动控制理论不依赖系统的精确模型，但其目前的研究只适用于整数阶控制器，分数阶控制器额外的参数及其自身的非线性对数据驱动参数整定会提出更高的要求。此外，传统的控制器参数整定方法存在以下不足：一方面参数初始值设定不合理时，会导致求解过程陷入局部最优，不能保证全局最优；另一方面在线自适应更新时样本数据容量会随着系统运行增长，加大计算负担，影响算法的实时性和收敛性。为了探寻高效、稳定且省时的交流伺服系统控制器参数整定方法，提出数据驱动分数阶控制方法，实现对交流伺服系统的高精度控制。为了避免未建模动态与建模误差的影响，提出基于数据虚拟参考反馈校正的分数阶控制器参数离线整定算法，利用系统的量测数据将系统跟踪性能准则转换为以分数阶控制器参数为优化变量的目标准则，并对最优分数阶阶次和控制参数进行预整定，防止初始值导致控制器参数的寻优求解陷入局部最优。为了满足系统的实时性要求，提出基于即时学习的控制器参数在线校正算法，利用样本数据的相似度对数据库进行实时更新，提高计算速度，进而计算目标准则函数下降梯度信息，完成最优控制器参数的在线调整，使其能适应于时变的运行环境。

第 7 章研究数据驱动控制方法，不稳定的数据传输会影响数据的质量和完备情况，其影响因素包括外部环境噪声的影响、传感器自身引入的干扰信号、数据传输过程的数据冲突与节点竞争失败等。如何在系统的输入和输出数据不完整以及受干扰的情况下，利用实际获取的数据完成扰动抑制方法的制定、提高被控系统的鲁棒性，是需要解决的关键问题之一。同时在数据受到扰动的情况下，如何保证控制算法的收敛性与被控系统的闭环稳定性也是需要研究的核心关注点。另外，系统运行工况的改变将考验整定出来的控制器参数的适应性能。为了解决数据扰动的问题，本书在对数据干扰与整帧丢失分析的基础上，构建控制器参数整定的目标准则，提出基于迭代学习的数据扰动信息无偏估计方法，利用系统的 p 阶整定残差、驱动电流和输出速度信号等相关数据，计算出当前迭代周期的补偿量。此外，提出数据驱动加权迭代反馈调整算法用来求解当前运行周期内的最优控制器参数，并将扰动补偿量叠加到整定的控制器参数中，保证系统控制器参数整定的收敛性，进而严格证明被控系统的闭环稳定性。扰动补偿量和控制器参数的在线实时更新可保证系统在不同运行工况下的鲁棒性。

第 8 章针对交流伺服系统的多性能指标约束条件，介绍其运动控制方法需解决的问题，主要包括：①结合数据驱动控制理论，如何在被控对象数学模型未知的情况下，建立系统的输入和输出数据与相关性能指标的映射，从而为控制器参数的整定与控制方法的设计提供约束条件；②传统整数阶参考模型对系统的描述不够准确或具有较高的阶次，如何根据系统的分数阶特性和不同的应用场合确定合适的参考模型，从而依据不同的闭环系统特性保证闭环系统的控制性能；③对于交流伺服系统的扭矩饱和特性，如何平滑地限制控制输入驱动电流信号以提高闭环系统的等效增益和精度。针对以上关键问题，该章提出数据驱动多性能指标优化方法，其针对性的解决措施叙述如下：①利用系统的频率响应数据，求解出所有能使被控对象稳定的控制器参数稳定域以及满足响应频域性能指标的控制器参数集合，从而为控制器的参数整定提供相关的约束条件；②根据交流伺服系统的分数阶特性，利用理想伯德传递函数构建分数阶闭环参考模型，并对参考模型的相关参数与时域性能和灵敏度函数的关系进行推导，从而为不同应用场合的参考模型选择提供理论依据；③针对系统的输入饱和问题，利用自然常数设计的平滑函数限制控制输入信号的幅值，提高控制精度。在此基础上，提出数据驱动多性能指标模型参考自适应控制算法，使用变步长粒子群算法搜索出系统的分数阶控制器参数，可保证系统的最优性能，满足系统的实际运行需求。

第2章 分数阶微积分理论及交流伺服系统分数阶建模方法研究

本章首先介绍分数阶微积分的理论基础知识，然后建立交流伺服系统的分数阶模型以及模型辨识方法，最后介绍几种典型的伺服系统实验平台，并在平台上验证所提分数阶模型辨识方法的有效性。

2.1 分数阶微积分

2.1.1 分数阶微积分的定义

分数阶微积分可以理解为任意阶数的积分或者微分，它延伸和扩展了整数阶微积分。考虑以下 n 次积分和微分序列：

$$\cdots,\ \int_a^t \int_a^{\tau_1} f(\tau_2)\mathrm{d}\tau_2 \mathrm{d}\tau_1,\ \int_a^t f(\tau_1)\mathrm{d}\tau_1,\ f(t),\ \frac{\mathrm{d}f(t)}{\mathrm{d}t},\ \frac{\mathrm{d}^2 f(t)}{\mathrm{d}t^2},\ \cdots \tag{2.1}$$

其中，t、a 分别为积分的上、下限，$t, a \in \mathbf{R}$；$f(\cdot)$ 在复平面上解析。

从以上序列可以推断，任意实数 λ 次微分或者积分可以看成对上面序列的一个插值。因此，分数阶微积分可以表示为

$$_a\mathrm{D}_t^\lambda = \begin{cases} \dfrac{\mathrm{d}^\lambda}{\mathrm{d}t^\lambda}, & \lambda > 0 \\[2mm] 1, & \lambda = 0 \\[2mm] \displaystyle\int_a^t (\mathrm{d}t)^{-\lambda}, & \lambda < 0 \end{cases} \tag{2.2}$$

从式(2.2)可以看出：当 $\lambda > 0$ 时，$_a\mathrm{D}_t^\lambda$ 表示微分算子；当 $\lambda < 0$ 时，$_a\mathrm{D}_t^\lambda$ 表示积分算子；当 λ 为整数(即 $\lambda \in \mathbf{Z}$)时，$_a\mathrm{D}_t^\lambda$ 可以表示整数阶微积分，整数阶微积分只是分数阶微积分的一个特例。这样，$_a\mathrm{D}_t^\lambda$ 就把微分、积分、整数阶、分数阶全部统一起来了。当 $t = 0$ 时，$_a\mathrm{D}_t^\lambda$ 可简记为 $_a\mathrm{D}^\lambda$；当 $a = 0, t = 0$ 时，$_a\mathrm{D}_t^\lambda$ 简记为 D^λ。

在分数阶微积分理论发展过程中，一些著名的数学家如 Riemann、Caputo、Grünwald 等从不同的角度入手，都给出了分数阶微积分的定义[29-31]，这些定义的

合理性也在科学研究和工程试验中得到了验证。下面介绍三种最常用的分数阶微积分的定义。

定义 2.1　Riemann-Liouville 分数阶积分[29]表达为

$$_a^R D_t^{-\lambda} f(t) = \frac{1}{\Gamma(\lambda)} \int_a^t (t-\tau)^{\lambda-1} f(\tau) \, d\tau \tag{2.3}$$

其中，左上角 R 代表 Riemann-Liouville；t、a 为常数且满足 $t > a$；$\lambda \in \mathbf{R}^+$；$\Gamma(\cdot)$ 为 Gamma 函数，$\Gamma(\lambda)$ 为一个常数。

Riemann-Liouville 分数阶微分表达为

$$_a^R D_t^{\lambda} f(t) = \frac{d^m}{dt^m} \left[\frac{1}{\Gamma(m-\lambda)} \int_a^t \frac{f(\tau)}{(t-\tau)^{\lambda-m+1}} \, d\tau \right] \tag{2.4}$$

其中，$t > a$；$\lambda \in \mathbf{R}^+$；$m-1 < \lambda < m$；$m \in \mathbf{N}$。

Riemann-Liouville 所给出的微积分定义对于分数阶微积分的发展有着重要的意义，但是 Riemann-Liouville 定义中存在一个初始值求解的问题，此问题在数学理论上虽然能够得到很好的解决，但是在实际应用中可能缺乏对应的物理意义，因此在应用方面受到了一定的阻碍。

定义 2.2　Caputo 分数阶微分[30]表达为

$$_a^C D_t^{\lambda} f(t) = \frac{1}{\Gamma(m-\lambda)} \int_a^t \frac{f^{(m)}(\tau)}{(t-\tau)^{\lambda-m+1}} d\tau \tag{2.5}$$

其中，左上角 C 表示 Caputo；$t > a$；$\lambda \in \mathbf{R}^+$；$m-1 < \lambda < m$；$m \in \mathbf{N}$。

Caputo 定义对常数的求导是有界的，恒等于 0，而 Riemann-Liouville 定义对常数的求导是无界的，因此 Caputo 定义对于初值的描述更加简单，这在工程应用上具有十分重要的意义，例如，在一些分数阶滑模控制策略的研究中，Caputo 定义已经被广泛采用。

定义 2.3　Grünwald-Letnikov 分数阶微积分[31]表达为

$$_a^L D_t^{\lambda} f(t) = \lim_{h \to 0} h^{-\lambda} \sum_{k=0}^{\left[\frac{t-a}{h}\right]} (-1)^k \begin{pmatrix} \alpha \\ k \end{pmatrix} f(t-kh) \tag{2.6}$$

其中，左上角 L 表示 Grünwald-Letnikov；$t > a$；$\lambda \in \mathbf{R}^+$；$[\cdot]$ 为取整函数；$\begin{pmatrix} \alpha \\ k \end{pmatrix} = \dfrac{\Gamma(1+\lambda)}{\Gamma(1+k)\Gamma(1+\lambda-k)}$。

Grünwald-Letnikov 分数阶微积分的定义可以看成是一种数值表达，它对于分数阶微积分的工程实现显得十分重要，同时，对于大部分的函数 $f(t)$，Grünwald-Letnikov 定义和 Riemann-Liouville 定义是等价的。因此，可以先利用 Riemann-Liouville 定义进行理论上的分析，然后使用 Grünwald-Letnikov 定义进行数值上的求解以及工程实现。

2.1.2 分数阶微积分的拉普拉斯变换

函数 $f(t)$ 的拉普拉斯变换定义为

$$F(s) = L\{f(t), s\} = \int_0^\infty \mathrm{e}^{-st} f(t)\mathrm{d}t \tag{2.7}$$

其中，s 为一个复数；$L\{\}$ 为拉普拉斯变换；$f(t)$ 为原函数。

原函数 $f(t)$ 可以重新变换为 $F(s)$，这种变换称为拉普拉斯逆变换：

$$f(t) = L^{-1}\{F(s), t\} = \int_{c-\mathrm{j}\infty}^{c+\mathrm{j}\infty} \mathrm{e}^{-st} F(s)\mathrm{d}s, \quad c = \mathrm{Re}(s) > c_0 \tag{2.8}$$

其中，j 为虚数单位；c_0 为一个右半平面的常数。

通过以上拉普拉斯变换的基本概念，可以得到 Riemann-Liouville、Caputo 和 Grünwald-Letnikov 分数阶微积分的拉普拉斯变换表达式：

$$
\begin{aligned}
&L\{{}^R\mathrm{D}_t^{-\lambda} f(t)\} = s^{-\lambda} F(s), \quad \lambda \in \mathbf{R}^+ \\
&L\{{}^R\mathrm{D}_t^{\lambda} f(t)\} = s^{\lambda} F(s) - \sum_{k=0}^{m-1} s^k [{}^R\mathrm{D}_t^{\lambda-k-1} f(t)]_{t=0}, \quad \lambda \in \mathbf{R}^+ \\
&L\{{}^C\mathrm{D}_t^{\lambda} f(t)\} = s^{\lambda} F(s) - \sum_{k=0}^{m-1} s^{\lambda-k-1} f^{(k)}(0), \quad \lambda \in \mathbf{R}^+ \\
&L\{{}^L\mathrm{D}_t^{\lambda} f(t)\} = s^{\lambda} F(s)
\end{aligned}
\tag{2.9}
$$

2.1.3 分数阶系统

分数阶线性定常 (linear time invariant, LTI) 系统可以用下面的分数阶方程进行描述：

$$
\begin{aligned}
&a_n\mathrm{D}^{\alpha_n} y(t) + a_{n-1}\mathrm{D}^{\alpha_{n-1}} y(t) + \cdots + a_0\mathrm{D}^{\alpha_0} y(t) \\
&= b_m\mathrm{D}^{\beta_m} u(t) + b_{m-1}\mathrm{D}^{\beta_{m-1}} u(t) + \cdots + b_0\mathrm{D}^{\beta_0} u(t)
\end{aligned}
\tag{2.10}
$$

其中，$a_k(k = 0,1,\cdots,n) \in \mathbf{R}$，$b_k(k = 0,1,\cdots,m) \in \mathbf{R}$；$n, m \in \mathbf{N}$；$u(t)$ 和 $y(t)$ 分别为

系统的输入和输出；$\alpha_k(k=0,1,\cdots,n)\in\mathbf{R}$、$\beta_k(k=0,1,\cdots,m)\in\mathbf{R}$ 表示分数阶次；D 表示 Riemann-Liouville 定义的分数阶微积分。假设上述分数阶微积分方程的初始条件为 0，分数阶方程的解法可以参照文献[32]进行求解。

若 $\alpha_k=\beta_k=k\alpha,\alpha\in\mathbf{R}^+$，则分数阶系统称为同元次(commensurate order)分数阶系统，式(2.10)变为

$$\sum_{k=0}^{n}a_k\mathrm{D}^{k\alpha}y(t)=\sum_{k=0}^{m}b_k\mathrm{D}^{k\alpha}u(t)\tag{2.11}$$

如果 $\alpha=1/q,q\in\mathbf{Z}^+$，那么分数阶系统称为有理同元次(rational order)分数阶系统。

利用拉普拉斯变换对式(2.10)进行变形，可以得到连续分数阶系统的传递函数：

$$G(s)=\frac{Y(s)}{U(s)}=\frac{b_ms^{\beta_m}+b_{m-1}s^{\beta_{m-1}}+\cdots+b_0s^{\beta_0}}{a_ns^{\alpha_n}+a_{n-1}s^{\alpha_{n-1}}+\cdots+a_0s^{\alpha_0}}\tag{2.12}$$

其中，s 是拉普拉斯算子。

接下来，将简单说明分数阶系统的稳定性判别方法。

定义 2.4 将分数阶多项式

$$P(s)=a_ns^{\alpha_n}+a_{n-1}s^{\alpha_{n-1}}+\cdots+a_0s^{\alpha_0}\tag{2.13}$$

的主值定义为如下的单一映射函数 $P_{\mathrm{pb}}(\cdot):\mathbf{C}\to\mathbf{C}$：

$$P_{\mathrm{pb}}(s)=\begin{cases}\displaystyle\sum_{i=1}^{n}a_i\,|\,s\,|^{\alpha_i}\,\mathrm{e}^{\mathrm{j}\alpha_i\arg(s)}+a_0,&s\neq0\\[2mm]a_0,&s=0\end{cases}\tag{2.14}$$

其中，$\arg(s)\in(-\pi,\pi]$ 表示 s 的复角主值。

通过以上定义，可以得到对于分数阶系统稳定性的判定准则。

定义 2.5 多项式 $P(s)$ 赫尔维茨(Hurwitz)稳定当且仅当 $P_{\mathrm{pb}}(s)$ 在右半平面没有零点。如果 $P(s)$ 是同元多项式，同元阶次为 α，那么 $P(s)$ 赫尔维茨稳定当且仅当整数阶多项式

$$P_{\mathrm{poly}}(s)=a_ns^{\alpha_n/\alpha}+a_{n-1}s^{\alpha_{n-1}/\alpha}+\cdots+a_0s^{\alpha_0/\alpha}\tag{2.15}$$

的所有零点都在区域 Ω 中，$\Omega=\{s\,|\,\arg(s)\in[-0.5\pi\alpha,0.5\pi\alpha]\}\bigcup\{0\}$。

2.2　分数阶控制器

2.2.1　分数阶 PID 控制器的基本结构

自 Ziegler-Nichol 提出 PID 控制算法以来，PID 控制器就以其结构简单、鲁棒性强的特点在工业领域得到了广泛应用，一项日本电气协会的调查显示全球 90% 的控制系统都使用 PID 控制器。PID 控制器可以表示为

$$u(t) = K_p + K_i \int_0^t e(t) + K_d \frac{\mathrm{d}e(t)}{\mathrm{d}t} \qquad (2.16)$$

其中，$u(t)$ 为控制器的控制量输出；$e(t)$ 为控制系统的跟随误差；K_p、K_i 和 K_d 分别为控制器的比例、积分和微分参数。

式 (2.16) 的频域表达可写成

$$C(s) = \frac{U(s)}{E(s)} = K_p + \frac{K_i}{s} + K_d s \qquad (2.17)$$

其中，$U(s)$、$E(s)$ 为 $u(t)$、$e(t)$ 的拉普拉斯变换。

PID 控制器还有各种不同的变形形式，如 PI(proportional integral，比例-积分) 控制器、PD(proportional derivative，比例-微分) 控制器和 PID 加滤波器等。在伺服系统中通常使用 PI 控制器，因为微分项的引入可能会产生较大的噪声，引起伺服系统的振荡。

尽管 PID 控制器结构简单，易于实现，但控制系统仍然需要性能更高、鲁棒性更强的控制算法，分数阶微积分理论的诞生赋予了传统 PID 控制器新的活力，由此诞生的 FOPID 控制器已经得到了学术和工业领域的广泛关注。FOPID 控制器是对传统 PID 控制器的扩展，在频域内 FOPID 控制器可表达为

$$C(s) = \frac{U(s)}{E(s)} = K_p + \frac{K_i}{s^\lambda} + K_d s^\mu \qquad (2.18)$$

其中，λ、μ 为引入的分数阶阶数，$\lambda, \mu \in (0, 2)$。由于 FOPID 控制器比传统的整数阶 PID(integer order PID, IOPID) 控制器多引入两个控制参数，FOPID 控制更加灵活。

当 λ、μ 取不同值时，FOPID 控制可以蜕化为不同的形式。例如，当 $\lambda=0$、$\mu=0$ 时，FOPID 控制变为比例 (P) 控制；当 $\lambda=1$、$\mu=0$ 时，FOPID 控制变为整数阶 PI 控制；当 $\lambda=1$、$\mu=1$ 时，FOPID 控制成为 IOPID 控制。从图 2.1 可以看出，IOPID 控制只能在图中四个点上离散地变化，而 FOPID 控制可以在图中阴影

区域内根据控制性能的需求连续平滑地移动。

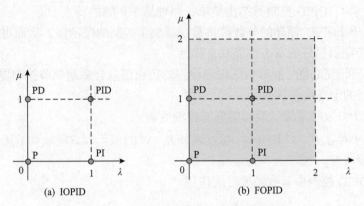

图 2.1　IOPID 与 FOPID 阶数比较

式 (2.18) 所描述的 FOPID 控制也可以有不同的类型，如 PI^{λ}、PD^{μ} 等。近年来，陈阳泉团队[33]又提出了一类新的 FOPID 控制的形式，在频域内可表示为

$$C(s) = \left(K_{\mu}s^{\mu} + \frac{K_{\lambda}}{s^{\lambda}} \right)^{\gamma} \tag{2.19}$$

其中，$0 \leqslant \gamma < 2$；K_{μ} 和 K_{λ} 是控制器参数，通常分数阶阶数 μ、λ 有如下取值形式：

(1) 当 $\lambda = 0$、$\mu = 0$ 时，控制器为纯比例控制；

(2) 当 $\lambda = 0$、$\mu = 1$ 时，控制器通常称为 FO[PD] 控制器；

(3) 当 $\lambda = 1$、$\mu = 0$ 时，控制器通常称为 FO[PI] 控制器。

比较式 (2.18) 和式 (2.19) 可以发现，当分数阶阶数一定时，式 (2.18) 可以写成

$$C(s) = \boldsymbol{\beta}(s)\boldsymbol{\theta}^{\mathrm{T}}$$

其中，$\boldsymbol{\beta}(s)$ 为由分数阶传递函数所组成的向量；$\boldsymbol{\theta}$ 为控制器参数向量。

因此，形如式 (2.18) 的 PID 控制器又称为线性 FOPID 控制器，形如式 (2.19) 的 FOPID 控制器又称为非线性 FOPID 控制器。本章将分别就这两类分数阶控制器进行研究。

分数阶微积分和分数阶控制器的出现，使得控制系统出现了如下类型：整数阶控制器控制整数阶对象，整数阶控制器控制分数阶对象，分数阶控制器控制整数阶对象，分数阶控制器控制分数阶对象。这四种情况都得到了广泛的研究，并且证明当采用分数阶控制器时，无论控制对象是整数阶还是分数阶都能取得比整数阶控制器更优越的控制性能，当控制对象是分数阶时，分数阶控制器会更加适合。

下面列出 FOPID 控制器所具有的优点。

(1)继承了 IOPID 控制器结构简单、原理易于理解的特点。

(2)由于 FOPID 额外的分数阶参数，增加了控制的灵活性，从而可以获得比传统 PID 控制器更好的动态性能和鲁棒性。

(3)具有记忆功能，能够根据跟随误差的历史信息合适地调节控制器输出，从而获得更好的动态响应性能。

(4)对于分数阶系统，具有更好的控制性能。

(5)由于存在 K_i / s^λ 积分项，通过调节 K_i / s^λ 的值可以方便地调节闭环系统的高频和低频特性。

(6)FOPID 控制中具有滤波器的作用。

2.2.2 分数阶控制器的实现方法

2.2.1 节分析了不同种类的 FOPID 控制器，本节关注在工程中如何实现。分数阶控制器通常是利用整数阶控制器近似的方法来实现的。从理论上来说，分数阶控制器是无限维的，而整数阶控制器是有限维的，因此对于分数阶控制器的整数阶近似，需要采用一些特殊的方法，很多学者对此问题也进行了研究，下面主要说明几种常用的方法。

1)MacLaurin 展开法[34]

MacLaurin 展开法的思想是利用 MacLaurin 展开对分数阶算子 s^λ 进行展开，从而得到其离散域的实现方法。MacLaurin 展开可以写成

$$(x + a)^\lambda = \sum_{i=0}^{+\infty} a^{\lambda-i} \frac{\Gamma(\lambda+1)}{\Gamma(i+1)\Gamma(\lambda-i+1)} x^i \tag{2.20}$$

其中，x、a、λ 为任意实数。

利用式(2.20)可以对分数阶算子 s^λ 进行数字化，如果采用一阶向后差分对算子 s 进行离散，则有

$$s^\lambda \approx \left(\frac{1-z^{-1}}{T}\right)^\lambda \approx \frac{1}{T^\lambda} \sum_{i=0}^{n} (-1)^i \frac{\Gamma(\lambda+1)}{\Gamma(i+1)\Gamma(\lambda-i+1)} z^{-i} \tag{2.21}$$

若采用 Tustin 方法对 s 进行离散，则有

$$s^\lambda \approx \left(\frac{2}{T}\frac{1-z^{-1}}{1+z^{-1}}\right)^\lambda \approx \left(\frac{2}{T}\right)^\lambda \Gamma(\lambda+1)\Gamma(-\lambda+1) \sum_{k=0}^{n} z^{-k}$$
$$\times \sum_{j=0}^{k} \frac{(-1)^j}{\Gamma(\lambda-j+1)\Gamma(j+1)\Gamma(k-j+1)\Gamma(-\lambda+j-k+1)} \tag{2.22}$$

其中，$n \in \mathbf{N}$；T 为采样周期。

2）Oustaloup 递推滤波器法[35]

Oustaloup 递推滤波器法是著名分数阶学者 Oustaloup 所提出的一种近似方法，该方法在分数阶领域得到了广泛应用。假设所需逼近的频域段为 (ω_b, ω_h)，则 Oustaloup 方法可以表示为

$$G_f(s) = K_f \prod_{k=1}^{N} \frac{s + \omega_k'}{s + \omega_k} \tag{2.23}$$

其中，$\omega_k' = \omega_b \omega_u^{(2k-1-\gamma)/N}$，$\omega_u = \sqrt{\omega_h / \omega_b}$；$\omega_k = \omega_b \omega_u^{(2k-1+\gamma)/N}$；$K_f = \omega_h^{\gamma}$。

要实现分数阶算子 s^{λ} 的数字化，可以先利用式（2.23）对 s^{λ} 进行连续域中的整数阶近似，再利用一阶差分或者 Tustin 方法对整数阶函数进行离散化。

3）频域拟合法

频域拟合法是直接利用整数阶函数对分数阶函数的频域进行拟合的方法，该方法也可以看成用整数阶函数进行频域的模型辨识。该方法能适用于分数阶控制器比较复杂的情况，例如，可以用如下目标函数进行优化：

$$J = \int W(\omega) \, | G(\omega) - \hat{G}(\omega) |^2 \, \mathrm{d}\omega \tag{2.24}$$

其中，$W(\omega)$ 为权值函数；$G(\omega)$ 为原始分数阶系统的频率响应；$\hat{G}(\omega)$ 为整数阶近似函数的频率响应。MATLAB 软件中的 invfreqs() 和 invfreqz() 函数可以用来进行连续域和离散域的频域拟合[32]。

2.3 交流伺服系统速度环控制结构

交流伺服系统速度环控制利用了矢量控制方法，主要是对定子电流进行控制，目的是改善电机的转矩控制性能。交流旋转电机中固定在转子上的坐标系称为转子坐标系，分别为 d 轴与 q 轴。矢量控制最终有如下等式：

$$T_e = k_f i_q \tag{2.25}$$

其中，T_e 为电磁转矩；i_q 为 q 轴电流；k_f 为转矩常数。

利用式（2.25），发现对 i_q 直接进行控制调节就可以获得满足需要的电磁转矩。对于直线电机有类似的结论。

利用矢量控制算法，可以构建交流伺服系统速度环控制结构，如图 2.2 所示。图中，ω_r 是指令速度，ω 是电机的实际速度，θ 为电机转角。控制结构主要包含速度环和电流环，速度环主要负责对指令速度的跟踪，由速度环控制器完成。电

流环主要负责对指令电流的跟踪，通常包含两个电流环 PI 控制器，由矢量控制原理可知，d 轴电流通常使其变为 0，q 轴电流通过矢量控制，利用电压空间矢量脉宽调制（space vector pulse width modulation, SVPWM），采用逆变器对电机的三相电流进行控制，从而驱动电机和执行机构，实现交流伺服系统的速度控制，详见文献[1]～[5]。

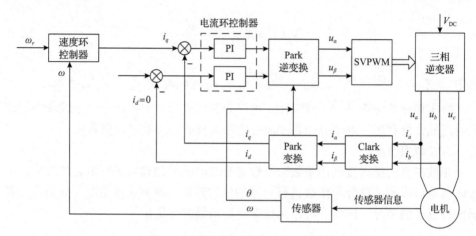

图 2.2　交流伺服系统速度环控制结构

有时常常认为电流环的带宽远大于速度环，因此电流环可以看成电机模型的一部分。图 2.2 中的速度环控制系统可以等效为图 2.3 中的简化系统，速度控制器是所需要整定的 FOPID 控制器，被控对象模型 $P(s)$ 主要包含电流闭环模型和电机模型。

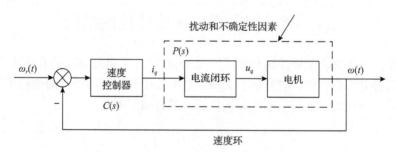

图 2.3　交流伺服系统速度环简化控制结构

2.4　交流伺服系统分数阶模型及参数辨识

利用 2.3 节中的矢量控制，当 $i_d = 0$ 时，三相交流永磁同步电机的控制可以等效为直流电机的控制，因此可用图 2.4 来说明此时的伺服电机数学模型。

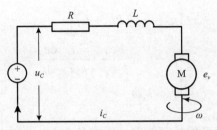

图 2.4　伺服电机的数学模型简化电路图

图 2.4 中的电路回路满足

$$u_C = Ri_C + L\frac{\mathrm{d}i_C}{\mathrm{d}t} + e_v \tag{2.26}$$

其中，u_C 为交流电机等效为直流电机后的电枢电压，即 $u_C = u_q$；i_C 为等效电枢电流，与 q 轴电流相等，即 $i_q = i_C$；R 为等效电阻；e_v 为反电动势。

对于电机轴，其满足动力学方程

$$T_e - T_f - T_L = T_e - B\omega - T_L = J\frac{\mathrm{d}\omega}{\mathrm{d}t} \tag{2.27}$$

其中，T_e 为电磁转矩；T_f 为摩擦转矩；T_L 为由外部扰动所产生的转矩；ω 为电机转速；J 为等效在电机轴上的转动惯量。已知 $T_f = B\omega$，这里 B 为摩擦系数。

反电动势可表示为

$$e_v = k_e\omega \tag{2.28}$$

其中，k_e 为电动势系数。

由式(2.25)可知，电磁转矩 T_e 可表示为

$$T_e = k_f i_C = k_f i_q \tag{2.29}$$

将式(2.28)和式(2.29)代入式(2.27)，可得

$$i_C - i_L = \frac{Be_v}{k_e k_f} + \frac{J}{k_e k_f}\frac{\mathrm{d}e_v}{\mathrm{d}t} \tag{2.30}$$

其中，$i_L = T_L / k_f$。

综合式(2.26)、式(2.28)和式(2.30)，可以得到电机数学模型的状态空间表达：

$$
\begin{cases}
u_C - e_v = Ri_C + L\dfrac{di_C}{dt} \\[2mm]
i_C - i_L = \dfrac{Be_v}{k_e k_f} + \dfrac{J}{k_e k_f}\dfrac{de_v}{dt} \\[2mm]
e_v = k_e\omega
\end{cases}
\tag{2.31}
$$

若将 i_L 看成电机模型的外部扰动，则式 (2.31) 也可利用拉普拉斯变换写成传递函数的形式：

$$
\frac{\varpi(s)}{I_C(s)} = \frac{k_f}{B + Js}
\tag{2.32}
$$

$$
\frac{\varpi(s)}{U_C(s)} = \frac{k_f}{k_e k_f + (B + Js)(R + Ls)}
\tag{2.33}
$$

其中，$\varpi(s)$、$I_C(s)$ 和 $U_C(s)$ 分别为 $\omega(t)$、$i_C(t)$ 和 $u_C(t)$ 的拉普拉斯变换。

接下来在式 (2.31)、式 (2.32) 和式 (2.33) 中引入分数阶，原因主要如下：

(1) 文献[36]指出所有的实际物理系统均包含分数阶特性，文献[37]证明了永磁同步电机分数阶模型的存在性。

(2) 对于储能环节，包括机械和电磁储能环节，均包含分数阶特性。文献[37]指出电感电路由于自身固有的非线性，利用分数阶模型可以更好地描述，因此式 (2.31) 中可以引入分数阶，同时对于式 (2.31) 和式 (2.32) 所描述的模型，前提假设是电机所带惯量以及所受摩擦力都是理想的，即所带负载质量分布均匀，所受摩擦力严格与速度成正比，然而在实际过程中，负载的质量很难分布均匀，摩擦力也无法严格与速度成正比，这些都会使系统产生分数阶特性，因此式 (2.31) 和式 (2.32) 中也需要引入分数阶。

根据以上分析，式 (2.31) 可改进为

$$
\begin{cases}
u_C - e_v = Ri_C + L\dfrac{d^{\beta} i_C}{dt^{\beta}} \\[2mm]
i_C - i_L = \dfrac{Be_v}{k_e k_f} + \dfrac{J}{k_e k_f}\dfrac{d^{\alpha} e_v}{dt^{\alpha}} \\[2mm]
e_v = k_e\omega
\end{cases}
\tag{2.34}
$$

从而式 (2.32)、式 (2.33) 可修改为

$$\frac{\varpi(s)}{I_C(s)} = \frac{k_f}{B + Js^{\alpha}} = \frac{K}{1 + Ts^{\alpha}} \tag{2.35}$$

$$\frac{\varpi(s)}{U_C(s)} = \frac{k_f}{k_e k_f + (B + Js^{\alpha})(R + Ls^{\beta})} = \frac{b_0}{1 + a_1 s^{\alpha} + a_2 s^{\beta} + a_3 s^{\alpha + \beta}} \tag{2.36}$$

其中，$K = k_f / B$，$T = J / B$，$b_0 = k_f / (BR + k_e k_f)$，$a_1 = RJ / (BR + k_e k_f)$，$a_2 = BL / (BR + k_e k_f)$，$a_3 = JL / (BR + k_e k_f)$。

式(2.35)相比原始的整数阶模型(2.32)，增加了一个分数阶参数 α，利用该分数阶模型可以更为准确地描述控制系统所存在的时变和非线性因素。这里将进一步解释使用式(2.35)可能存在的优点。

若用整数阶模型(2.32)来描述伺服系统，则可以表示为

$$T_e - T_f = J\frac{\mathrm{d}\omega}{\mathrm{d}t} \tag{2.37}$$

式(2.37)可变形为

$$\int_0^t \frac{T_e(\tau) - T_f(\tau)}{J}\mathrm{d}\tau = \omega(t) \tag{2.38}$$

其中，T_e、T_f 分别由式 $T_e = k_f i_q$、$T_f = B\omega$ 计算而来。

式(2.38)的成立没有考虑系统所受到的扰动以及参数的变化，即电机最终的实际转速应表示为

$$\omega(t) = \int_0^t \frac{T_a(\tau)}{J_a(\tau)}\mathrm{d}\tau \tag{2.39}$$

其中，$T_a(\tau)$ 为电机实际受到的转矩；$J_a(\tau)$ 为电机实际的转动惯量。

电机实际运行过程中，常常会有如下情况，即

$$T_a(t) \neq T_e(t) - T_f(t) \tag{2.40}$$

$$J_a(t) \neq J \tag{2.41}$$

若令

$$T_a(t) = w_T(t)[T_e(t) - T_f(t)] \tag{2.42}$$

$$J_a(t) = w_J(t)J \tag{2.43}$$

那么，根据式(2.41)，$\omega(t)$ 可表示为

$$\omega(t) = \int_0^t \frac{w_T(\tau)}{w_J(\tau)} \frac{T_e(\tau) - T_f(\tau)}{J} \mathrm{d}\tau = \int_0^t g(\tau) \frac{T_e(\tau) - T_f(\tau)}{J} \mathrm{d}\tau \tag{2.44}$$

其中，$w_T(t) \neq 1$；$w_J(t) \neq 1$；$g(\tau) = w_T(\tau) / w_J(\tau)$。

将式(2.44)代入式(2.38)，可得

$$\int_0^t \frac{T_e(\tau) - T_f(\tau)}{J} \mathrm{d}\tau \xrightarrow{\text{近似}} \int_0^t g(\tau) \frac{T_e(\tau) - T_f(\tau)}{J} \mathrm{d}\tau \tag{2.45}$$

由于 $g(\tau)$ 有可能不等于 1，式(2.45)有可能无法很好地描述电机的实际运行状态。

当采用分数阶模型(2.35)对电机系统进行描述时，式(2.37)可写为

$$T_e - T_f = J \frac{\mathrm{d}^\alpha \omega}{\mathrm{d}t^\alpha} \tag{2.46}$$

根据 2.1.1 节中的 Riemann-Liouville 分数阶积分的定义，式(2.46)可写为

$$\int_0^t \frac{(t-\tau)^{\alpha-1}}{\Gamma(\alpha)} \frac{T_e(\tau) - T_f(\tau)}{J} \mathrm{d}\tau = \int_0^t f(\tau, \alpha) \frac{T_e(\tau) - T_f(\tau)}{J} \mathrm{d}\tau = \omega(t) \tag{2.47}$$

其中，$f(\tau, \alpha) = (t-\tau)^{\alpha-1} / \Gamma(\alpha)$。

若将式(2.46)代入式(2.47)，则有

$$\int_0^t f(\tau, \alpha) \frac{T_e(\tau) - T_f(\tau)}{J} \mathrm{d}\tau \xrightarrow{\text{近似}} \int_0^t g(\tau) \frac{T_e(\tau) - T_f(\tau)}{J} \mathrm{d}\tau \tag{2.48}$$

可以看出由于电机的分数阶模型多增添了分数阶阶数 α，相比式(2.45)多增加了 $f(\tau, \alpha)$ 一项，若能合理选取 α 使 $f(\tau, \alpha)$ 与 $g(\tau)$ 相同或接近，那么分数阶模型将能更好地逼近实际物理系统。

这里需要说明的是，式(2.32)和式(2.33)适用于交流旋转电机，对于直线电机有类似的结论，只需用速度 v 代替式(2.32)和式(2.33)中的角速度 ϖ，直线电机所带负载的质量 M 代替式(2.32)和式(2.33)中的转动惯量 J 即可。

接下来以模型(2.35)为例来说明模型参数的辨识方法，提出一种基于优化算法的分数阶模型参数的辨识方法，辨识方法的主要思想是利用优化算法对参数向量 $\boldsymbol{\theta} = (K, T, \alpha)$ 进行优化，使模型辨识误差最小。辨识算法主要包含以下三个步骤。

(1)采集数据，主要包括反馈速度 $\omega(k)$ 和 q 轴电流 $i_q(k)$。数据的采集可以利用开环和闭环的结构。

(2) 针对一组固定的参数 $\theta = (K, T, \alpha)$ 计算其模型辨识误差，具体见算法 2.1。

算法 2.1　模型辨识误差计算算法: compute_modeling_error

输入: $\theta = (K, T, \alpha)$

输出: 模型辨识误差

Begin

1. 利用 2.2.2 节中的分数阶控制器实现方法近似 s^α，设其近似的传递函数为 $G_f(s)$;

2. 利用下式计算模型 $P(s)$ 的近似模型:

$$\tilde{P}(s) = \frac{K}{1 + TG_f(s)}$$

3. 利用采集的数据 $i_q(k)$ 激励近似模型 $\tilde{P}(s)$ 获得输出数据 $\tilde{\omega}(k)$，可采用 MATLAB 软件中函数 lsim() 进行激励;

4. 利用下式计算模型辨识误差:

$$J_{\text{error}} = \sum \left[\omega(k) - \tilde{\omega}(k) \right]^2$$

End

（3) 利用优化算法搜索最优模型参数，使模型辨识误差最小。优化算法可以是第 4 章的基于随机多参数收敛的优化算法，也可以是其他 MATLAB 工具箱中的优化算法，具体见算法 2.2。

算法 2.2　模型参数辨识算法: identify_model_ parameters

输入: 函数 compute_modeling_error

输出: 模型参数

Begin

1. 初始化 $\theta = (K, T, \alpha) = \theta_0$。$\theta_0$ 的确定可以先令 $\alpha = 1$，再使用传统的整数阶辨识方法进行辨识，MATALB ident 工具箱可以方便地用来解决此问题;

2. 根据初始参数决定参数的搜索空间 Ψ;

3. 根据初值和优化算法搜索最优参数使模型辨识误差最小:

optimization_algorithm$(@\text{compute\_modeling\_error}, \theta_0, \Psi)$

End

2.5　伺服系统实验平台

2.5.1　伺服电机系统实验平台

伺服电机系统实验平台包括永磁同步直线电机伺服系统实验平台(图 2.5)和

永磁同步旋转电机伺服系统实验平台(图 2.6)。这两套平台主要由四部分组成：伺服电机及其相关配件、伺服驱动器、外设组件互连标准(peripheral component interconnect, PCI)通信板卡、上位机及伺服整定软件，接下来分别对这四部分进行分析。

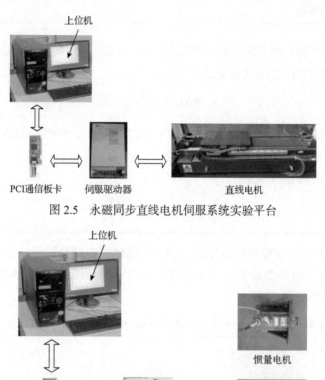

图 2.5　永磁同步直线电机伺服系统实验平台

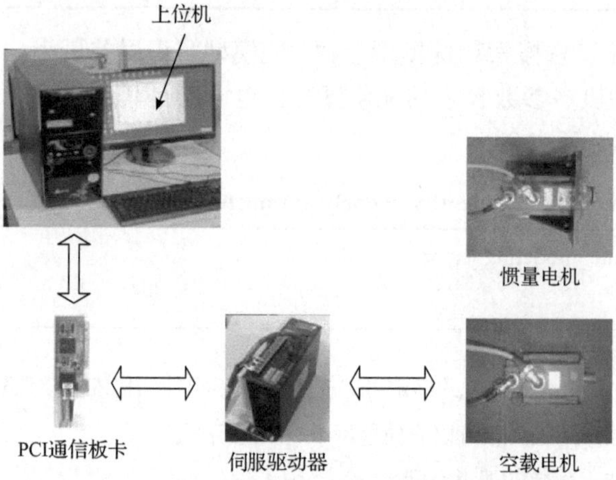

图 2.6　永磁同步旋转电机伺服系统实验平台

1)伺服电机及其相关配件

永磁同步直线电机伺服系统实验平台中的直线电机是由大族公司生产的水冷却型 LSMF6 系列铁芯电机，电机参数如表 2.1 所示。直线电机由大理石座固定，保证电机的平稳运行，动子上设计有螺孔，用来固定铁块，从而给直线电机施加负载。直线电机还能通过滑轮把最末端的铁块吊起，此装置可以给直线电机施加恒定负载力，因此，直线电机可以工作在三种不同的工况，即空载、加负载、加负载力。直线电机配有绝对式光栅尺，型号为海德汉光栅尺 LC183，分辨率为 10nm。

表 2.1　永磁同步直线电机参数

电机参数	数值
负载质量	110kg
极距	48mm
推力常数	103N/A
连续推力	3090N
连续电流	30A
有效行程	1m
摩擦力常数	40N/(m/s)

　　永磁同步旋转电机伺服系统实验平台中的旋转电机是由登奇公司生产的 GK6061-6AC31 交流伺服电机，电机参数如表 2.2 所示。旋转电机可以通过加入负载惯量盘改变其负载惯量，也可以通过电机对拖从而改变其受到的负载转矩，因此，旋转电机也可以工作在三种不同的工况，即空载、加负载惯量、加负载转矩。旋转电机内部具有增量式编码器，线数为 10000。

表 2.2　永磁同步旋转电机参数

电机参数	数值
额定电流	8.3A
额定转速	1500r/min
转动惯量	0.00087kg·m^2
转矩常数	1.09N·m/A
总质量	8.5kg

2) 伺服驱动器

　　永磁同步直线电机伺服系统实验平台和永磁同步旋转电机伺服系统实验平台中的伺服驱动器的结构基本相同，主要包括驱动和控制部分，驱动部分主要包括脉冲宽度调制 (pulse width modulation, PWM) 开关、集成功率模块逆变器等，实现对直线电机或旋转电机的驱动，控制部分由数字信号处理器 (digital signal processing, DSP) TMS320F2812 和现场可编程门阵列 (field programmable gate array, FPGA) EP2C8Q208C8N 组成，DSP 采用了实时操作系统的调度管理体系结构和数据结构形式的模块封装方法，实现了伺服系统的速度和电流环控制及相关辅助功能，DSP 中速度环控制器周期为 200 μs，FPGA 中主要实现了编码器协议以及国产总线 NCUC-Bus 协议[38,39]，NCUC-Bus 采用链路冗余、数据重传、动态循环冗余校验 (cyclic redundancy check, CRC) 等机制保证通信的正确性和可靠性。NUCU-Bus 协议在伺服系统中具有"桥梁"的功能，负责伺服驱动器和 PCI 通信板卡之间的数据通信，通信周期为 1ms。

3）PCI 通信板卡

PCI 通信板卡的主要功能是实现上位机软件和伺服驱动器之间的实时通信，是上位机软件和伺服驱动器之间的"桥梁"。如图 2.7 所示，PCI 通信板卡主要包含 FPGA 模块、PCI 接口和现场总线接口三个部分。PCI 接口和现场总线接口均与 FPGA 模块相连，FPGA 模块通过现场总线接口接收或发送数据给伺服驱动器，通过 PCI 接口发送或接收数据给上位机，从而实现了上位机软件和伺服驱动器之间的通信，上位机软件和伺服驱动器之间的通信周期为 1ms[4]。

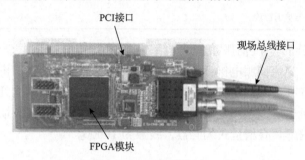

图 2.7　PCI 通信板卡

4）上位机及伺服整定软件

上位机上安装了国产伺服自整定工具（servo self-adapted turning tool, SSTT）伺服整定软件。如图 2.8 所示，利用此软件可以方便地调整伺服驱动参数，优化、提升伺服系统性能。该软件界面友好，智能化程度高。SSTT 伺服整定软件中嵌入了 Windows 实时中断的内核，因此可以实现与 PCI 接口的实时通信，不仅能够实

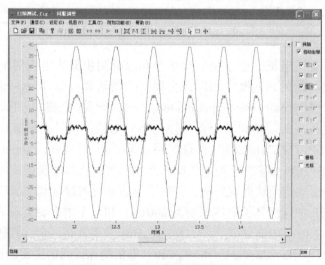

图 2.8　SSTT 伺服整定软件界面

现对伺服驱动的指令以及控制参数的下载,也能够实时监控伺服驱动的运动状态,如反馈位置、速度和电流等;能对伺服系统进行扫频测试,并能在频域上分析伺服系统的性能;能集成在线模型辨识算法,能对伺服系统被控对象的模型进行实时辨识。

2.5.2　六关节工业机器人交流伺服系统实验平台

六关节工业机器人交流伺服系统实验平台如图 2.9 所示,主要包括四个部分:①示教器,用于工业机器人的编程通用接口,存储应用程序任务;②机器人的上层控制器,具有样条插补、超前预读、同步轴控制、工艺卡编程等功能,可实现先进的解冗余运动控制算法,完成高精度运动控制任务;③伺服驱动器,采取速度控制模式或位置控制模式控制相应的伺服电机,并与上位机进行总线通信,实现相关状态信号的上传和参考值数据的下载;④永磁同步电机,用于驱动每个关节,本书所搭建的工业机器人使用位置级联控制来实现末端执行器的重复运动。因此,可将本章提出的基于分数阶参考模型的数据驱动位置级联应用于该系统,进行位置控制性能的测试。六关节工业机器人性能参数如表 2.3 所示。

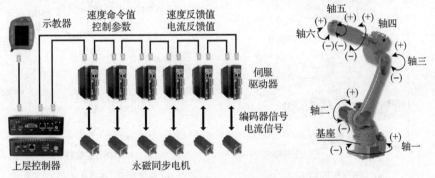

图 2.9　六关节工业机器人交流伺服系统实验平台

表 2.3　六关节工业机器人性能参数

系统参数		数值	系统参数		数值
最大负载		12kg	最大工作半径		1555mm
重复定位精度		±0.06mm	本体质量		196kg
额定转速	轴一	148°/s, 2.58rad/s	运动范围	轴一	−170°～170°
	轴二	148°/s, 2.58rad/s		轴二	−75°～75°
	轴三	148°/s, 2.58rad/s		轴三	−45°～45°
	轴四	360°/s, 6.28rad/s		轴四	−180°～180°
	轴五	225°/s, 3.93rad/s		轴五	−108°～108°
	轴六	360°/s, 6.28rad/s		轴六	−360°～360°

2.5.3 柔性旋转摆臂交流伺服系统实验平台

作为芯片分选器中的关键功能部件,柔性旋转摆臂交流伺服系统具有的结构特点和运动特征有:①结构的柔性特征。摆臂由多组件构成,如联轴器、传动装置、摆臂机构和永磁同步电机等,如图 2.10(a)所示。②运动的高频往复。柔性摆臂在运行的过程中,处于高频往复的状态,需在较短时间内到达指定位置并拾取芯片,而后将芯片放置在排列盘,其运动周期的加减速呈现非均匀性分布特性,如图 2.10(b)所示。在高频往复运动中,其结构的柔性特征将导致弹性联轴器的振动和分数阶特性。③负载惯量的时变特征。系统的特定结构产生的非线性形变和运动过程中时变的负载转矩、摩擦力和齿槽转矩等因素都会影响系统的运动控制性能。本书所开发的相应实验平台如图 2.11 所示,相关的系统参数见表 2.4。考虑到柔性摆臂系统的分数阶、柔性等特性,可将其用于数据驱动分数阶控制方法实验验证。

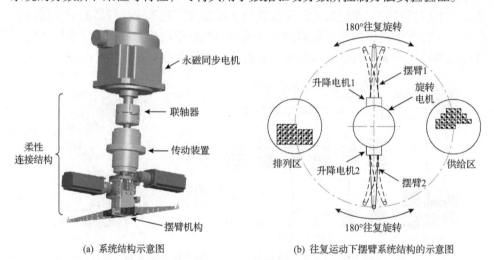

(a) 系统结构示意图　　　　　　　　　(b) 往复运动下摆臂系统结构的示意图

图 2.10　柔性旋转摆臂交流伺服系统结构与往复运动示意图

图 2.11　柔性旋转摆臂交流伺服系统实验平台

表 2.4　柔性旋转摆臂交流伺服系统参数

系统参数	数值	系统参数	数值
额定功率	1.6kW	额定转速(机械)	1500r/min
额定力矩	9.6N·m	极对数	5
联轴器系数	690N·m/rad	转动惯量	$2.5360 \times 10^{-3} kg \cdot m^2$
编码器脉冲数	131072	额定电流	10A
额定转速(电气)	785.398rad/s	额定频率	50Hz

2.5.4　总线型双惯量弹性交流伺服系统实验平台

对于双惯量弹性交流伺服系统，控制器的设计需要考虑负载惯量、轴系刚度、弹性传动部件系数等外部机械参数。使用传统基于模型的控制方法，需要精确辨识系统外部参数，并且将弹性因素考虑进系统的模型结构的建立与模型参数的辨识中，否则容易引起机械谐振、控制精度不高等问题，甚至造成系统机械结构的损坏，影响系统运行的安全性。本书研究的基于数据的运动控制方法，可以在系统模型结构与模型参数未知的情况下，利用系统实时的输入和输出数据设计控制器，直接对其进行高性能控制。搭建的双惯量弹性交流伺服系统使用 EtherCAT 进行相关控制参数的上传和下载，可以在数据受到干扰的情况下，检验本书提出的基于扰动抑制的运动控制方法的有效性与实用性。

本书采用的总线型双惯量弹性交流伺服系统实验平台如图 2.12 所示，包括以下主要部分：①上位机，其系统配置为 2.6GHz 主频和 4GB 内存。在上位机 Visual Studio 环境中，配置了研发的伺服调整软件，该软件主要有数据通信模块、时域图形界面模块以及参数自整定模块，实现与伺服驱动器的数据交互以及相关曲线实时跟踪调试。②总线交流伺服系统从站。③双惯量负载，其所使用的永磁同步电机与惯量负载相连，同时通过联轴器及长轴与另一端具有相同结构的负载平台互连。该实验平台能够为交流伺服系统提供复杂多变的负载转矩扰动，从而检验本书所提算法的鲁棒性与优越性。本书所使用的华大电机 130ST-M0421530 采用多摩川 23 位绝对式编码器进行脉冲位置的反馈，其高精度的分辨率为精确的位置与速度计算提供了保证。表 2.5 给出了总线型双惯量弹性交流伺服系统参数。

图 2.12　总线型双惯量弹性交流伺服系统实验平台
UVW 分别代表电机的三相绕组

表 2.5　总线型双惯量弹性交流伺服系统参数

系统参数	数值	系统参数	数值
额定功率	1.6kW(单相)	极对数	5
额定转矩	9.6N·m	电机惯量	$1.108\times10^{-3}kg\cdot m^2$
联轴器系数	155.86N·m/rad	联轴器惯量	$0.08\times10^{-3}kg\cdot m^2$
绝对式编码器	2^{33}线	额定频率	50Hz
转矩常数	5.273N·m/A	额定电流	5.5A
额定电压	220V	负载惯量	$1.088\times10^{-3}kg\cdot m^2$
额定转速(电气)	785.398rad/s	额定转速(机械)	1500r/min

2.6　分数阶模型辨识实验验证

本节对 2.5 节提出的模型辨识算法进行实验验证,伺服系统模型采用式(2.39),选择梯形指令作为伺服系统的参考指令输入。首先,针对直线伺服系统进行模型辨识。图 2.13 是直线伺服系统在空载时所采集到的输入(电流)输出(电机速度)信号,根据此输入输出信号,可以对直线电机伺服系统的模型参数进行辨识。

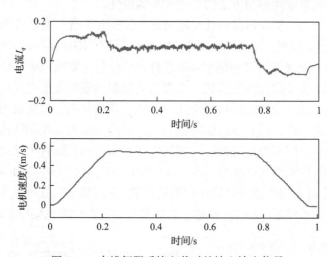

图 2.13　直线伺服系统空载时的输入输出信号

表 2.6 分别给出了采用整数阶和分数阶模型所辨识出的模型参数。可以看到当采用分数阶模型时,辨识误差约为整数阶模型的 1/2,由此说明分数阶模型能够更好地描述伺服系统。

表 2.6　直线伺服系统模型辨识参数

模型	K	T	α	累积辨识误差/s
整数阶(空载)	7.750	0.2495	1.000	0.5873
分数阶(空载)	7.074	0.1850	1.117	0.2285
整数阶(加载 20kg)	7.824	0.2812	1.000	0.5579
分数阶(加载 20kg)	7.098	0.2093	1.112	0.2241
整数阶(加载 10kg)	8.160	0.3311	1.000	0.4749
分数阶(加载 10kg)	7.434	0.2679	1.080	0.2058

　　图 2.14 展示了直线伺服系统的实际输出、分数阶模型输出和整数阶模型输出，从中也可以看出分数阶模型的输出更加贴近伺服系统的实际输出。图 2.15 是分数

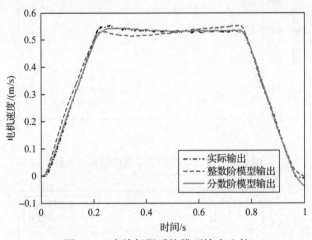

图 2.14　直线伺服系统模型输出比较

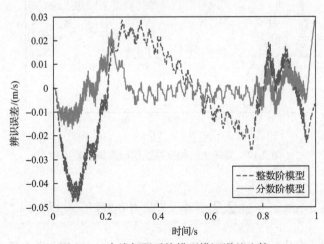

图 2.15　直线伺服系统模型辨识误差比较

阶和整数阶模型的辨识误差，从中可以看出分数阶模型的辨识误差明显小于整数阶模型，特别是在 t=0.2~0.8s 的时间段。另外，当改变直线电机的负载质量时可以得到不同的模型参数，见表 2.6。可以看到，无论哪种情况，相比整数阶模型，分数阶模型都能更好地描述直线伺服系统。

　　然后，针对旋转电机伺服系统进行模型辨识。图 2.16 和图 2.17 显示了对旋转电机伺服系统进行模型辨识的结果。图 2.16 和图 2.17 说明了分数阶模型输出能更好地拟合实际输出，这些都证明了分数阶模型的优越性。

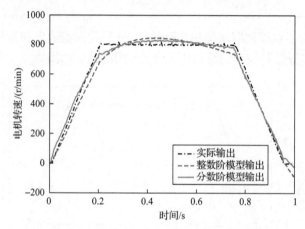

图 2.16　旋转电机伺服系统模型输出比较

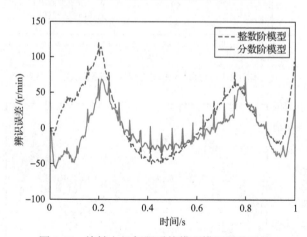

图 2.17　旋转电机伺服系统模型辨识误差比较

2.7　本 章 小 结

本章首先分析分数阶微积分理论，包括其基本定义、拉普拉斯变换、分数阶系统及其稳定性，分析了线性和非线性 FOPID 控制器及其数字实现方法；其次建立伺服系统的分数阶模型；最后在伺服系统平台上对模型辨识算法进行了验证，结果表明分数阶模型能够更好地描述伺服驱动系统的特性。

第3章 交流伺服系统分数阶控制器参数
图形化整定方法研究

本章主要介绍分数阶控制器参数的图形化整定方法，求出所有能使伺服系统达到稳定或者满足特定的性能指标要求的分数阶控制器参数，即稳定域和 H_∞ 域。计算出的稳定域和 H_∞ 域使控制参数的选择变得十分灵活，也为后续进一步的自适应控制器设计做好了铺垫。本章分别针对含区间参数和含区间阶次的分数阶模型(分别简称为区间参数分数阶模型和区间阶次分数阶模型)，研究分数阶控制器参数的图形化整定方法。区间分数阶模型可以很好地描述伺服系统及其受到的不确定性因素。

3.1 含区间参数的分数阶控制器参数图形化整定方法

3.1.1 问题描述及基本定义

假设交流伺服系统中的被控对象可以用下面的区间参数分数阶模型进行描述：

$$P(s) = \frac{N(s)}{D(s)} = \frac{b_n s^{\beta_n} + b_{n-1} s^{\beta_{n-1}} + \cdots + b_1 s^{\beta_1} + b_0}{a_m s^{\alpha_m} + a_{m-1} s^{\alpha_{m-1}} + \cdots + a_1 s^{\alpha_1} + a_0} \tag{3.1}$$

其中，$m, n \in \mathbf{N}$；$a_0, \cdots, a_m$ 及 $b_0, \cdots, b_n$ 都为任意的实数，$a_m \neq 0$，$b_n \neq 0$；$\beta_n > \cdots > \beta_2 > \beta_1 > \beta_0 = 0$；$\alpha_m > \cdots > \alpha_2 > \alpha_1 > \alpha_0 = 0$ 为任意的实数。模型参数在某一已知区间内变化，即 $b_0 \in [\underline{b}_0, \overline{b}_0], b_1 \in [\underline{b}_1, \overline{b}_1], \cdots, b_n \in [\underline{b}_n, \overline{b}_n]$，$a_0 \in [\underline{a}_0, \overline{a}_0], a_1 \in [\underline{a}_1, \overline{a}_1], \cdots, a_m \in [\underline{a}_m, \overline{a}_m]$。上述不确定参数模型又称为区间模型。

含区间参数的分数阶控制器参数图形化整定方法的目的为求出分数阶控制器的稳定域和 H_∞ 域。由于整定过程中直接考虑了参数的不确定变化区间，整定出的控制器参数对模型参数的不确定性具有更好的鲁棒性。

式(3.1)中参数变化的区间可以通过区间模型辨识方法得到，也可由用户根据所需鲁棒性的大小自行定义。从式(3.1)以及式(2.39)和式(2.40)可以看出，伺服电机的数学模型是区间参数模型的一类特殊情况($m = 1, n = 0$ 和 $m = 3, n = 0$)，因此，本节所提出的图形化整定方法不仅可以用于伺服系统，也可以很方便地扩展到其他更一般的分数阶系统。

下面将引入关于区间参数分数阶模型的一些定义。

定义 3.1　定义如下分数阶多项式：

$$\bar{\delta}(s) = \bar{F}_1(s)\bar{P}_1(s) + \bar{F}_2(s)\bar{P}_2(s) + \cdots + \bar{F}_m(s)\bar{P}_m(s) \tag{3.2}$$

其中，$\bar{F}_i(s)(i=1,2,\cdots,m)$ 为实系数或复系数的分数阶多项式；$\bar{P}_i(s)$ 为实系数分数阶多项式，可以写成

$$\bar{P}_i(s) = \bar{p}_{i,0} + \bar{p}_{i,1}s^{\alpha_{i,1}} + \bar{p}_{i,2}s^{\alpha_{i,2}} + \cdots + \bar{p}_{i,n}s^{\alpha_{i,n}} \tag{3.3}$$

其中，$n \in \mathbf{N}$；$\bar{p}_{i,0}, \bar{p}_{i,1}, \cdots, \bar{p}_{i,n} \in \mathbf{R}$；$\alpha_{i,1}, \alpha_{i,2}, \cdots, \alpha_{i,n} \in \mathbf{R}^+$；$\alpha_{i,1} < \alpha_{i,2} < \cdots < \alpha_{i,n}$。

式(3.3)的系数在独立的区间内变化，即

$$\bar{p}_{i,j} \in [\bar{u}_{i,j}, \bar{v}_{i,j}], \quad i = 1,2,\cdots,m; j = 0,1,2,\cdots,n \tag{3.4}$$

式(3.3)所描述的多项式又称为区间多项式，假设 $\bar{P}_i(s)$ 的系数在各自区间内变化时 $\bar{\delta}(s)$ 的阶次保持不变。

定义 3.2　对应于 $\bar{P}_i(s)$，定义如下顶点多项式[40]：

$$\begin{cases} \bar{K}_i^1(s) = \bar{u}_{i,0} + \bar{u}_{i,1}s^{\alpha_1} + \bar{u}_{i,2}s^{\alpha_2} + \bar{u}_{i,3}s^{\alpha_3} + \cdots + \bar{u}_{i,n}s^{\alpha_n} \\ \bar{K}_i^2(s) = \bar{v}_{i,0} + \bar{u}_{i,1}s^{\alpha_1} + \bar{u}_{i,2}s^{\alpha_2} + \bar{u}_{i,3}s^{\alpha_3} + \cdots + \bar{u}_{i,n}s^{\alpha_n} \\ \bar{K}_i^3(s) = \bar{u}_{i,0} + \bar{v}_{i,1}s^{\alpha_1} + \bar{u}_{i,2}s^{\alpha_2} + \bar{u}_{i,3}s^{\alpha_3} + \cdots + \bar{u}_{i,n}s^{\alpha_n} \\ \bar{K}_i^4(s) = \bar{v}_{i,0} + \bar{v}_{i,1}s^{\alpha_1} + \bar{u}_{i,2}s^{\alpha_2} + \bar{u}_{i,3}s^{\alpha_3} + \cdots + \bar{u}_{i,n}s^{\alpha_n} \\ \bar{K}_i^5(s) = \bar{u}_{i,0} + \bar{u}_{i,1}s^{\alpha_1} + \bar{v}_{i,2}s^{\alpha_2} + \bar{u}_{i,3}s^{\alpha_3} + \cdots + \bar{u}_{i,n}s^{\alpha_n} \\ \quad\quad\vdots \\ \bar{K}_i^{2^{n+1}}(s) = \bar{v}_{i,0} + \bar{v}_{i,1}s^{\alpha_1} + \bar{v}_{i,2}s^{\alpha_2} + \bar{v}_{i,3}s^{\alpha_3} + \cdots + \bar{v}_{i,n}s^{\alpha_n} \end{cases} \tag{3.5}$$

记为

$$\bar{K}_i(s) = \{\bar{K}_i^1(s), \bar{K}_i^2(s), \bar{K}_i^3(s), \cdots, \bar{K}_i^{2^{n+1}}(s)\} \tag{3.6}$$

同时，对应于以上顶点多项式，定义 $(n+1)2^n$ 分段多项式为

$$\bar{S}_i(s) = \{[\bar{K}_i^1(s), \bar{K}_i^2(s)], [\bar{K}_i^1(s), \bar{K}_i^3(s)], \cdots, [\bar{K}_i^{2^n}(s), \bar{K}_i^{2^{n+1}}(s)]\} \tag{3.7}$$

定义 3.3　对应于 $\bar{\delta}(s)$，定义其广义分数阶顶点多项式为

$$\bar{\Delta}_K(s) = \bar{F}_1(s)\bar{K}_1(s) + \cdots + \bar{F}_m(s)\bar{K}_m(s) \tag{3.8}$$

同时，定义广义分数阶分段多项式为

$$\bar{\varDelta}_E(s) = \bigcup_{l=1}^{m} \bar{\varDelta}_E^l(s) \tag{3.9}$$

其中，

$$\begin{aligned}
\bar{\varDelta}_E^l(s) = \ &\bar{F}_1(s)\bar{K}_1(s) + \cdots + \bar{F}_{l-1}(s)\bar{K}_{l-1}(s) + \bar{F}_l(s)\bar{S}_l(s) + \bar{F}_{l+1}(s)\bar{K}_{l+1}(s) \\
&+ \cdots + \bar{F}_m(s)\bar{K}_m(s)
\end{aligned} \tag{3.10}$$

定义 3.4　假设式(3.2)的 $\bar{\delta}(s)$ 中 $\bar{P}_i(s)$ 均为实系数整数阶多项式，令 $\tilde{K}_i^1(s)$、$\tilde{K}_i^2(s)$、$\tilde{K}_i^3(s)$、$\tilde{K}_i^4(s)$ 为其对应的 Kharitonov 多项式[40]，并定义

$$\tilde{K}_i(s) = \{\tilde{K}_i^1(s), \tilde{K}_i^2(s), \tilde{K}_i^3(s), \tilde{K}_i^4(s)\}, \quad i = 1, 2, \cdots, m$$

$$\tilde{S}_i(s) = \{[\tilde{K}_i^1(s), \tilde{K}_i^2(s)], [\tilde{K}_i^1(s), \tilde{K}_i^3(s)], [\tilde{K}_i^2(s), \tilde{K}_i^4(s)], [\tilde{K}_i^3(s), \tilde{K}_i^4(s)]\}, \quad i = 1, 2, \cdots, m$$

$$\tilde{\varDelta}_E^l(s) = \bar{F}_1(s)\tilde{K}_1(s) + \cdots + \bar{F}_{l-1}(s)\tilde{K}_{l-1}(s) + \bar{F}_l(s)\tilde{S}_l(s) + \bar{F}_{l+1}(s)\tilde{K}_{l+1}(s) + \cdots + \bar{F}_m(s)\tilde{K}_m(s)$$

$$\tilde{\varDelta}_E(s) = \bigcup_{l=1}^{m} \tilde{\varDelta}_E^l(s)$$

3.1.2　分数阶边界定理

根据 3.1.1 节的定义和结论，本节提出分数阶边界定理，该定理是对整数阶领域中的广义 Kharitonov 定理的推广[40]。该定理将被应用于解决含区间参数的分数阶控制器参数图形化整定方法。

分数阶边界定理描述如下。

定理 3.1　分数阶边界定理：

(1)式(3.2)中的分数阶多项式 $\bar{\delta}(s)$ 赫尔维茨稳定当且仅当 $\bar{\varDelta}_E(s)$ 赫尔维茨稳定；

(2)如果 $\bar{P}_i(s)$ 是实系数整数阶多项式，则 $\bar{\delta}(s)$ 赫尔维茨稳定当且仅当 $\tilde{\varDelta}_E(s)$ 稳定；

(3) $\bar{\varDelta}_K(s)$ 稳定不一定能推出 $\bar{\delta}(s)$ 稳定。

证明　(1)给出如下引理：

引理 3.1　$\partial(Q_1 + Q_2) \subseteq (V_1 + E_2) \bigcup (V_2 + E_1)$，其中 Q_1 和 Q_2 是复平面上的两个多边形，V_1 和 V_2 是它们的顶点，E_1 和 E_2 是它们的边界。

假设式(3.2)中的 $m = 2$，当 $m = 1$ 或者 $m > 2$ 时，证明类似。必要条件显然成立，这里仅证明充分条件。考虑多项式

$$\bar{\delta}(\mathrm{j}\omega) = \bar{F}_1(\mathrm{j}\omega)\bar{P}_1(\mathrm{j}\omega) + \bar{F}_2(\mathrm{j}\omega)\bar{P}_2(\mathrm{j}\omega) \tag{3.11}$$

对于一个固定的频率 ω，令 $I_\delta(\omega)$ 表示当 $\bar{P}_1(j\omega)$ 和 $\bar{P}_2(j\omega)$ 的系数在各自区间上变化时 $\bar{\delta}(j\omega)$ 的值集。$I_\delta(\omega)$ 是一个多边形，由 $\bar{Q}_1$ 和 $\bar{Q}_2$ 相加而来：

$$\bar{Q}_1 = \{\zeta : \zeta = \bar{F}_1(j\omega)\bar{P}_1(j\omega)\}, \quad \bar{Q}_2 = \{\zeta : \zeta = \bar{F}_2(j\omega)\bar{P}_2(j\omega)\}$$

令 $I_\delta^E(\omega)$ 表示 $\bar{\Delta}_E(j\omega)$ 在复平面上的像集，由引理 3.1 可知

$$\partial I_\delta(\omega) \subseteq I_\delta^E(\omega) \tag{3.12}$$

当 $\omega = 0$ 时，容易验证如果 $\bar{\Delta}_E(s)$ 稳定，那么像集 $I_\delta(0) \equiv I_\delta^E(0)$ 是实轴上的一条不包括 0 的线段，同时根据零点排斥原理，$\bar{\Delta}_E(s)$ 稳定意味着

$$0 \notin I_\delta^E(\omega), \ \forall \omega \tag{3.13}$$

根据式 (3.12) 和式 (3.13)，可以判断 $0 \notin \partial I_\delta(\omega), \forall \omega$，因为 $0 \notin I_\delta(0)$，并且 $\bar{\delta}(j\omega)$ 是一个关于 ω 的连续函数，所以 $0 \notin I_\delta(\omega), \forall \omega$，从而可知 $\bar{\delta}(s)$ 稳定。

(2) 此证明与证明 (1) 类似，注意多边形 $\bar{Q}_1$ 和 $\bar{Q}_2$ 此时是由 Kharitonov 多项式所确定的长方形。

(3) 对于此证明只需给出一个反例，考虑被控对象 $P(s)$ 以及 PID 控制器

$$P(s) = (Ts + 1.1) / (s + 0.3), \quad T \in [-0.95, -0.4], \quad K_p = K_i = K_d = \lambda = \mu = 1$$

控制系统的特征多项式可写为

$$\delta(s) = (1 + T)s^3 + (1.4 + T)s^2 + (T + 1.1)s + 1.1 \tag{3.14}$$

可以验证，当 $T = -0.95$ 或者 $T = -0.4$ 时 $\delta(s)$ 均赫尔维茨稳定，但是当 $T = -0.5$ 时 $\delta(s)$ 不稳定。

证毕。

根据文献 [41]，$\bar{\Delta}_K(s)$ 稳定则 $\bar{\delta}(s)$ 稳定。根据上述分数阶边界定理，其结论不具有一般性。

3.1.3　基于确定参数模型的分数阶控制器稳定域求解方法

本节提出一种基于确定参数模型的分数阶控制器稳定域求解方法，将该方法与 3.1.2 节中的分数阶边界定理相结合，能够得到含区间参数的分数阶控制器参数图形化整定方法。

假设被控对象模型参数确定，令确定参数模型为 $P(s)$，并考虑线性 FOPID 控制器：

$$C(s) = K_p + \frac{K_i}{s^\lambda} + K_d s^\mu, \quad 0 < \lambda, \mu < 2 \tag{3.15}$$

由 $C(s)$ 和 $P(s)$ 所组成的单输入单输出控制系统如果需要稳定，则需要如下特征多项式稳定：

$$\delta(s) = s^\lambda D(s) + (K_p s^\lambda + K_i + K_d s^{\lambda+\mu})N(s) \tag{3.16}$$

其中，$D(s)$ 和 $N(s)$ 分别为 $P(s)$ 的分母和分子。

为了考虑更一般的情况，将式(3.16)修改为如下形式：

$$\delta(s) = s^\lambda L(s)D(s) + (K_p s^\lambda + K_i + K_d s^{\lambda+\mu})M(s)N(s) \tag{3.17}$$

其中，$L(s)$ 和 $M(s)$ 是复系数分数阶多项式。接下来需要在参数平面 (K_p, K_i) 中求解控制器的稳定域，该稳定域内的所有控制参数可以使式(3.17)是赫尔维茨稳定的。这里采用 D 分解法来对稳定域进行求解，可参考文献[40]。

利用 D 分解法，FOPID 控制器的稳定域将由三条根边界组成：实根边界(real root boundary, RRB)、无限根边界(infinite root boundary, IRB)、复根边界(complex root boundary, CRB)，如图 3.1 所示。

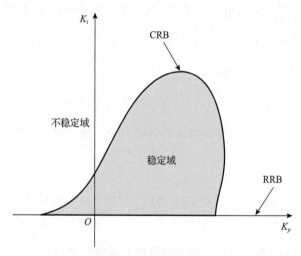

图 3.1　稳定域边界

1) RRB：$\delta(0) = K_i M(0)N(0) = 0$

如果 $M(0)N(0) \neq 0$，那么 $K_i = 0$，否则边界不存在。

2) IRB：$\delta(\infty) = 0$

假设 $s \to \infty$，有 $\dfrac{L(s)D(s)}{M(s)N(s)} \sim cs^t$，其中 t 和 c 分别为实数和复数。此时有如下结论：

(1) 如果 $\mu \neq t$, 那么边界不存在;

(2) 如果 $\mu = t$ 并且 c 不是实数, 那么边界不存在;

(3) 如果 $\mu = t$ 并且 c 是实数, 那么

$$
\begin{aligned}
\lim_{s \to \infty} \delta(s) &= \lim_{s \to \infty} \frac{\delta(s)}{s^\lambda L(s)D(s)} \\
&= \lim_{s \to \infty} \left(1 + \frac{(K_p s^\lambda + K_i + K_d s^{\lambda+\mu})}{s^\lambda} \frac{M(s)N(s)}{L(s)D(s)} \right) = 1 + K_d c = 0
\end{aligned}
\tag{3.18}
$$

因此, 有 $K_d = -1/c$ 。

3) CRB: $\delta(j\omega) = 0$

利用下面等式:

$$
\begin{aligned}
&L(j\omega) = L_r(\omega) + jL_i(\omega), \quad M(j\omega) = M_r(\omega) + jM_i(\omega) \\
&D(j\omega) = D_r(\omega) + jD_i(\omega), \quad N(j\omega) = N_r(\omega) + jN_i(\omega)
\end{aligned}
\tag{3.19}
$$

$\delta(j\omega)$ 可以分解成实部和虚部两个部分, 让这两部分分别为 0, 可得

$$
\begin{cases}
a_{11}K_p + a_{12}K_i = b_1 \\
a_{21}K_p + a_{22}K_i = b_2
\end{cases}
\tag{3.20}
$$

其中,

$$
a_{11} = \omega^\lambda \cos(\lambda\pi/2)\bar{N}_r - \omega^\lambda \sin(\lambda\pi/2)\bar{N}_i
$$

$$
a_{21} = \omega^\lambda \cos(\lambda\pi/2)\bar{N}_i + \omega^\lambda \sin(\lambda\pi/2)\bar{N}_r
$$

$$
a_{12} = \bar{N}_r, \quad a_{22} = \bar{N}_i
$$

$$
\begin{aligned}
b_1 =\ & K_d \omega^{\lambda+\mu} \left\{ \sin[(\lambda+\mu)\pi/2]\bar{N}_i - \cos[(\lambda+\mu)\pi/2]\bar{N}_r \right\} \\
& + \omega^\lambda [\sin(\lambda\pi/2)\bar{D}_i - \cos(\lambda\pi/2)\bar{D}_r]
\end{aligned}
$$

$$
\begin{aligned}
b_2 =\ & -K_d \omega^{\lambda+\mu} \left\{ \sin[(\lambda+\mu)\pi/2]\bar{N}_r + \cos[(\lambda+\mu)\pi/2]\bar{N}_i \right\} \\
& - \omega^\lambda [\sin(\lambda\pi/2)\bar{D}_r + \cos(\lambda\pi/2)\bar{D}_i]
\end{aligned}
$$

$$
\bar{N}_r = M_r N_r - M_i N_i, \quad \bar{N}_i = M_r N_i + M_i N_r
$$

$$
\bar{D}_r = L_r D_r - L_i D_i, \quad \bar{D}_i = L_r D_i + L_i D_r
$$

根据式 (3.20) 可以求出 K_p 和 K_i:

$$\begin{cases} K_p = \dfrac{b_1 a_{22} - a_{12} b_2}{a_{11} a_{22} - a_{12} a_{21}} \\[3mm] K_i = \dfrac{b_2 a_{11} - a_{21} b_1}{a_{11} a_{22} - a_{12} a_{21}} \end{cases} \tag{3.21}$$

当 K_d、λ、μ 固定时，根据式(3.21)可以在 (K_p, K_i) 平面内绘出一条曲线，此曲线是 CRB。

边界 RRB、IRB、CRB 将参数平面 (K_p, K_i) 划分为稳定和不稳定的两个区域，见图 3.1。稳定域的判定可以通过在各区域内部任意选取一点进行测试，也可以按照文献[42]中的方法，通过判断 Jacobian 函数的符号来判断区域是否为稳定域。

3.1.4　含区间参数的分数阶控制器参数图形化整定方法实现

利用 3.1.3 节基于确定参数模型的分数阶控制器稳定域求解方法以及 3.1.2 节的分数阶边界定理，可以得到含区间参数的分数阶控制器参数图形化整定方法。

令 $\qquad\qquad \overline{K}_D(s) = \{\overline{K}_D^1(s), \overline{K}_D^2(s), \cdots, \overline{K}_D^{2^{m+1}}(s)\}$ ，

$\overline{K}_N(s) = \{\overline{K}_N^1(s), \overline{K}_N^2(s), \cdots, \overline{K}_N^{2^{n+1}}(s)\}$ ，它们是式(3.1)中 $N(s)$ 和 $D(s)$ 所对应的顶点多项式，同时令

$$\overline{S}_D(s) = \{[\overline{K}_D^1(s), \overline{K}_D^2(s)], \cdots, [\overline{K}_D^{2^m}(s), \overline{K}_D^{2^{m+1}}(s)]\}$$

$$\overline{S}_N(s) = \{[\overline{K}_N^1(s), \overline{K}_N^2(s)], \cdots, [\overline{K}_N^{2^n}(s), \overline{K}_N^{2^{n+1}}(s)]\}$$

是式(3.1)中 $N(s)$ 和 $D(s)$ 所对应的分段多项式。

对于稳定域的计算问题，有如下定理。

定理 3.2　FOPID 控制器与模型(3.1)所组成的单输入单输出系统稳定的充分必要条件是 $s^\lambda \overline{K}_D(s) + (s^{\lambda+\mu} K_d + s^\lambda K_p + K_i) \overline{S}_N(s)$ 和 $s^\lambda \overline{S}_D(s) + (s^{\lambda+\mu} K_d + s^\lambda K_p + K_i) \overline{K}_N(s)$ 均赫尔维茨稳定。

证明　详见文献[40]。

对于 H_∞ 域的计算问题，有如下鲁棒性能指标：

$$\|S(s)\|_\infty = \left\| \frac{N_w(s)}{D_w(s)} \frac{1}{1+P(s)C(s)} \right\|_\infty = \left\| \frac{N_w(s)}{D_w(s)} \frac{s^\lambda D(s)}{s^\lambda D(s) + (K_d s^{\lambda+\mu} + K_p s^\lambda + K_i) N(s)} \right\| \leqslant \gamma \tag{3.22}$$

其中，γ 为常数；$N_w(s)$ 和 $D_w(s)$ 为权值函数；$\|\cdot\|$ 表示范数。有时可以取如下性能指标：

$$\|T(s)\|_\infty = \left\|\frac{N_w(s)}{D_w(s)}\frac{P(s)C(s)}{1+P(s)C(s)}\right\|_\infty = \left\|\frac{N_w(s)}{D_w(s)}\frac{(K_d s^{\lambda+\mu}+K_p s^\lambda+K_i)N(s)}{s^\lambda D(s)+(K_d s^{\lambda+\mu}+K_p s^\lambda+K_i)N(s)}\right\| \leqslant \gamma$$

(3.23)

上述鲁棒性能指标可以很好地反映控制系统的闭环控制特性, 其实质是对控制系统频域特性的一种调整, 例如, 式(3.22)和式(3.23)分别可以化为

$$\|S(s)\|_\infty = \left\|\frac{N_w(s)}{D_w(s)}\frac{1}{1+P(s)C(s)}\right\|_\infty \leqslant \gamma$$

$$\Leftrightarrow \left|\frac{1}{1+P(\mathrm{j}\omega)C(\mathrm{j}\omega)}\right| \leqslant \gamma\left|\frac{D_w(\mathrm{j}\omega)}{N_w(\mathrm{j}\omega)}\right|, \quad \forall\omega\in[0,+\infty)$$

(3.24)

$$\|T(s)\|_\infty = \left\|\frac{N_w(s)}{D_w(s)}\frac{P(s)C(s)}{1+P(s)C(s)}\right\|_\infty \leqslant \gamma$$

$$\Leftrightarrow \left|\frac{P(\mathrm{j}\omega)C(\mathrm{j}\omega)}{1+P(\mathrm{j}\omega)C(\mathrm{j}\omega)}\right| \leqslant \gamma\left|\frac{D_w(\mathrm{j}\omega)}{N_w(\mathrm{j}\omega)}\right|, \quad \forall\omega\in[0,+\infty)$$

(3.25)

鲁棒性能指标如图 3.2 所示(其中 M 为幅值), 可以看出式(3.24)和式(3.25)是利用权值函数对控制系统闭环频率响应的一种限制。

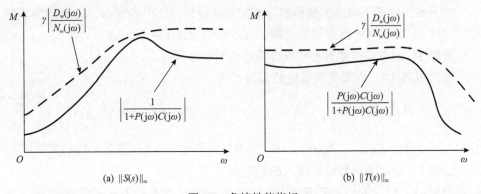

(a) $\|S(s)\|_\infty$ (b) $\|T(s)\|_\infty$

图 3.2 鲁棒性能指标

对于 H_∞ 域的计算有如下结论。

定理 3.3 FOPID 控制器与模型(3.1)所组成的单输入单输出系统稳定且满足 $\|S(s)\|_\infty < \gamma$ 的充分必要条件如下:

(1)多项式 $s^\lambda \overline{K}_D(s)+(s^{\lambda+\mu}K_d+s^\lambda K_p+K_i)\overline{S}_N(s)$ 和 $s^\lambda \overline{S}_D(s)+(s^{\lambda+\mu}K_d+s^\lambda K_p+K_i)\overline{K}_N(s)$ 稳定;

（2）多项式 $s^\lambda \bar{K}_D(s)[D_w(s) + (1/\gamma)\mathrm{e}^{\mathrm{j}\theta_s} N_w(s)] + (K_d s^{\lambda+\mu} + K_p s^\lambda + K_i)D_w(s)\bar{S}_N(s)$ 和 $s^\lambda \bar{S}_D(s)[D_w(s) + (1/\gamma)\mathrm{e}^{\mathrm{j}\theta_s} N_w(s)] + (K_d s^{\lambda+\mu} + K_p s^\lambda + K_i)D_w(s)\bar{K}_N(s)$ 对于所有的 $\theta_s \in [0, 2\pi)$ 均稳定；

（3）$|S(\infty)| < \gamma$。

证明　详见文献[40]和[43]。

利用定理 3.2、定理 3.3 并结合 3.1.3 节中的算法，可求出 FOPID 控制器的稳定域和 H_∞ 域。

3.1.5　仿真结果分析

例 3.1　考虑文献[44]中的伺服系统数学模型，即

$$P(s) = \frac{c}{s^{1.7452} + as^{0.9251} + b} \tag{3.26}$$

其中，$c = 6.8251$；$a = 222.222$；$b = 37665$。该模型是式（2.40）的一种简化形式，即假设式（2.40）中的摩擦系数 $B = 0$。假定系数 a、b、c 均受到 10%的扰动，有

$$c \in [\underline{c}, \overline{c}] = [6, 7.5]，a \in [\underline{a}, \overline{a}] = [200, 244]，b \in [\underline{b}, \overline{b}] = [33899, 41432]$$

其中，$\underline{a}$、$\overline{a}$、$\underline{b}$、$\overline{b}$、$\underline{c}$、$\overline{c}$ 为正常数。

接下来，以此不确定参数模型为被控对象设计 FOPI 控制器，求取控制器的稳定域和 H_∞ 域。对于稳定域的求解，可以归纳为以下三个步骤。

步骤 1　确定需要使其赫尔维茨稳定的所有多项式。

根据定理 3.2，需要使其稳定的多项式为

$$s^\lambda \bar{K}_D(s) + (s^\lambda K_p + K_i)\bar{S}_N(s)，s^\lambda \bar{S}_D(s) + (s^\lambda K_p + K_i)\bar{K}_N(s)$$

其中，$\bar{K}_D(s)$、$\bar{K}_N(s)$、$\bar{S}_D(s)$、$\bar{S}_N(s)$ 可以根据定义 3.1～定义 3.4 确定。

步骤 2　确定某一特定多项式的稳定域。

根据 3.1.3 节的内容确定步骤 1 中某一确定系数的多项式的稳定域，如 $s^\lambda \overline{c} + (s^\lambda K_p + K_i)(s^{1.7452} + \underline{a}s^{0.9251} + \underline{b})$。

步骤 3　确定控制器的稳定域。

重复步骤 2，对步骤 1 中所有的多项式求取稳定域，最终确定这些稳定域的交集，就是最终所需的稳定域。

图 3.3 是在 FOPI 控制器的分数阶 $\lambda = 1.1$ 时的稳定域，图中实线是根据 3.1.3 节求取的 CRB，每一条线对应某一确定的模型参数。选取 A 点和 B 点进行测试，得

到不同参数模型下 A 点和 B 点控制器所对应的阶跃响应如图 3.4 所示。可以看出，A 点所对应的控制系统始终保持稳定，B 点所对应的控制系统在模型参数发生变化时失去了稳定，由此证明了所求取稳定域的有效性。

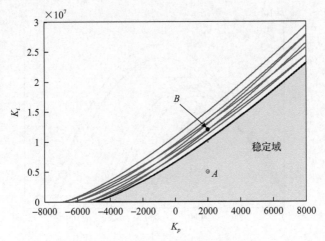

图 3.3　不确定参数模型的稳定域

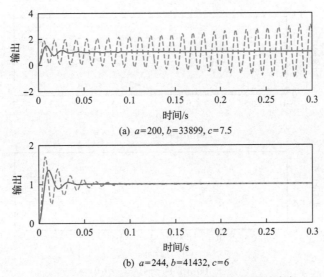

(a) a=200, b=33899, c=7.5

(b) a=244, b=41432, c=6

图 3.4　A 点（实线）与 B 点（虚线）所对应的阶跃响应

对于 H_∞ 的求解，其步骤与稳定域的求解步骤基本相同，这里假定式 (3.22) 中的鲁棒性能指标 $N_w(s) = D_w(s) = 1$，$\gamma = 1.1$。在此性能指标下，控制系统的动态响应将会具有较小的超调量以及合适的上升时间。假定 FOPI 控制器 $\lambda = 1.1$，图 3.5 是所求取的 H_∞ 域，图中每一条实线对应某一确定参数的模型，选取 A 点和

B 点进行测试，在不同参数模型下 A 点和 B 点控制器所对应的鲁棒性能指标 $|S(j\omega)|$ 如图 3.6 所示。可以看出，A 点所对应的控制系统始终满足所设定的性能指标，B 点则不满足，由此证明了所求取的 H_∞ 域的有效性。

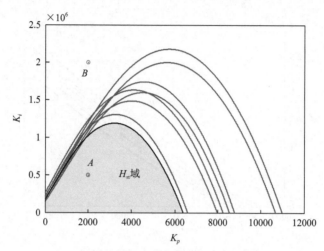

图 3.5　不确定参数模型的 H_∞ 域

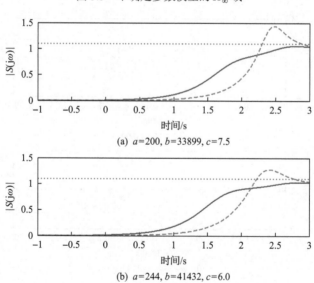

(a) $a=200, b=33899, c=7.5$

(b) $a=244, b=41432, c=6.0$

图 3.6　A 点(实线)与 B 点(虚线)对应的鲁棒性能指标

图 3.7 和图 3.8 分别展示了选取图 3.5 中 A 点控制器时模型参数发生变化情况下的阶跃响应。可以看出，阶跃响应都十分接近，从而说明所整定的控制器具有较好的鲁棒性能。

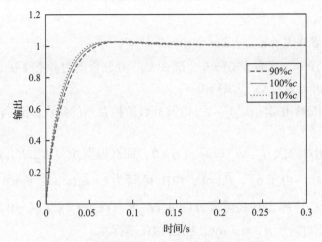

图 3.7　模型参数 c 发生变化时的阶跃响应

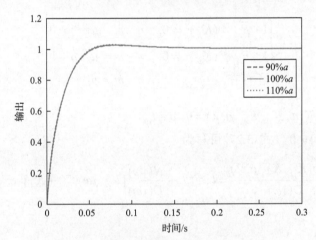

图 3.8　模型参数 a 发生变化时的阶跃响应

3.2　非线性分数阶控制器参数图形化整定方法

3.2.1　非线性 FOPID 控制器稳定域求解方法

　　3.1 节主要针对线性 FOPID 控制器参数的图形化整定方法进行了研究，接下来将针对式 (2.19) 中的非线性 FOPID 控制器进行探讨。非线性 FOPID 控制器 (2.19) 和被控对象 (3.1) 所组成的控制系统的特征方程可表示为

$$\delta(s, K_\mu, K_\lambda, \mu, \lambda) = D(s)s^{\lambda\gamma} + N(s)(K_\mu s^{\mu+\lambda} + K_\lambda)^\gamma \mathrm{e}^{-Ls} \qquad (3.27)$$

同样将使用 D 分解法来求取分数阶控制器的稳定域，稳定域将由 RRB、IRB、CRB

三部分组成[45]。

1) RRB：$\delta(0, K_\mu, K_\lambda, \mu, \lambda) = N(0)(K_\lambda)^\gamma = 0$

如果 $P_a(0) \neq 0$ ，又有 $N(0) \neq 0$ ，那么 $K_\lambda = 0$ ，否则边界不存在。

2) IRB：$\delta(\infty, K_\mu, K_\lambda, \mu, \lambda) = 0$

IRB 主要依赖相对阶次 $\beta_n - \alpha_m$ 以及分数阶控制器的阶次。下面将考虑如下两种情况。

(1) 如果相对阶次 $\beta_n - \alpha_m = \mu\gamma$ 且 $\eta = 0$ ，那么根据 $\delta(\infty, K_\mu, K_\lambda, \mu, \lambda) = 0$ ，有 $1 + a_m(K_\mu)^\gamma = 0$ 。由于 $a_m = \overline{P}_a(\infty)$ ，IRB 可写为 $1 + \overline{P}_a(\infty)(K_\mu)^\gamma = 0$ 。如果 $\beta_n - \alpha_m = \mu\gamma$ 且 $\eta = 1$ ，那么 IRB 可写为 $1 \pm a_m(K_\mu)^\gamma = 1 \pm \overline{P}_a(\infty)(K_\mu)^\gamma = 0$ 。

(2) 如果相对阶次 $n - m \neq \mu\gamma$ ，那么 IRB 不存在。

以上两种情况可归纳为

$$\begin{cases} 1 + \overline{P}_a(\infty)(K_\mu)^\gamma = 0, & n - m = \mu\gamma, \eta = 0 \\ 1 \pm \overline{P}_a(\infty)(K_\mu)^\gamma = 0, & n - m = \mu\gamma, \eta = 1 \\ \text{不存在}, & n - m \neq \mu\gamma \end{cases} \tag{3.28}$$

3) CRB：$\delta(j\omega, K_\mu, K_\lambda, \mu, \lambda) = 0, \omega \in I_\omega$

由于 $D(j\omega) \neq 0$ ，式 (3.27) 可写为

$$\frac{\delta(j\omega, K_\mu, K_\lambda, \mu, \lambda)}{D(j\omega)} = (j\omega)^{\lambda\gamma} + \frac{N(j\omega)}{D(j\omega)}[K_\mu(j\omega)^{\mu+\lambda} + K_\lambda]^\gamma e^{-Lj\omega} \tag{3.29}$$

等价为

$$\frac{\delta(j\omega)}{D(j\omega)} = (j\omega)^{\lambda\gamma} + [P_r(\omega) + jP_i(\omega)][K_\mu(j\omega)^{\mu+\lambda} + K_\lambda]^\gamma \tag{3.30}$$

注意到 $K_\mu(j\omega)^{\mu+\lambda} + K_\lambda$ 可以写为

$$\begin{aligned} K_\mu(j\omega)^{\mu+\lambda} + K_\lambda &= K_\mu\{\omega^{\lambda+\mu}\cos[(\lambda+\mu)\pi/2] + K_\lambda/K_\mu + \omega^{\lambda+\mu}j\sin[(\lambda+\mu)\pi/2]\} \\ &= K_\mu\rho(\cos\phi + j\sin\phi) \end{aligned}$$
$$\tag{3.31}$$

其中，ρ 和 ϕ 分别为复数 $\omega^{\lambda+\mu}\cos[(\lambda+\mu)\pi/2] + K_\lambda/K_\mu + \omega^{\lambda+\mu}j\sin[(\lambda+\mu)\pi/2]$ 的幅值和相位，它们可以写成

$$\rho = \sqrt{\{T_\lambda + \omega^{\lambda+\mu}\cos[(\lambda+\mu)\pi/2]\}^2 + \{\omega^{\lambda+\mu}\sin[(\lambda+\mu)\pi/2]\}^2} \tag{3.32}$$

$$\phi = \arctan\left\{\frac{\omega^{\lambda+\mu}\sin[(\lambda+\mu)\pi/2]}{T_\lambda + \omega^{\lambda+\mu}\cos[(\lambda+\mu)\pi/2]}\right\} + \chi\pi \tag{3.33}$$

其中，

$$\chi = \begin{cases} 0, & T_\lambda + \omega^{\lambda+\mu}\cos[(\lambda+\mu)\pi/2] \geqslant 0, \\ 1, & T_\lambda + \omega^{\lambda+\mu}\cos[(\lambda+\mu)\pi/2] < 0, \ \omega^{\lambda+\mu}\sin[(\lambda+\mu)\pi/2] \geqslant 0 \\ -1, & T_\lambda + \omega^{\lambda+\mu}\cos[(\lambda+\mu)\pi/2] < 0, \ \omega^{\lambda+\mu}\sin[(\lambda+\mu)\pi/2] < 0 \end{cases} \tag{3.34}$$

$$T_\lambda = K_\lambda / K_\mu \tag{3.35}$$

利用式(3.31)，$[K_\mu(j\omega)^{\mu+\lambda} + K_\lambda]^\gamma$ 可写为

$$[K_\mu(j\omega)^{\mu+\lambda} + K_\lambda]^\gamma = EA + jEB \tag{3.36}$$

其中，

$$E = (K_\mu)^\gamma \tag{3.37}$$

$$A = \rho^\gamma \cos(\gamma\phi) \tag{3.38}$$

$$B = \rho^\gamma \sin(\gamma\phi) \tag{3.39}$$

ρ、ϕ 由式(3.32)、式(3.33)给定。

由式(3.33)、式(3.38)及式(3.39)可得

$$\frac{B}{A} = \tan(\gamma\phi) = \tan\left[\gamma\left(\arctan\left\{\frac{\omega^{\lambda+\mu}\sin[(\lambda+\mu)\pi/2]}{T_\lambda + \omega^{\lambda+\mu}\cos[(\lambda+\mu)\pi/2]}\right\} + \chi\pi\right)\right] \tag{3.40}$$

此外，将式(3.36)代入式(3.30)可得

$$\begin{cases} EAP_r - EBP_i + \omega^{\lambda\gamma}\cos(\lambda\gamma\pi/2) = 0 \\ EBP_r + EAP_i + \omega^{\lambda\gamma}\sin(\lambda\gamma\pi/2) = 0 \end{cases} \tag{3.41}$$

由式(3.41)可得

$$\frac{B}{A} = \frac{P_r\tan(\lambda\gamma\pi/2) - P_i}{P_i\tan(\lambda\gamma\pi/2) + P_r} \tag{3.42}$$

由式(3.40)和式(3.42)可得

$$T_\lambda = \frac{\omega^{\lambda+\mu}\sin[(\lambda+\mu)\pi/2]}{\tan[(\arctan G)/\gamma] - \chi\pi} - \omega^{\lambda+\mu}\cos[(\lambda+\mu)\pi/2] \tag{3.43}$$

其中，

$$G = \frac{P_r \tan(\lambda\gamma\pi/2) - P_i}{P_i \tan(\lambda\gamma\pi/2) + P_r} \tag{3.44}$$

最后，由式(3.35)、式(3.37)和式(3.41)可得

$$\begin{cases} K_\mu(\omega) = [\omega^{\lambda\gamma}\cos(\lambda\gamma\pi/2)/(BP_i - AP_r)]^{1/\gamma} \\ K_\lambda(\omega) = T_\lambda K_\mu \end{cases} \tag{3.45}$$

由以上分析可得出求解 CRB 的步骤：

(1)对于一个给定的频率 ω，利用式(3.34)和式(3.43)计算 T_λ；

(2)利用计算的 T_λ 和式(3.32)～式(3.34)以及式(3.38)、式(3.39)计算 A 和 B；

(3)利用 T_λ、A 和 B 以及式(3.45)，计算 $(K_\mu(\omega), K_\lambda(\omega))$；

(4)通过改变 ω，重复以上三个步骤，对于固定的 μ、λ，(K_μ, K_λ) 可以形成 CRB。

接下来总结求解非线性 FOPID 控制器稳定域的方法。

(1)通过频率测试获得频率响应 $P(\mathrm{j}\omega)$；

(2)根据 3.2.1 节的方法计算特征参数 $n-m$ 和 a_m，以及特征频率范围 I_ω；

(3)计算 RRB、IRB 和 CRB，在参数平面内画出稳定域边界。

3.2.2　非线性 FOPID 控制器 H_∞ 域求解方法

本节将提出非线性 FOPID 控制器的 H_∞ 域求解方法。

由式(3.24)可得

$$|1 + P(\mathrm{j}\omega)C(\mathrm{j}\omega)|^2 \geqslant 1/M^2, \quad \forall\omega > 0 \tag{3.46}$$

其中，

$$M = \left| \frac{\gamma D_w(\mathrm{j}\omega)}{N_w(\mathrm{j}\omega)} \right| \tag{3.47}$$

定理 3.4　非线性 FOPID 控制器与被控对象(3.1)所组成的单输入单输出系统稳定且满足 $\|S(s)\|_\infty < \gamma$ 的充分必要条件如下：

(1) $\delta(s, K_\mu, K_\lambda, \mu, \lambda)$ 稳定；

(2) $|S(\infty, K_\mu, K_\lambda, \mu, \lambda)/M| < 1$；

(3) $\varphi(s, K_\mu, K_\lambda, \mu, \lambda) = s^{\lambda\gamma}D(s)[1 + (1/M)\mathrm{e}^{\mathrm{j}\theta}] + (K_\mu s^{\lambda+\mu} + K_\lambda)^\gamma N(s)\mathrm{e}^{-Ls}$ 对于所有的 $\theta \in [0, 2\pi)$ 均赫尔维茨稳定。

由定理 3.4 可知，非线性 FOPID 控制器的 H_∞ 域应该为满足上述三个条件的区域的交集。条件(1)即为控制系统的稳定域，可以通过 3.2.1 节求解。对于条件(2)所对应的区域，有如下结论。

如果 $\mu\gamma = n - m$，则有

$$\begin{cases} M \, |1 + \overline{P}_a(\infty)K_\mu| > 1, & \eta = 0 \\ M \, |1 \pm \overline{P}_a(\infty)K_\mu| > 1, & \eta = 1 \end{cases}$$

如果 $\mu\gamma \neq n - m$，那么定理 3.4 中的条件(2)总是成立。

对于条件(3)所对应的区域与 3.2.1 节中的稳定域求解方法类似，同样需要利用 D 分解法，条件(3)所对应的区域实质上是多个稳定域的交集，如图 3.9 所示，具体求解过程如下。

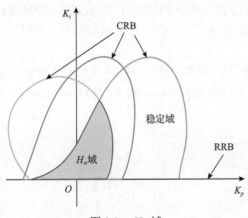

图 3.9　H_∞ 域

1) RRB：$\varphi(0, K_\mu, K_\lambda, \mu, \lambda) = N(0)(K_\lambda)^\gamma = 0$

如果 $P_a(0) \neq 0$，又有 $N(0) \neq 0$，那么 $K_\lambda = 0$，否则边界不存在。

2) IRB：$\varphi(\infty, K_\mu, K_\lambda, \mu, \lambda) = 0$

与 3.2.1 节的 IRB 求解方法类似，可得

$$\begin{cases} 1 + 1/M + \overline{P}_a(\infty)(K_\mu)^\gamma = 0, & \mu\gamma = n - m, \eta = 0, \theta = 0 \\ 1 + 1/M \pm \overline{P}_a(\infty)(K_\mu)^\gamma = 0, & \mu\gamma = n - m, \eta = 1, \theta = 0 \\ 1 - 1/M + \overline{P}_a(\infty)(K_\mu)^\gamma = 0, & \mu\gamma = n - m, \eta = 0, \theta = \pi \\ 1 - 1/M \pm \overline{P}_a(\infty)(K_\mu)^\gamma = 0, & \mu\gamma = n - m, \eta = 1, \theta = \pi \\ \text{不存在}, & \mu\gamma \neq n - m \text{ 或 } \theta \neq 0, \pi \end{cases} \quad (3.48)$$

3) CRB: $\varphi(j\omega, K_\mu, K_\lambda, \mu, \lambda) = 0, \omega \in I_\omega$

由于 $D(j\omega) \neq 0$，式 $\varphi(j\omega, K_\mu, K_\lambda, \mu, \lambda) = 0$ 可写为

$$\frac{\varphi(j\omega)}{D(j\omega)} = (j\omega)^{\lambda\gamma}[1 + (1/M)e^{j\theta}] + [P_r(\omega) + jP_i(\omega)][K_\mu(j\omega)^{\mu+\lambda} + K_\lambda]^\gamma \quad (3.49)$$

已知有

$$[K_\mu(j\omega)^{\mu+\lambda} + K_\lambda]^\gamma = EA + jEB \quad (3.50)$$

$$\frac{B}{A} = \tan\left[\gamma\left(\arctan\left\{\frac{\omega^{\lambda+\mu}\sin[(\lambda+\mu)\pi/2]}{T_\lambda + \omega^{\lambda+\mu}\cos[(\lambda+\mu)\pi/2]}\right\} + \chi\pi\right)\right] \quad (3.51)$$

其中，E、A、B 由式(3.37)～式(3.39)决定；T_λ 由式(3.35)确定；χ 由式(3.34)确定。

另外，将式(3.50)代入式(3.49)，并令 $\varphi(j\omega) = 0$，则有

$$\begin{cases} EAP_r - EBP_i + \omega^{\lambda\gamma}\cos(\lambda\gamma\pi/2)(1 + \cos\theta/M) - \omega^{\lambda\gamma}\sin(\lambda\gamma\pi/2)\sin\theta/M = 0 \\ EBP_r + EAP_i + \omega^{\lambda\gamma}\sin(\lambda\gamma\pi/2)(1 + \cos\theta/M) + \omega^{\lambda\gamma}\cos(\lambda\gamma\pi/2)\sin\theta/M = 0 \end{cases}$$
$$(3.52)$$

注意到

$$\frac{B}{A} = \frac{P_r J - P_i}{P_i J + P_r} \quad (3.53)$$

$$J = \frac{\sin(\theta + \lambda\gamma\pi/2) + M\sin(\lambda\gamma\pi/2)}{\cos(\theta + \lambda\gamma\pi/2) + M\cos(\lambda\gamma\pi/2)} \quad (3.54)$$

令式(3.51)和式(3.53)相等，则有

$$T_\lambda = \frac{\omega^{\lambda+\mu}\sin[(\lambda+\mu)\pi/2]}{\tan[(\arctan\bar{G})/\gamma] - \chi\pi} - \omega^{\lambda+\mu}\cos[(\lambda+\mu)\pi/2] \quad (3.55)$$

其中，

$$\bar{G} = \frac{P_r J - P_i}{P_i J + P_r} \quad (3.56)$$

J 根据式(3.54)计算而来，χ 由式(3.34)确定。

最后，根据式(3.35)、式(3.37)和式(3.52)可得

$$
\begin{cases}
K_\mu(\omega) = \left[\dfrac{\omega^{\lambda\gamma}\cos(\lambda\gamma\pi/2)(M+\cos\theta) - \omega^{\lambda\gamma}\sin(\lambda\gamma\pi/2)\sin\theta}{M(BP_i - AP_r)} \right]^{1/\gamma} \\
K_\lambda(\omega) = T_\lambda K_\mu
\end{cases}
\tag{3.57}
$$

由以上分析可得出求解 CRB 的步骤：

(1) 对于一个给定的频率 ω，利用式 (3.34) 和式 (3.43) 计算 T_λ；

(2) 利用计算的 T_λ 和式 (3.32)~式 (3.34) 以及式 (3.38)、式 (3.39) 计算 A 和 B；

(3) 利用 T_λ、A 和 B，以及式 (3.57)，计算 $(K_\mu(\omega), K_\lambda(\omega))$；

(4) 通过改变 ω，并重复以上三个步骤，对于固定 μ、λ，(K_μ, K_λ) 可以形成 CRB。

接下来总结非线性 FOPID 控制器 H_∞ 域求解方法：

(1) 通过频率测试获得频率响应 $P(\mathrm{j}\omega)$；

(2) 根据 3.2.2 节的方法计算特征参数 $n-m$ 和 a_m，以及特征频率范围 I_ω；

(3) 根据 3.1.3 节的内容计算控制系统的稳定域 Ψ_s；

(4) 确定定理 3.4 中满足条件 (2) 的区域 Ψ_b；

(5) 对于一个固定的 $\theta^* \in [0, 2\pi)$，首先利用 D 分解法确定区域 $\Psi_c(\theta^*)$，$\Psi_c(\theta^*)$ 中的控制器参数满足定理 3.4 中的条件 (3)，然后确定使 $\varphi(s, K_\mu, K_\lambda, \mu, \lambda, \theta)$，$\forall \theta \in (0, 2\pi]$ 稳定的区域 Ψ_c：

$$
\Psi_c = \bigcap_{\theta^* \in [0, 2\pi)} \Psi_c(\theta^*)
\tag{3.58}
$$

(6) 确定控制系统的 H_∞ 域，即

$$
\Psi_H = \Psi_s \bigcap \Psi_b \bigcap \Psi_c
\tag{3.59}
$$

此区域中的控制器参数能使定理 3.4 中的三个条件均得到满足。

3.2.3　仿真结果分析

例 3.2　考虑文献[45]中的伺服系统以及 FO[PI] 控制器，即

$$
P(s) = \frac{21.7}{4.8 + s}
\tag{3.60}
$$

$$
C(s) = \left(K_p + \frac{K_i}{s} \right)^\gamma, \quad K_p, K_i \geqslant 0, \quad 0 < \gamma < 2
\tag{3.61}
$$

假设 $\eta=0$ 已知，并且被控对象稳定，选取 chirp 扫频信号作为激励信号进行扫频测试。图 3.10 是被控对象扫频测试中的输入输出数据，利用这些数据得到的伺服系统被控对象的伯德图如图 3.11 所示。可以看出，测试所得频率响应在低频到中频段十分准确，高频段由于采样周期的限制而不准确。根据所测得的频率响应可计算出特征参数，即 $n-m=1$，$a_m=20$，$I_\omega=(0,+\infty)$。

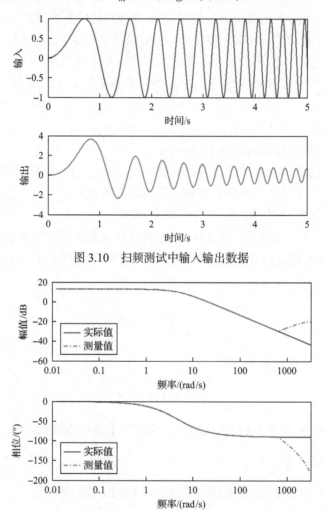

图 3.10　扫频测试中输入输出数据

图 3.11　伺服系统被控对象的伯德图

假设分数阶 $\gamma=1.1$，根据 3.2.1 节稳定域的求解方法，可以得到 FO[PI]控制器的稳定域，如图 3.12 所示，图中实线是根据准确模型计算而来的稳定域边界，虚线由频率响应而来。可以看出，尽管通过扫频测试只能准确地测试到被控对象低频到中频段的频率响应，但是根据频率响应计算得到的稳定域与实际的稳定域十分接近，这说明所提出的基于频率响应的图形化整定方法的有效性。利用所提出的图形化整定方法，只需准确测试被控对象低频和中频段的频率响应，即可计算出控制器的稳定域。

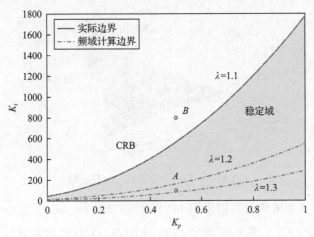

图 3.12 FO[PI]控制器的稳定域

在图 3.12 中选取 A 点和 B 点进行测试，图 3.13 给出了采用 A 点和 B 点控制器所对应的阶跃响应。可以看出，A 点所对应的控制系统保持稳定，B 点所对应的控制系统不稳定，由此证明了所求稳定域的准确性。

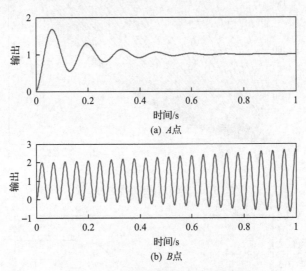

图 3.13 FO[PI]控制器的稳定域测试

改变不同的 γ 值可以求出不同分数阶参数下控制系统的稳定域，如图 3.12 和图 3.14 所示。图 3.14 给出了在三维参数空间中的 FO[PI]控制器的三维稳定域。

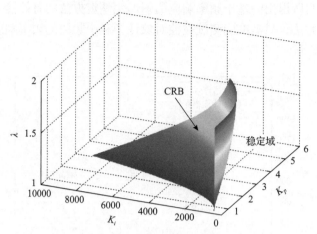

图 3.14　FO[PI]控制器的三维稳定域

利用 3.2.2 节中的内容可以求出 FO[PI]控制器的 H_∞ 域，图 3.15 中每一条线对应着某一区域 $\Psi_c(\theta^*)$。图 3.16 给出了 A、B 两点所对应的控制系统的鲁棒性能指标，可以看出 A 点满足指标要求，从而证明了所求 H_∞ 域的正确性。

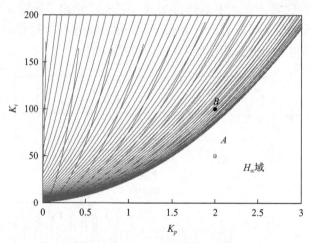

图 3.15　FO[PI]控制器的 H_∞ 域

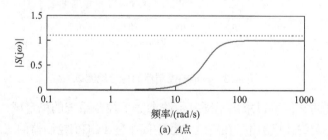

(a) A 点

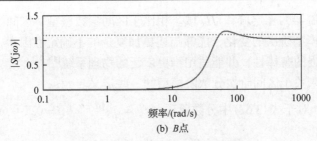

(b) B 点

图 3.16 FO[PI] 控制器的 H_∞ 域测试

3.3 含区间阶次的分数阶控制器参数图形化整定方法

3.3.1 问题描述及基本定义

假设交流伺服系统中的被控对象可以用如下区间阶次分数阶模型进行描述:

$$P(s,\boldsymbol{q},\boldsymbol{\alpha}) = \frac{K}{\delta(s,\boldsymbol{q},\boldsymbol{\alpha})} \overset{\text{def}}{=\!=} \frac{K}{q_n s^{\alpha_n} + q_{n-1} s^{\alpha_{n-1}} + \cdots + q_1 s^{\alpha_1} + q_0 s^{\alpha_0}} \tag{3.62}$$

其中, $n \in \mathbf{N}$; $\boldsymbol{q} = (q_0, \cdots, q_n)$; $\boldsymbol{\alpha} = (\alpha_0, \cdots, \alpha_n)$; $\alpha_n > \cdots > \alpha_2 > \alpha_1 > \alpha_0 = 0$ 是任意的实数; $q_n \neq 0$, $\alpha_n \neq 0$ 。模型参数和阶次均在某一已知的区间内变化, 即

$$q_0 \in [\underline{q}_0, \overline{q}_0], q_1 \in [\underline{q}_1, \overline{q}_1], \cdots, q_n \in [\underline{q}_n, \overline{q}_n], \ \alpha_0 \in [\underline{\alpha}_0, \overline{\alpha}_0], \alpha_1 \in [\underline{\alpha}_1, \overline{\alpha}_1], \cdots, \alpha_n \in [\underline{\alpha}_n, \overline{\alpha}_n]$$

上述不确定分数阶模型称为区间阶次分数阶模型。

在上述区间阶次分数阶模型的基础之上, 同时考虑区间阶次时滞分数阶模型:

$$P_{\text{delay}} = P(s,\boldsymbol{q},\boldsymbol{\alpha})\mathcal{D}(\eta) \tag{3.63}$$

其中, $\mathcal{D}(\eta)$ 表示分数阶系统可能受到的时滞。

如果 $\eta=0$, $\mathcal{D}(\eta)$ 代表常时滞, 则

$$\mathcal{D}(\eta) = \mathrm{e}^{-Ls} \tag{3.64}$$

如果 $\eta=1$, $\mathcal{D}(\eta)$ 代表时变时滞, 则

$$d_{\text{out}}(t) = d_{\text{in}}(t - \tau(t)) \tag{3.65}$$

其中, $d_{\text{in}}(t)$ 和 $d_{\text{out}}(t)$ 代表传递环节 $\mathcal{D}(\eta)$ 的输入和输出; $\tau(t)$ 代表时变时滞, 满足 $0 \leqslant \tau^- \leqslant \tau(t) \leqslant t \leqslant \tau^+$, τ^- 和 τ^+ 是两个正常数。

含区间阶次的分数阶系统控制器参数图形化整定方法的目的是根据式 (3.62)

求出分数阶控制器的稳定域和 H_∞ 域。相比于区间参数模型，区间阶次模型由于考虑了分数阶模型阶次的变化，能够描述更加复杂的不确定性因素，由此设计的控制器具有更强的鲁棒性，并能适用于更广泛的物理系统[46, 47]。

下面将引入关于区间阶次分数阶模型的一些定义。

定义 3.5　对于式 (3.62) 中分数阶项 $q_i s^{\alpha_i} = q_i s^{[\alpha_i^-, \alpha_i^+]}$ $(i = 0, 1, \cdots, n)$，定义

$$V_i^q = \{q_i^-, q_i^+\}, \ I_i^q = [q_i^-, q_i^+] \tag{3.66}$$

$$V_i^\alpha = \{\alpha_i^-, \alpha_i^+\}, \ I_i^\alpha = [\alpha_i^-, \alpha_i^+] \tag{3.67}$$

其中，V_i^q 和 V_i^α 为端点的集合；I_i^q 和 I_i^α 为参数和阶次变化的区间。

同时定义

$$K_i(s) = V_i^q s^{V_i^\alpha} = \{q_i^- s^{\alpha_i^-}, q_i^- s^{\alpha_i^+}, q_i^+ s^{\alpha_i^-}, q_i^+ s^{\alpha_i^+}\} \tag{3.68}$$

$$S_i(s) = I_i^q s^{V_i^\alpha} \bigcup V_i^q s^{I_i^\alpha} = \{[q_i^-, q_i^+] s^{\alpha_i^-}, [q_i^-, q_i^+] s^{\alpha_i^+}, q_i^- s^{[\alpha_i^-, \alpha_i^+]}, q_i^+ s^{[\alpha_i^-, \alpha_i^+]}\} \tag{3.69}$$

其中，$K_i(s)$ 为四个端点的集合；$S_i(s)$ 由四个区间元素组成。

最后定义对应于区间多项式 $\delta(s, \boldsymbol{q}, \boldsymbol{\alpha})$ 的顶点和分段多项式：

$$K(s) = K_1(s) + K_2(s) + \cdots + K_n(s) \tag{3.70}$$

$$S(s) = \bigcup_{i=0}^{n} \left[K_0(s) + \cdots + K_{i-1}(s) + S_i(s) + K_{i+1}(s) + \cdots + K_n(s) \right] \tag{3.71}$$

基于以上定义，并且根据文献 [31] 和 [32]，有如下结论。

引理 3.2　对于式 (3.62) 中的区间多项式 $\delta(s, \boldsymbol{q}, \boldsymbol{\alpha})$，给定某一固定频率 $\omega \in \mathbf{R}$，值集 $\delta(\mathrm{j}\omega, \boldsymbol{q}, \boldsymbol{\alpha})$ 满足

$$\partial\delta(\mathrm{j}\omega, \boldsymbol{q}, \boldsymbol{\alpha}) \subseteq 2S(\mathrm{j}\omega) \bigcup \Delta^c(\mathrm{j}\omega) \tag{3.72}$$

其中，$S(s)$ 来自定义 3.5；$\Delta^c(\mathrm{j}\omega)$ 为一些频率依赖的线段和弧线段的集合，计算方法见文献 [31] 和 [32]。

3.3.2　基于区间阶次常时滞模型的分数阶控制器稳定域求解方法

本节将研究基于区间阶次常时滞模型的分数阶控制器稳定域求解方法。首先给出如下映射函数的定义。

定义 3.6　给定频率 ω、函数 $\varphi(\mathrm{j}\omega)$ 和指数函数 $\mathrm{e}^{\mathrm{j}\omega L}$，其中 $L \in [L^-, L^+]$，定义函数 $\Psi(\omega, \varphi, \mathrm{e}^{\mathrm{j}\omega L})$，如果 $\varphi(\mathrm{j}\omega)$ 的值集是一条线段，即

$$\varphi(j\omega) \stackrel{\text{def}}{=} \varphi_{\text{line}}(j\omega) = A_l(j\omega)\rho + B_l(j\omega), \quad \rho \in [\rho^-, \rho^+] \tag{3.73}$$

那么

$$\Psi(\omega, \varphi_{\text{line}}, e^{j\omega L})$$

$$\stackrel{\text{def}}{=} \begin{cases} (A_l\rho^* + B_l)e^{j\omega[L^-, L^+]}, & \rho^* \in (\rho^-, \rho^+), \ \omega \in [0, 2\pi/(L^+ - L^-)) \\ (A_l\rho^* + B_l)e^{j[0, 2\pi]}, & \rho^* \in (\rho^-, \rho^+), \ \omega \in [2\pi/(L^+ - L^-), +\infty) \\ \varnothing, & \text{其他} \end{cases} \tag{3.74}$$

其中，$\rho^* = (-\text{Re}A_l \cdot \text{Re}B_l - \text{Im}A_l \cdot \text{Im}B_l)/|A_l|^2$。

如果 $\varphi(j\omega)$ 的值集是一条弧线段，即

$$\varphi(j\omega) \stackrel{\text{def}}{=} \varphi_{\text{arc}}(j\omega) = A_a(j\omega) \cdot (j\omega)^\lambda + B_a(j\omega), \quad \lambda \in [\lambda^-, \lambda^+] \tag{3.75}$$

那么有

$$\Psi(\omega, \varphi_{\text{arc}}, e^{j\omega L})$$

$$\stackrel{\text{def}}{=} \begin{cases} [A_a(j\omega)^{\lambda^*} + B_a]e^{j\omega[L^-, L^+]}, & \lambda^* \in (\lambda^-, \lambda^+), \ \omega \in [0, 2\pi/(L^+ - L^-)) \\ [A_a(j\omega)^{\lambda^*} + B_a]e^{j[0, 2\pi]}, & \lambda^* \in (\lambda^-, \lambda^+), \ \omega \in [2\pi/(L^+ - L^-), +\infty) \\ \varnothing, & \text{其他} \end{cases} \tag{3.76}$$

其中，$\lambda^* = \underset{\lambda \in [\lambda^-, \lambda^+]}{\arg\min} |A_a(j\omega)^{\lambda^*} + B_a|$ 或者 $\lambda^* = \underset{\lambda \in [\lambda^-, \lambda^+]}{\arg\max} |A_a(j\omega)^{\lambda^*} + B_a|$。

从定义 3.6 可以看出，映射函数 $\Psi(\omega, \varphi, e^{j\omega L})$ 把两个区间元素 φ 和 $e^{j\omega L}$ 映射为一条线段或者弧线段。映射函数为后续稳定域的求解奠定了基础，给出如下结论。

定理 3.5　常时滞区间阶次分数阶模型(3.62)与分数阶 PD 控制器组成的闭环系统赫尔维茨稳定的充分必要条件如下：

(1) $S(s)e^{\{L^-, L^+\}s} + (K_p + K_d s^\mu)K(s)$ 赫尔维茨稳定；

(2) 对于 $\omega \in [0, 2\pi/(L^+ - L^-))$，有 $0 \notin [K(j\omega)e^{j\omega[L^-, L^+]} + (K_p + K_d(j\omega)^\mu)K]$；对于 $\omega \in [2\pi/(L^+ - L^-), +\infty)$，有 $0 \notin [K(j\omega)e^{j[0, 2\pi]} + (K_p + K_d(j\omega)^\mu)K]$；

(3) 对于 $\omega \in [0, +\infty)$，有 $0 \notin [\Delta^c(j\omega) + (K_p + K_d(j\omega)^\mu)K]$；

(4) 对于 $\omega \in [0, +\infty)$，有 $0 \notin [\Psi(\omega, \varphi, e^{j\omega L}) + (K_p + K_d(j\omega)^\mu)K]$，$\forall \varphi(j\omega) \in (S(j\omega) \bigcup \Delta^c(j\omega))$，其中，$\Delta^c(j\omega)$ 由式(3.72)给出。

证明　基于定理 3.5，可以计算分数阶 PD 控制器的稳定域。首先给出关键控制参数的定义。

定义 3.7　给定两个频率依赖的函数 $N(j\omega)$、$D(j\omega)$。对于固定的分数阶 PD 控制器阶次 μ 和频率 ω，定义如下关键控制参数：

$$K_d^c(j\omega) = f_d(N(j\omega), D(j\omega)) = \frac{b_1 a_{22} - a_{12} b_2}{a_{11} a_{22} - a_{12} a_{21}} \tag{3.77}$$

$$K_p^c(j\omega) = f_p(N(j\omega), D(j\omega)) = \frac{b_2 a_{11} - a_{21} b_1}{a_{11} a_{22} - a_{12} a_{21}} \tag{3.78}$$

其中，

$$a_{11} = \omega^\mu \cos(\mu\pi/2)\mathrm{Re}(N(j\omega)) - \omega^\mu \sin(\mu\pi/2)\mathrm{Im}(N(j\omega)) \tag{3.79}$$

$$a_{21} = \omega^\mu \cos(\mu\pi/2)\mathrm{Im}(N(j\omega)) + \omega^\lambda \sin(\mu\pi/2)\mathrm{Re}(N(j\omega)) \tag{3.80}$$

$$a_{12} = \mathrm{Re}(N(j\omega)), \quad a_{22} = \mathrm{Im}(N(j\omega)) \tag{3.81}$$

$$b_1 = -\mathrm{Re}(D(j\omega)), \quad b_2 = -\mathrm{Im}(D(j\omega)) \tag{3.82}$$

基于以上定义和结论，给出如下算法用于计算分数阶 PD 控制器的稳定域。

算法 3.1　分数阶 PD 控制器稳定域计算: stabilizing region computation

输入：被控对象模型信息

输出：分数阶 PD 控制器稳定域

Begin

1. 对于固定的阶次 μ，利用 D 分解法计算多项式 $S(s)\mathrm{e}^{\{L^-, L^+\}s} + (K_p + K_d s^\mu)K$ 的稳定域，同时求得交集 Ω_1^μ；

2. 对于阶次 μ 和频率 $\forall \omega \in [0, 2\pi/(L^+ - L^-))$，在 (K_d, K_p) 平面画出关键控制参数 $K_d(j\omega) = f_d(K, K(j\omega)\mathrm{e}^{j\omega[L^-, L^+]})$ 和 $K_p(j\omega) = f_p(K, K(j\omega)\mathrm{e}^{j\omega[L^-, L^+]})$，同时对于频率 $\forall \omega \in [2\pi/(L^+ - L^-), +\infty)$，画出关键控制参数 $K_d(j\omega) = f_d(K, K(j\omega)\mathrm{e}^{j[0, 2\pi]})$ 和 $K_p(j\omega) = f_p(K, K(j\omega)\mathrm{e}^{j[0, 2\pi]})$，最后求得所有这些点的集合 Ω_2^μ；

3. 对于阶次 μ 和频率 $\forall \omega \in [0, +\infty)$，画出关键控制参数 $K_d(j\omega) = f_d(K, \Delta^c(j\omega))$ 和 $K_p(j\omega) = f_p(K, \Delta^c(j\omega))$，求得所有这些点的集合 Ω_3^μ；

4. 对于阶次 μ 和频率 $\forall \omega \in [0, +\infty)$，画出关键控制参数 $K_d(j\omega) = f_d(K, \Psi(\omega, \varphi, \mathrm{e}^{j\omega L}))$ 和 $K_p(j\omega) = f_p(K, \Psi(\omega, \varphi, \mathrm{e}^{j\omega L}))$，$\forall \varphi(j\omega) \in S(j\omega) \bigcup \Delta^c(j\omega)$，求得所有这些点的集合 Ω_4^μ；

5. 求解区域 $\Omega^\mu = \Omega_1^\mu/(\Omega_2^\mu \bigcup \Omega_3^\mu \bigcup \Omega_4^\mu)$ 代表分数阶 PD 控制器相对于固定阶次 μ 的稳定域，通过取值 $\mu \in (0, 2)$，可以得到三维空间中的稳定域。

End

算法 3.1 中的步骤 1～步骤 4 分别对应定理 3.5 中的四个条件。通过 D 分解法

和关键控制参数，可以计算出对应于步骤 1～步骤 4 的区域，因而可以得到最终的分数阶 PD 控制器的稳定域。上述算法的详细证明见文献[47]。

接下来考虑区间阶次分数阶系统时滞无关稳定域求解问题，即时滞能够在一个很大的区间上变换，这时 $[L^-, L^+] = [0, +\infty)$。首先给出如下结论。

定理 3.6 常时滞区间阶次分数阶模型 (3.62) 与分数阶 PD 控制器组成的闭环系统时滞无关稳定的充分必要条件如下：

(1) $S(s)e^{\{L^-, L^+\}s} + (K_p + K_d s^\mu)K(s)$ 赫尔维茨稳定；

(2) 对于 $\omega \in [0, +\infty)$，有 $0 \notin [\Delta^c(j\omega) + (K_p + K_d(j\omega)^\mu)K]$；

(3) $\left\| \dfrac{W_1(s)(K_p + K_d s^\mu)}{W_2(s)(K_p + K_d s^\mu) + W_3(s)} \right\|_\infty < 1$，其中，$W_1(s) = K$，$W_2(s) = 0$，$W_3(s) = $

$S(s) \bigcup \Delta^c(s)$。

证明 详见文献[47]。

类似于算法 3.1，算法 3.2 可以求解区间阶次分数阶系统时滞无关稳定域。

算法 3.2 分数阶 PD 控制器时滞无关稳定域计算: delay-independent stabilizing region computation

输入: 被控对象模型信息
输出: 分数阶 PD 控制器稳定域

Begin

1. 对于固定的阶次 μ，利用 D 分解法计算多项式 $S(s) + (K_p + K_d s^\mu)K$ 的稳定域，同时求得交集 Ω_1^μ；

2. 对于阶次 μ 和频率 $\forall \omega \in [0, +\infty)$，画出关键控制参数 $K_d(j\omega) = f_d(K, \Delta^c(j\omega))$ 和 $K_p(j\omega) = f_p(K, \Delta^c(j\omega))$，求得所有这些点的集合 Ω_3^μ；

3. 对于阶次 μ，计算 H_∞ 域；

4. 求解区域 $\Omega^\mu = (\Omega_1^\mu / \Omega_2^\mu) \bigcap \Omega_3^\mu$ 代表分数阶 PD 控制器相对于固定阶次 μ 的时滞无关稳定域，通过取值 $\mu \in (0, 2)$，可以得到三维空间中的稳定域。

End

算法 3.2 中的步骤 1～步骤 3 分别对应定理 3.6 中的四个条件。相比于定理 3.5，算法 3.2 更加复杂，因为稳定域、关键控制参数以及 H_∞ 域的求解需要同时进行。

3.3.3 基于区间阶次时变时滞模型的分数阶控制器稳定域求解方法

本节主要介绍基于区间阶次时变时滞模型的分数阶控制器稳定域求解方法。类似于定理 3.5 和定理 3.6，给出如下定理。

定理 3.7 时变时滞区间阶次分数阶模型 (3.62) 与分数阶 PD 控制器组成的闭环系统 L_2 稳定的条件如下：

(1) $2S(s)+(\mathrm{e}^{-\tau^- s}+\mathrm{e}^{-\tau^+ s})(K_p+K_d s^\mu)K$ 赫尔维茨稳定；

(2) 对于 $\omega\in[0,+\infty)$，有 $0\notin[2\varDelta^c(\mathrm{j}\omega)+(\mathrm{e}^{-\mathrm{j}\tau^-\omega}+\mathrm{e}^{-\mathrm{j}\tau^+\omega})(K_p+K_d(\mathrm{j}\omega)^\mu)K]$；

(3) $\left\Vert\dfrac{W_1(s)(K_p+K_d s^\mu)}{W_2(s)(K_p+K_d s^\mu)+W_3(s)}\right\Vert_\infty<\dfrac{2}{\tau^+-\tau^-}$，其中，$W_1(s)=s(\mathrm{e}^{-\tau^- s}+\mathrm{e}^{-\tau^+ s})$，

$W_2(s)=(\mathrm{e}^{-\tau^- s}+\mathrm{e}^{-\tau^+ s})$，$W_3(s)=2(S(s)\cup\varDelta^c(s))$。

证明　详见文献[47]。

类似于算法 3.2 给出的算法，基于定理 3.7 可以求解分数阶 PD 控制器的稳定域。相比于定理 3.5 和定理 3.6，定理 3.7 给出了区间阶次时变时滞分数阶系统的稳定域求解方法。然而，由于时滞是时变的，很难给出稳定域求解的充分必要条件。另外，上述定理的证明主要依赖分数阶小增益定理，该定理除应用于处理时变时滞，还可以用于处理其他类型的非线性特性，如饱和死区等，详见文献[47]的讨论。

3.3.4　仿真结果分析

例 3.3　考虑如下区间阶次分数阶模型：

$$P(s,\boldsymbol{q},\boldsymbol{\alpha})=\frac{K}{\delta(s,\boldsymbol{q},\boldsymbol{\alpha})}\overset{\mathrm{def}}{=\!=}\frac{K}{q_2 s^{\alpha_2}+q_1 s^{\alpha_1}+q_0 s^{\alpha_0}}\tag{3.83}$$

其中，$K=1$，$q_2\in[q_2^-,q_2^+]=[0.8,1.2]$，$q_1\in[q_1^-,q_1^+]=[0.5,1.5]$，$q_0\in[q_0^-,q_0^+]=[1.8,2.2]$，$\alpha_2\in[\alpha_2^-,\alpha_2^+]=[1.8,2.2]$，$\alpha_1\in[\alpha_1^-,\alpha_1^+]=[0.8,1.2]$，$\alpha_0=0$。仿真在以下几个方面进行。

1) 区间阶次常时滞分数阶系统的稳定域计算

算法 3.1 将被用于计算区间阶次常时滞分数阶系统的稳定域。首先，假设 $\mu=1.1$，利用 D 分解法可以计算出对应于多项式集合 $S(s)\mathrm{e}^{\{L^-,L^+\}s}+(K_p+K_d s^\mu)K$ 的稳定域。图 3.17 和图 3.18 中的交集 $OABC$ 表示稳定域 $\varOmega_1^\mu$。然后，根据关键控制参数的定义 3.7，可以计算出区域 $\varOmega_2^\mu$、$\varOmega_3^\mu$、$\varOmega_4^\mu$。图 3.17 和图 3.18 中的阴影区域代表 $\varOmega_4^\mu$。最后，求解区域 $\varOmega^\mu=\varOmega_1^\mu/(\varOmega_2^\mu\cup\varOmega_3^\mu\cup\varOmega_4^\mu)$，区域 $\varOmega_2^\mu$、$\varOmega_3^\mu$、$\varOmega_4^\mu$ 均在区域 $OABC$ 的外部，因此最终的稳定域与区域 $OABC$ 相等。

2) 区间阶次时滞无关分数阶系统的稳定域计算

对于该情况，算法 3.2 将被用来计算时滞无关稳定域。区域 $\varOmega_1^\mu$、$\varOmega_2^\mu$ 可通过 D 分解法和关键控制参数的定义计算；对于 H_∞ 域约束，利用文献[47]中的计算方法可求得 $\varOmega_3^\mu$。最终求得区域见图 3.19 中的 $OABCD$。可以验证，区域 $OABCD$ 中的任意一点均满足定理 3.6 中的 3 个条件。

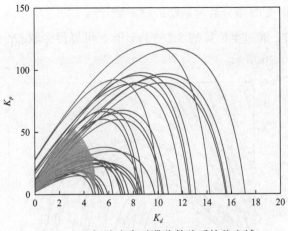

图 3.17　区间阶次常时滞分数阶系统稳定域

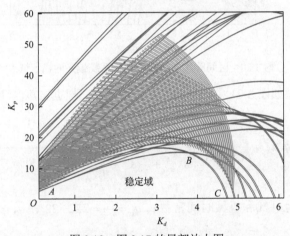

图 3.18　图 3.17 的局部放大图

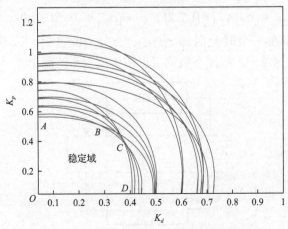

图 3.19　区间阶次分数阶系统时滞无关稳定域

3）区间阶次时变时滞分数阶系统的稳定域计算

基于定理 3.7，通过类似算法 3.2 进行计算，可算得区域 Ω_1^μ、Ω_2^μ、Ω_3^μ，最终的稳定域如图 3.20 所示。

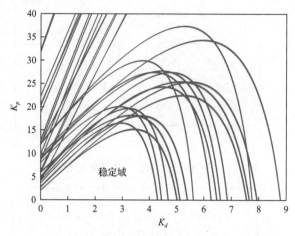

图 3.20　区间阶次常时滞分数阶系统最终的稳定域

例 3.4　考虑如图 3.21 中所示的网络伺服系统，根据文献[47]，永磁同步电机的分数阶模型为

$$P(s,\boldsymbol{q},\boldsymbol{\alpha}) = \frac{K}{\delta(s,\boldsymbol{q},\boldsymbol{\alpha})} = \frac{K}{s^{\zeta+\theta} + \dfrac{1}{T_l}s^\zeta + \dfrac{1}{T_l T_m}} = \frac{K}{s^{\alpha_2} + q_1 s^{\alpha_1} + q_0} \tag{3.84}$$

其中，T_l、T_m 为电气和机械时间常数；$q_1 = \dfrac{1}{T_l} = 222.222$；$q_0 = \dfrac{1}{T_l T_m} = 37655$；$\alpha_1 = \zeta$；$\alpha_2 = \zeta + \theta = 1.7452$；$K = 6.8251$。假设 $q_2 \in [q_2^-, q_2^+] = [100, 400]$，$q_1 \in [q_1^-, q_1^+] = [37000, 38000]$，$\alpha_2 \in [\alpha_2^-, \alpha_2^+] = [1.7, 2]$，$\alpha_1 \in [\alpha_1^-, \alpha_1^+] = [0.8, 1.0]$，同时该伺服系统中信号的传输存在一个时变时滞 $\tau(t) \in [\tau^-, \tau^+] = [0.8, 1.2]$。该系统的稳定域如图 3.22 所示，稳定域中的控制参数均可以使该伺服系统稳定。

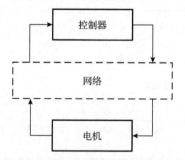

图 3.21　网络伺服系统控制结构

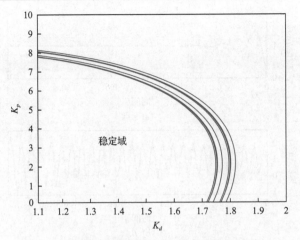

图 3.22　区间阶次分数阶系统时滞无关稳定域(例 3.4)

3.4　实　验　验　证

　　本节将验证基于区间参数模型的 FOPID 控制器参数图形化整定方法。首先，考虑 2.5.1 节的直线伺服系统，假设模型参数确定，参数取为表 2.6 中空载时的参数，控制器选 FOPI 控制器，利用 3.1.3 节的内容可以求得当 FOPI 控制器的分数阶参数 λ 取不同值时的稳定域，如图 3.23 所示，可以看出，当 $\lambda<1$ 时，稳定域更大，控制器参数选择的范围越大，从而说明伺服系统可能具有更好的控制性能。为了验证所求取稳定域的正确性，令 $\lambda=1.1$，并在其稳定域内外分别取 A 点和 B 点，利用伺服系统被控对象模型，可以得到对应于 A 点和 B 点控制器的阶跃响应，如图 3.24 所示。图 3.24 说明 A 点所对应的伺服系统稳定，B 点不稳定，从而验证

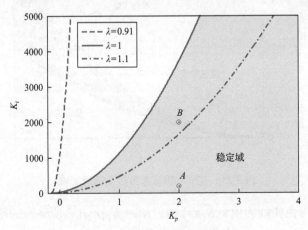

图 3.23　直线伺服系统稳定域

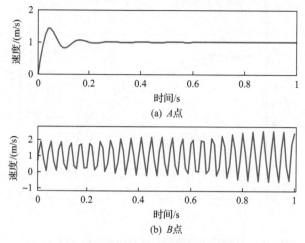

(a) A 点

(b) B 点

图 3.24　直线伺服系统稳定域测试

了所求取稳定域的正确性。

　　然后，假定伺服系统模型参数 K 和 T 在如下范围内变化，即 $K \in [6.3, 7.7]$，$T \in [0.18, 0.22]$，利用 3.1.4 节的方法可以求得 FOPI 控制器的稳定域，如图 3.25 所示。根据定理 3.3，需要使其稳定的多项式为

$$s^\lambda \overline{K}_D(s) + (s^\lambda K_p + K_i)\overline{S}_N(s), \quad s^\lambda \overline{S}_D(s) + (s^\lambda K_p + K_i)\overline{K}_N(s)$$

其中，$\overline{K}_D(s) = \{6.3, 7.7\}$，$\overline{K}_N(s) = \{1 + 0.18s, 1 + 0.22s\}$，$\overline{S}_D(s) = [6.3, 7.7]$，$\overline{S}_N(s) = 1 + [0.18, 0.22]s$。

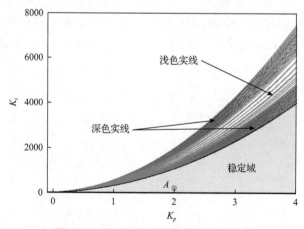

图 3.25　基于不确定参数模型的稳定域

　　图 3.25 中深色实线为由 $s^\lambda \overline{S}_D(s) + (s^\lambda K_p + K_i)\overline{K}_N(s)$ 所确定的稳定域，浅色实线为由 $s^\lambda \overline{K}_D(s) + (s^\lambda K_p + K_i)\overline{S}_N(s)$ 所确定的稳定域。选择图 3.25 中的 A 点为测

试点，其阶跃响应如图 3.26 所示，从中可以看出，当模型参数发生变化时，伺服系统始终保持稳定。

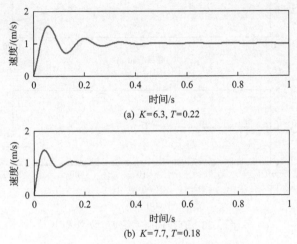

(a) K=6.3, T=0.22

(b) K=7.7, T=0.18

图 3.26　基于不确定参数模型稳定域测试

利用 3.1.3 节和 3.1.4 节的内容同样可以求得 FOPI 控制器的 H_∞ 域，假定式 (3.23) 中的鲁棒性能指标 $N_w(s)=(1+0.02s)$，$D_w(s)=1$，$\gamma=1.4$。在此性能指标下，伺服系统的动态响应将会具有较小的超调量以及合适的上升时间。令 $\lambda=0.9$，图 3.27 是求解出的 H_∞ 域，并选择 A 点和 B 点进行测试。图 3.28 展示了相对应的鲁棒性能指标，可以看到 B 点鲁棒性能指标不满足设计要求，而 A 点满足，这说明了所求 H_∞ 域的正确性。

图 3.29 是模型参数发生变化时 FOPI 控制器的 H_∞ 域，深色实线表示由 $\bar{K}_D(s)=\{6.3, 7.7\}$、$\bar{S}_N(s)=1+[0.18, 0.22]s$ 所确定的 H_∞ 域，浅色实线表示由 $\bar{K}_N(s)=\{1+0.18s, 1+0.22s\}$、$\bar{S}_D(s)=[6.3, 7.7]$ 所确定的 H_∞ 域。

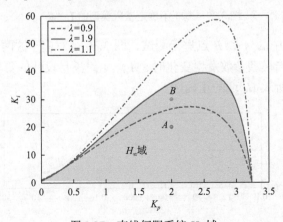

图 3.27　直线伺服系统 H_∞ 域

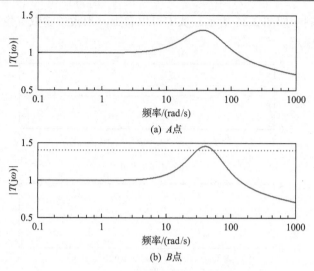

(a) A点

(b) B点

图 3.28　直线伺服系统 H_∞ 域测试

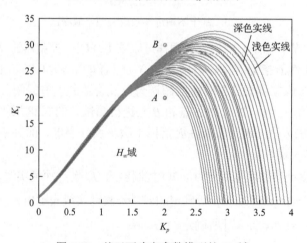

图 3.29　基于不确定参数模型的 H_∞ 域

选择图 3.29 中的 A 和 B 点进行测试，图 3.30 是对应于这两点的鲁棒性能指标，可以看到，当模型参数发生变化时，A 点始终满足设计的要求，而 B 点不满足，由此证明了所求 H_∞ 域的正确性。

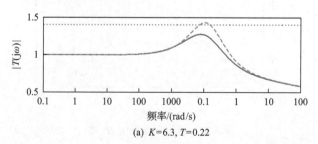

(a) $K=6.3$, $T=0.22$

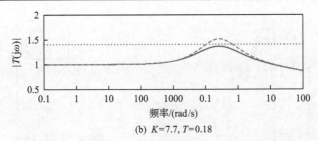

(b) $K=7.7$, $T=0.18$

图 3.30　A 点(实线)与 B 点(虚线)对应的鲁棒性能指标

最后，将图 3.29 中 A 点所对应的控制器，在直线电机伺服驱动器的数字信号处理器(digital signal processing, DSP)中进行实现，实现方法由 2.2.2 节介绍的 MacLaurin 展开法确定，可以使用 MATLAB 中的分数阶控制工具箱 Ninteger。

图 3.31 和图 3.32 是在梯形参考指令下，直线电机分别运行在空载、20kg 负载和 40kg 负载三种工况下的动态响应和跟随误差。从图 3.31 和图 3.32 中可以看出，当使用 A 点对应的控制参数时，直线伺服系统在三种工况下的动态响应十分接近。从跟随误差图 3.32 中也能看出，三种工况下伺服系统的跟随误差均稳定在 ± 0.06m/s，具有相近的超调量和上升时间，这些都说明了 A 点控制器对模型参数的变化具有很强的鲁棒性，并且，当模型参数发生变化时伺服系统均能满足设定的鲁棒性能指标。

仿照上述方法，可以求得旋转伺服系统的稳定域和 H_∞ 域，利用表 2.4 的模型参数，并假定参数具有 10% 的不确定变化范围，控制器为 FOPI，令分数阶参数 $\lambda=1.1$，式(3.22)的鲁棒性能指标 $N_w(s)=D_w(s)=1$，$\gamma=1.1$，求得的稳定域和 H_∞ 域如图 3.33 和图 3.34 所示。

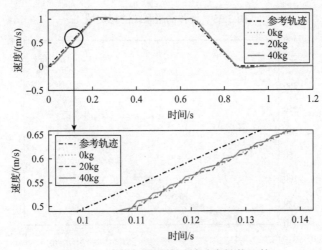

图 3.31　直线伺服系统时域动态性能比较

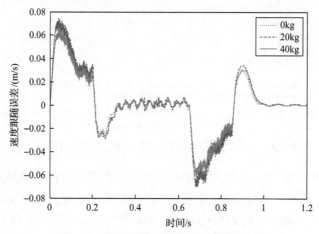

图 3.32　直线伺服系统速度跟随误差比较

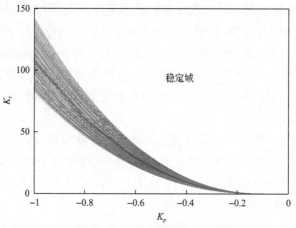

图 3.33　旋转伺服系统的稳定域

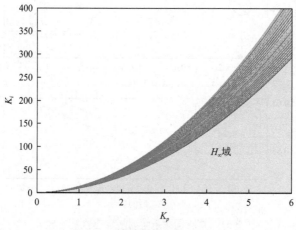

图 3.34　旋转伺服系统的 H_∞ 域

3.5　本 章 小 结

　　本章主要讨论 FOPID 控制器参数的图形化整定方法，首先提出一种基于不确定模型的 FOPID 控制器参数图形化整定方法，该方法假设被控对象模型的参数或阶次在某一区间内变化，根据此不确定参数模型，求出控制器的稳定域和 H_∞ 域，然后将所提出的结果扩展到非线性分数阶控制器以及含有区间阶次的分数阶系统。所提方法准确、高效，由于直接考虑了被控对象模型参数的不确定性，整定出的控制器具有很好的鲁棒性。相比于现有的图形化整定方法，该方法的特点是：具有一般性，书中严格给出了该方法的证明；解决了在模型参数不确定的情况下 FOPID 控制器 H_∞ 域的求解问题，而不仅限于稳定域的求解。仿真和实验结果证明了该方法的有效性。

　　图形化整定方法的目的是求出一组控制器参数的集合，这种特点使得图形化整定方法具有十分灵活的特点。若需从所求的稳定域和 H_∞ 域中筛选出某一最优的控制参数，则需要设定一些特定的性能指标，并根据此指标对控制参数进行寻优，例如，可以采用第 4 章的数值化整定方法等。

第4章　单电机伺服系统分数阶自适应控制方法研究

本章首先分析分数阶控制器参数的数值化整定方法。数值化整定方法主要包含两个部分：①设计伺服系统的性能指标；②利用优化算法搜索出一组控制参数，使设计的性能指标最优。数值化整定方法一方面需要依赖第 3 章的稳定域和 H_∞ 域，在其中进行参数寻优，另一方面数值化整定出来的控制参数可以作为后续自适应控制器的设计初值，因此数值化整定方法起着承上启下的作用。

然后提出一种基于随机多参数收敛优化(stochastic multi-parameters divergence-based optimization, SMDO)算法的 FOPID 控制器参数整定方法，该方法将设计一种时域-频域综合性能指标，同时改进传统的 SMDO 算法，加快其收敛速度，从而提高整定算法的准确性和效率，所提出的整定方法可以适用于整数阶和分数阶系统。在此基础之上介绍伺服系统的自适应控制方法，提出一种基于数据库的 FOPID 控制器参数在线整定方法，该方法利用递推最小二乘法对伺服系统模型进行在线辨识，并根据所辨识出的模型从控制参数数据库中搜索出合适的控制参数，从而可以对伺服系统进行分数阶自适应控制；提出两种基于神经网络的分数阶自适应控制方法，利用神经网络在线整定控制器参数。

4.1　基于模型的分数阶控制器参数数值化整定方法

本节对伺服系统中的时域和频域性能指标进行分析，提出改进型 SMDO 算法，并提出一种基于改进型 SMDO 算法的 FOPID 控制器参数整定方法。

4.1.1　时域及频域性能指标

1. 时域性能指标

伺服系统的时域性能指标通常是根据其阶跃响应来表征的，时域性能指标主要包括超调量(overshoot)、峰值时间(peak time)、建立时间(settling time)、稳态误差(steady state error)等，如图 4.1 所示。

由于上述指标互相耦合，相互关联，在对控制器设计的过程中，如果同时考虑以上几种时域性能指标，会使设计变得十分复杂，为了建立单一的但能反映伺服系统综合性能的指标，可以采用如下几种积分性能指标来对伺服系统的时域性能进行评价。

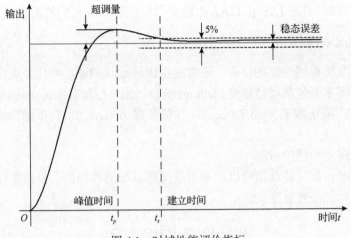

图 4.1　时域性能评价指标

平方积分误差（integral of the square of the error, ISE）：

$$\text{ISE} = \int_0^T e^2(t)\,\mathrm{d}t \tag{4.1}$$

其中，$e(t)$ 表示跟随误差。利用此指标设计的伺服系统具有较快的瞬态响应，但是可能会导致较大的振荡。

绝对误差积分（integral of the absolute magnitude of the error, IAE）：

$$\text{IAE} = \int_0^\infty |e(t)|\,\mathrm{d}t \tag{4.2}$$

利用此指标设计的伺服系统具有很好的瞬态响应和适当的阻尼，并且很适合用于仿真分析。

时间乘绝对误差积分（integral of time multiplied by the absolute value of error, ITAE）：

$$\text{ITAE} = \int_0^\infty t\,|e(t)|\,\mathrm{d}t \tag{4.3}$$

可以有效地抑制伺服系统初始阶段以及后续稳态阶段出现的较大误差。利用此指标可以获得较好的瞬态响应性能，同时对控制器参数具有良好的选择性。

上述积分性能指标可以写成一般的形式：

$$I = \int_0^\infty f(e(t), r(t), y(t), t)\,\mathrm{d}t \tag{4.4}$$

其中，$r(t)$、$y(t)$ 分别表示闭环系统的指令输入和反馈输出；$f(\cdot)$ 表示一个非线性函数，可以取 ISE、IAE 和 ITAE 中的一种，也可以取它们的组合。

2. 频域性能指标

对伺服系统频域性能的评价，通常是由闭环系统的频率响应来表征的。频域性能评价指标主要包括增益裕度（gain margin）、相位裕度（phase margin）、灵敏度（sensitivity）、截止频率（cutoff frequency）和带宽（bandwidth）。下面详细分析这几种指标。

1)增益裕度和相位裕度

增益裕度和相位裕度都可以用来衡量伺服系统的鲁棒性，是最常用的经典鲁棒性准则。相位裕度 φ 定义为

$$\varphi = \angle C(\mathrm{j}\omega_g)P(\mathrm{j}\omega_g) + \pi \tag{4.5}$$

$$|C(\mathrm{j}\omega_g)P(\mathrm{j}\omega_g)| = 1 \tag{4.6}$$

其中，ω_g 称为幅值穿越频率（gain cross over frequency）。

增益裕度 A 定义为

$$1/A = |C(\mathrm{j}\omega_p)P(\mathrm{j}\omega_p)| \tag{4.7}$$

$$\angle C(\mathrm{j}\omega_p)P(\mathrm{j}\omega_p) = -\pi \tag{4.8}$$

其中，ω_p 称为相位穿越频率（phase cross over frequency）。

控制中对相位裕度的关注更多，且 φ 一般为 30°～60°。

2)灵敏度

伺服系统的灵敏度本质上是 H_∞ 鲁棒性能指标的一种，可以反映系统对于外部扰动的抵制能力。灵敏度通常包含以下两种：

$$S(s) = \frac{1}{1 + C(s)P(s)} \tag{4.9}$$

$$T(s) = \frac{C(s)P(s)}{1 + C(s)P(s)} \tag{4.10}$$

其中，$S(s)$ 是灵敏度函数；$T(s)$ 是互补灵敏度函数。

对于闭环控制系统，$S(s)$ 和 $T(s)$ 越小，则跟随误差越小，然而，$S(s)$ 和 $T(s)$ 满足等式：

$$T(s) + S(s) = 1 \tag{4.11}$$

因此，无法同时使 $S(s)$ 和 $T(s)$ 均最小，通常的做法是使 $S(j\omega)$ 在某一频率范围 $[0,\omega_0]$ 内较小，而 $T(j\omega)$ 在另一频率范围 $[\omega_1,\omega_2]$ 内较小。

灵敏度性能指标可以表示为 H_∞ 鲁棒的形式，即

$$M_s = \|S(s)\|_\infty < \gamma_s \iff |S(j\omega)| < \gamma_s,\ \forall \omega \in [0,+\infty) \tag{4.12}$$

$$M_p = \|T(s)\|_\infty < \gamma_p \iff |T(j\omega)| < \gamma_p,\ \forall \omega \in [0,+\infty) \tag{4.13}$$

其中，$\gamma_s,\gamma_p \geqslant 1$，$\gamma_s$ 通常取为 1.1～2.0，γ_p 通常取为 1.0～1.5。较小的 M_s 会导致伺服系统较慢的时域响应，但是能减少振荡，使系统更加平稳。M_p 常常又被称为谐振峰值，是伺服系统幅频响应中最大的峰值，M_p 越大，系统阶跃响应的超调量越大，系统平稳性越差。

3）截止频率和带宽

截止频率 ω_b 定义为幅频特性 $|T(j\omega)|$ 的数值由零频幅值 $|T(0)|$ 下降 3dB 时的频率，此时 $|T(j\omega_b)| = 0.707|T(0)|$，见图 4.2。

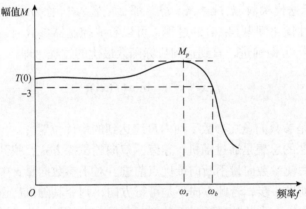

图 4.2　频域性能评价指标

频带范围 $0 \sim \omega_b$ 称为伺服系统的带宽，表示当输入指令信号超过此频率后，系统输出就急剧衰减，跟不上指令输入，形成系统响应的截止状态。伺服系统的带宽与瞬态响应的时间成反比，带宽表征伺服系统响应的快速性，同时还表征系统对高频噪声所具有的滤波特性。带宽越宽，高频噪声信号的抑制能力越差。带宽的选择需要综合考虑各项因素，较大的带宽可以使系统快速地跟踪任意的输入信号，但是过大的带宽可能会使系统的鲁棒性降低。

4.1.2　改进型 SMDO 算法

为了寻优出控制参数，需要使用优化算法。本节将对一种直接优化算法——随

机多参数收敛优化(stochastic multi-parameters divergence optimization, SMDO)算法进行研究，通过对传统 SMDO 算法进行分析，提出一种改进型 SMDO(enhanced-SMDO, ESMDO)算法。

1. 传统 SMDO 算法[48]

非线性优化问题可以表示为一般形式：

$$\min_{x \in X} f(x) \tag{4.14}$$

其中，x 为控制器参数向量，若控制器是 FOPI 控制器，则 $x = (K_p, K_i, \lambda)$，若控制器为 FOPID 控制器，则 $x = (K_p, K_i, K_d, \lambda, \mu)$；$X$ 为控制器参数的搜索空间，由约束条件决定；$f(\cdot)$ 为目标函数。

接下来给出如下定义。如果参数向量的一个偏置 $\Delta x^{k,i}$ 满足如下条件：

$$\Delta f^{k,i} = f(x^k) - f(x^i) < 0 \tag{4.15}$$

其中，k、i 表示迭代次数$(k, i \in \mathbf{N}, k > i)$，那么偏置 $\Delta x^{k,i}$ 称为可行方向。

求解非线性优化问题(4.14)的过程，可以看成控制器参数向量 x 在搜索空间 X 不断朝着可行方向前进，直到达到目标函数最优的过程，即

$$f(x^{\text{optimal}}) = \min_{x^i \in X}\{f(x^i)\} \tag{4.16}$$

其中，x^{optimal} 是参数向量在参数平面内最终达到的最优位置。

SMDO 算法的思想是通过随机、连续、双向的试探方式，找到参数平面上的可行方向，然后使参数向量不断向最优点前进。对于参数向量 x 中的一个分量，令其随机向前前进一步，若此方向不是可行方向，则令其随机后退一步，若此方向仍不是可行方向，则此分量暂时不动，对向量 x 中的另一分量进行试探。详细的 SMDO 步骤如下：

设 x 是一个 n 维向量，并令 $e_j = (0, \cdots, 0, 1, 0, \cdots, 0)^T$，$j = 1, 2, \cdots, n$，$e_j$ 是 n 维空间中的单位向量，表示空间中的某一方向，令 $\delta_j = (0, \cdots, 0, \eta, 0, \cdots, 0)^T$，$j = 1, 2, \cdots, n$，其中 η 是一个可变的随机数，服从 $[0,1]$ 的均匀分布，在每次迭代过程中将随机产生，令 $\beta = (p_1, p_2, \cdots, p_n)$ 是一个常数向量，由用户设定，可以控制优化算法的收敛速度，β 的模过小会导致优化过程的收敛时间变长，模增大可以加快收敛速度，但有可能降低优化问题解的精度。

(1)初始化 $i = j = 1$，$x \in X$，i 表示迭代次数。

(2)向前向后试探可行方向：

if 向前试探 $f(\boldsymbol{x}+\boldsymbol{\delta}_j\boldsymbol{\beta}\boldsymbol{e}_j) < f(\boldsymbol{x})$

$\boldsymbol{x} = \boldsymbol{x} + \boldsymbol{\delta}_j\boldsymbol{\beta}\boldsymbol{e}_j$

else if 向后试探 $f(\boldsymbol{x}-\boldsymbol{\delta}_j\boldsymbol{\beta}\boldsymbol{e}_j) < f(\boldsymbol{x})$

$\boldsymbol{x} = \boldsymbol{x} - \boldsymbol{\delta}_j\boldsymbol{\beta}\boldsymbol{e}_j$

    else

      goto 步骤(3);

    end

  end

(3) 判断:

  if $j < n$

    $j = j+1$,goto 步骤(2);

  else

    goto 步骤(4)。

  end

(4) 停止准则:

  if $f(\boldsymbol{x}) < \varepsilon$ 或者 $k > N^*$,ε 和 N^* 由用户设定

    输出 $\boldsymbol{x}$;

  else

    $k = k+1$,goto 步骤(2)。

  end

图 4.3 表示利用 SMDO 算法对一个二维参数向量进行寻优的过程。椭圆线表示目标函数等高线,越往中间的位置,等高线的值越小。

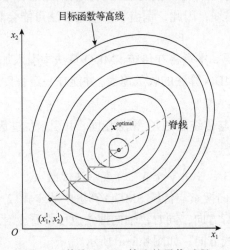

图 4.3 传统 SMDO 算法的寻优过程

从上述分析可以看出，SMDO 算法的主要优点是利用随机步长来对可行方向进行探索，相比利用固定步长的搜索方式，随机搜索的方式可以避免搜索结果陷入局部最优。

图 4.4 展示了对于一维向量的搜索过程。可以看出，图 4.4(a) 中采用的是固定步长搜索方式，当搜索到 B 点时，步长选择太大导致搜索错过了最优点，最终将无法搜索到准确的最优点；而图 4.4(b) 中的随机搜索方式，由于步长可变，可以搜索到更为精确的解。

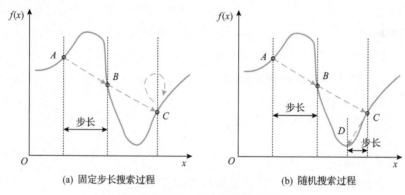

图 4.4　对于一维向量的搜索过程

2. ESMDO 算法

传统的 SMDO 算法有很多独特的优点，如易于实现、随机连续以及可适用于实时系统等，但仍有需要改进的地方。图 4.3 中，SMDO 搜索的路径是锯齿状的，如果想以最快速度搜索到目标函数的最优值，应该是沿着等高线的脊线方向进行搜索，即图 4.3 中的虚线，因此，锯齿状的搜索方法可能会限制 SMDO 算法的寻优速度。

为了解决以上问题，本章将在传统 SMDO 算法中引入加速搜索步骤，利用加速搜索来提高传统 SMDO 算法的收敛速度，并能在一定程度上防止其陷入局部最优，具体步骤如下[49]。

定义 e_j、δ_j、$\boldsymbol{\beta}$ 与传统 SMDO 算法相同，并引入加速因子 $\alpha \geqslant 1$，令 $\boldsymbol{y}^j$ 沿着 e_j 方向的起始点。

(1) 初始化 $i = j = 1$，$\boldsymbol{x}^i = \boldsymbol{y}^j \in X$，$i$ 表示迭代次数。

(2) 轴向搜索。轴向搜索与传统 SMDO 算法中的步骤 (2) 类似，即利用向前向后试探的方法探索可行方向，同时，轴向搜索也可以看成对目标函数进行试探，找到其可能存在的脊线方向，如图 4.5(a) 所示。

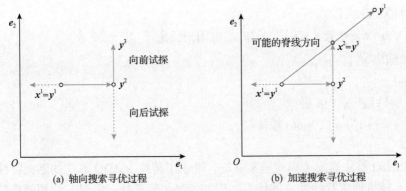

(a) 轴向搜索寻优过程　　　　　　(b) 加速搜索寻优过程

图 4.5　改进型 SMDO 寻优过程

if 向前试探 $f(\mathbf{y}^j + \boldsymbol{\delta}_j \boldsymbol{\beta} \boldsymbol{e}_j) < f(\mathbf{y}^j)$

　　$\mathbf{y}^{j+1} = \mathbf{y}^j + \boldsymbol{\delta}_j \boldsymbol{\beta} \boldsymbol{e}_j$

else if 向后试探 $f(\mathbf{y}^j - \boldsymbol{\delta}_j \boldsymbol{\beta} \boldsymbol{e}_j) < f(\mathbf{y}^j)$

　　$\mathbf{y}^{j+1} = \mathbf{y}^j - \boldsymbol{\delta}_j \boldsymbol{\beta} \boldsymbol{e}_j$

　　else

　　　　$\mathbf{y}^{j+1} = \mathbf{y}^j - \boldsymbol{\delta}_j \boldsymbol{\beta} \boldsymbol{e}_j$

　　end

end

（3）判断：

if $j < n$

　　$j = j + 1$，goto 步骤（2）；

else if $f(\mathbf{y}^{n+1}) < f(\mathbf{x}^1)$

　　　　goto 步骤（4）；

　　else

　　　　goto 步骤（5）；

　　end

end

（4）加速搜索：

令 $\mathbf{x}^{i+1} = \mathbf{y}^{n+1}$，$\mathbf{y}^1 = \mathbf{x}^{i+1} + \alpha(\mathbf{x}^{i+1} - \mathbf{x}^i)$。此时由向量 $\mathbf{x}^{i+1} - \mathbf{x}^i$ 所决定的方向被认为是可能的脊线方向，加速搜索将在此方向上进行，如图 4.5(b) 所示。利用此加速搜索，参数向量 $\mathbf{x}$ 的各个分量将会同时变化，从而可能提高收敛速度并避免陷入局部最优。

令 $i = i + 1$，$j = 1$，回到步骤（2）。

(5)停止准则：

if $f(x) < \varepsilon$ 或者 $k > N^*$，ε 和 N^* 由用户设定

　　输出 x^i；

else

　　$y^1 = x^i, x^{i+1} = x^i$

　　$i = i + 1, j = 1$，goto 步骤(2)；

end

ESMDO 算法启发于模式搜索算法，继承了传统 SMDO 算法的随机特性，因此还具有随机搜索算法的一些优点，例如，当初值选择一定时，利用随机特性反复求解，可以得到更好的最优解；当优化问题具有几个不同的局部最优值时，随机搜索算法可以更容易找到问题的全局最优点。

3. 算例

为了验证 ESMDO 算法的收敛效率，这里给出一个简单的算例。考虑如下优化问题：

$$\min_{x, y} \quad f(x, y) = (x - 2)^2 + (y - 2)^2 / 2 \tag{4.17}$$

传统 SMDO 算法与 ESMDO 算法中 $\boldsymbol{\beta} = (0.1, 0.1)$，加速因子 $\alpha = 1.1$。图 4.6(a)展示了传统 SMDO 算法和 ESMDO 算法的收敛过程，可以看到传统 SMDO 算法在二维空间的收敛过程是锯齿状的，这种运动过程会限制其收敛的速度；而 ESMDO 算法直接沿着等高线的脊线方向前进，因此，加快了收敛速度。图 4.6(b)中展示了目标函数收敛为 0 时两种算法各自所需的迭代次数，可以看出 ESMDO 算法只需 20 次就收敛到最小值，而传统 SMDO 算法需要 80 次迭代，因此，SMDO

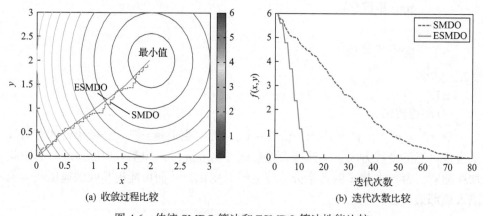

(a) 收敛过程比较　　　　　　　　　(b) 迭代次数比较

图 4.6　传统 SMDO 算法和 ESMDO 算法性能比较

算法经过改进后其收敛速度得到了提高。

4.1.3　基于 ESMDO 算法的 FOPID 控制器参数整定方法

根据 4.1.1 节中的时域和频域性能指标以及 4.1.2 节的 ESMDO 算法，本节提出 FOPID 控制器参数的整定方法。该方法的实质是利用 ESMDO 算法求解非线性优化问题的过程。本节主要考虑 FOPI 和 FO[PI]两类控制器。对于更一般的 FOPID 控制器，可以进行类似推广，FOPI 和 FO[PI]控制器表示为

$$C(s) = K_p + \frac{K_i}{s^\lambda} \tag{4.18}$$

$$C(s) = \left(K_p + \frac{K_i}{s} \right)^\lambda \tag{4.19}$$

其中，K_p、K_i、λ 是控制器参数。

非线性优化问题可以描述为

$$\min_{K_p, K_i, \lambda} \eta \, \mathrm{IAE} - \omega_b$$
$$\text{s.t. } (K_p, K_i, \lambda) \in \Omega \bigcap \Omega_\infty \bigcap \Omega_{\mathrm{GPM}} \tag{4.20}$$

其中，IAE 表示由式(4.2)描述的绝对误差积分；ω_b 是伺服系统带宽；η 是权重因子，此非线性优化问题的目标是使伺服系统的带宽尽量大，误差积分尽量小；Ω 表示分数阶控制器的稳定域，$(K_p, K_i, \lambda) \in \Omega$ 保证了伺服系统的稳定；Ω_∞ 表示 H_∞ 域，$(K_p, K_i, \lambda) \in \Omega_\infty$ 保证了伺服系统的鲁棒性，鲁棒性能指标选择为 $M_p \leqslant \gamma_p$，用来抑制谐振峰值，见式(4.13)；Ω_{GPM} 表示由增益裕度和相位裕度所决定的鲁棒稳定域，此区域可由第 3 章的方法进行确定，与 H_∞ 域的求解方法类似，此时鲁棒性能指标选择为 $A \geqslant \mathrm{GM}, \varphi \geqslant \mathrm{PM}$，GM、PM 由用户给定。

这里强调上述优化问题的目标函数只有一个加权系数，因此使控制器参数的整定变得更加方便。直接选择 IAE 或者带宽 ω_b 作为目标函数的整定方法在文献[1]、[50]有介绍，事实上，IAE 和带宽 ω_b 分别是最能体现伺服系统时域和频域特征的性能指标，这里将这两种性能指标进行加权，从而综合考虑了系统的时域和频域性能。

另外还需强调，根据 4.1.1 节中的内容，带宽过大会使系统对高频噪声信号的抑制能力变差，同时，过大的带宽也会引起控制器的输出饱和，使系统振荡。因此，有时可以用 $\omega_b \leqslant \omega_b^*$ 来限制带宽的范围，其中 ω_b^* 是系统的最大带宽。

对于上述非线性优化问题，指标 IAE 可以通过数值方法计算得到，区域 Ω、

Ω_∞ 和 Ω_{GPM} 可以通过第 3 章的图形化整定方法进行计算。因此，对于上述问题，主要是如何计算带宽。下面将分别针对 FOPI 和 FO[PI] 两种控制器进行分析。

1) FOPI 控制器

考虑 2.4 节中的被控对象 $P(s)$ 以及式 (2.39)，其频率响应可表示为

$$P(\mathrm{j}\omega) = \frac{K}{1 + T(\mathrm{j}\omega)^\alpha} = P_a(\omega)\mathrm{e}^{\mathrm{j}\phi(\omega)} \tag{4.21}$$

其中，

$$P_a(\omega) = \frac{K}{\sqrt{1 + T^2 + 2T\omega^\alpha \cos(\alpha\pi/2)}} \tag{4.22}$$

$$\phi(\omega) = -\arctan\left[\frac{T\omega^\alpha \sin(\alpha\pi/2)}{1 + T\omega^\alpha \cos(\alpha\pi/2)}\right] \tag{4.23}$$

因此，伺服系统开环频率响应的幅值和相位可写为

$$\begin{aligned}
\mathrm{MR}_{\mathrm{ol}}(\omega) &= |G_{\mathrm{ol}}(\mathrm{j}\omega)| = |P(\mathrm{j}\omega)C(\mathrm{j}\omega)| \\
&= P_a(\omega)\sqrt{K_p^2 + (K_i/\omega^\lambda)^2 + 2K_pK_i\cos(\lambda\pi/2)/\omega^\lambda}
\end{aligned} \tag{4.24}$$

$$\phi_{\mathrm{ol}}(\omega) = \arctan\left[\frac{\omega^\lambda K_p \sin\phi + K_i \sin(\phi - \lambda\pi/2)}{\omega^\lambda K_p \cos\phi + K_i \cos(\phi - \lambda\pi/2)}\right] \tag{4.25}$$

根据开环频率响应，可以求出系统的闭环幅值，即

$$\mathrm{MR}_{\mathrm{cl}}(\omega) = \frac{\mathrm{MR}_{\mathrm{ol}}}{\sqrt{(1 + \mathrm{MR}_{\mathrm{ol}}\cos\phi_{\mathrm{ol}})^2 + \mathrm{MR}_{\mathrm{ol}}^2\sin^2\phi_{\mathrm{ol}}}} \tag{4.26}$$

由式 (4.26) 可以求出带宽：

$$\mathrm{MR}_{\mathrm{cl}}(\omega_b) = 1/\sqrt{2} \tag{4.27}$$

其中，ω_b 可以利用 MATLAB 中的 fzero() 函数进行求解。

2) FO[PI] 控制器

FO[PI] 控制器带宽的求法与 FOPI 控制器基本类似。伺服系统开环频率响应的幅值和相位可写为

$$\mathrm{MR}_{\mathrm{ol}}'(\omega) = |G_{\mathrm{ol}}(\mathrm{j}\omega)| = P_a(\omega)\left(K_p^2 + \frac{K_i^2}{\omega^2}\right)^{\lambda/2} \tag{4.28}$$

$$\phi'_{ol}(\omega) = \phi - \lambda \arctan\left(\frac{K_i}{K_p\omega}\right) \tag{4.29}$$

根据开环频率响应，可以求出系统的闭环幅值，即

$$\mathrm{MR}'_{cl}(\omega) = \frac{\mathrm{MR}'_{ol}}{\sqrt{(1+\mathrm{MR}'_{ol}\cos\phi'_{ol})^2 + \mathrm{MR}'^2_{ol}\sin^2\phi'_{ol}}} \tag{4.30}$$

由式(4.30)可以求出带宽：

$$\mathrm{MR}'_{cl}(\omega_b) = 1/\sqrt{2} \tag{4.31}$$

根据上述分析，最终得出一种基于 ESMDO 算法的 FOPID 控制器参数整定方法，其具体步骤如下。

(1) 根据伺服系统参数，或利用采集的数据，利用第 2 章的内容对伺服系统被控对象模型参数进行辨识，得出模型 $P(s)$；

(2) 利用第 3 章的内容计算分数阶控制器的区域 Ω、Ω_∞ 和 Ω_{GPM}；

(3) 根据步骤(2)和式(4.20)得出非线性优化问题；

(4) 利用 4.1.2 节中的 ESMDO 算法求解步骤(3)中的非线性优化问题，最终得出 FOPID 控制器的参数值。

4.2　基于递推最小二乘法的分数阶自适应控制方法

本节提出一种基于数据库的 FOPID 控制器参数在线整定方法。该方法利用递推最小二乘法对伺服系统模型进行在线辨识，并根据所辨识出的模型从控制参数数据库中搜索出合适的控制参数，从而可以对伺服系统进行分数阶自适应控制。

4.2.1　在线模型辨识算法

在线模型辨识算法的种类较多，如递推最小二乘(recursive least square, RLS)法、神经网络、模糊逻辑等，这里采用递推最小二乘法对伺服系统模型进行辨识。相比于其他模型辨识算法，递推最小二乘法的主要优点是原理易于理解，实现简单，收敛速度快。

假设伺服系统速度环被控对象模型的离散形式可表示为

$$A(z^{-1})\omega(k) = B(z^{-1})i_q(k) \tag{4.32}$$

其中，

$$A(z^{-1}) = 1 + \sum_{i=1}^{n_a} a_i z^{-i} \tag{4.33}$$

$$B(z^{-1}) = \sum_{i=1}^{n_b} b_i z^{-i} \tag{4.34}$$

$\omega(k)$ 是伺服系统的反馈速度输出；$i_q(k)$ 是 q 轴电流，代表控制量。式(4.33)和式(4.44)中，$n_a, n_b \in \mathbf{N}$ 是伺服系统的阶次，a_i 和 b_i 是模型的参数，可以用如下向量表示：

$$\boldsymbol{\theta} = (-a_1, \cdots, -a_{n_a}, b_1, \cdots, -b_{n_b})^{\mathrm{T}} \tag{4.35}$$

伺服系统模型(4.32)是整数阶的模型，不同于式(2.39)，这里采用整数阶模型描述伺服系统，一方面，是为了提高伺服驱动模型在线辨识的效率，因为分数阶模型的在线辨识算法较为复杂；另一方面，当采用在线模型辨识算法辨识模型时，模型参数向量 $\boldsymbol{\theta}$ 是时变的，这也可以描述伺服系统中存在的非线性和时变因素[24]。

递推最小二乘法的目的是在线辨识模型参数向量 $\boldsymbol{\theta}$，具体步骤如下。

(1)确定被控对象模型的结构以及阶次 n_a、n_b，通常在伺服系统中可以取 $n_a = 1$、$n_b = 1$。

(2)设定参数向量 $\hat{\boldsymbol{\theta}}(k)$ 为

$$\hat{\boldsymbol{\theta}}(k) = (-\hat{a}_1(k), \cdots, -\hat{a}_{n_a}(k), \hat{b}_1(k), \cdots, -\hat{b}_{n_b}(k))^{\mathrm{T}}, \quad k = 0, 1, \cdots \tag{4.36}$$

表示在第 k 次采样时刻对模型参数向量 $\boldsymbol{\theta}$ 的估计值；$\hat{\boldsymbol{\theta}}(k)$ 是模型参数向量的初始估计值，$\hat{\boldsymbol{\theta}}(k)$ 各个元素通常取为较小的值；

(3)采样 k 时刻的数据 $\omega(k)$ 和 $i_q(k)$，并对它们进行滤波处理，即

$$\omega_f(k) = L(z^{-1})\omega(k) \tag{4.37}$$

$$i_{qf}(k) = L(z^{-1})i_q(k) \tag{4.38}$$

其中，$L(z^{-1})$ 为低通滤波器，可以表示为

$$L(z^{-1}) = \frac{1-l}{1-lz^{-1}} \tag{4.39}$$

这里，l 为滤波器参数。

(4)根据数据 $\omega_f(k)$ 和 $i_{qf}(k)$ 组成观测数据向量 $\boldsymbol{\phi}(k-1)$，即

$$\boldsymbol{\phi}(k-1) = (\omega_f(k-1), \cdots, \omega_f(k-n_a), i_{qf}(k-1), \cdots, i_{qf}(k-n_b))^{\mathrm{T}} \tag{4.40}$$

(5)采用式(4.41)所示的 RLS 方法计算第 k 次采样时刻参数的估计值：

$$\hat{\boldsymbol{\theta}}(k) = \hat{\boldsymbol{\theta}}(k-1) + \boldsymbol{K}(k)[\omega_f(k) - \boldsymbol{\phi}^{\mathrm{T}}(k-1)\hat{\boldsymbol{\theta}}(k-1)] \tag{4.41}$$

其中，

$$\begin{aligned}
\boldsymbol{K}(k) &= \frac{\boldsymbol{Y}(k-1)\boldsymbol{\phi}(k-1)}{\beta + \boldsymbol{\phi}^{\mathrm{T}}(k-1)\boldsymbol{Y}(k-1)\boldsymbol{\phi}(k-1)} \\
\boldsymbol{Y}(k) &= \frac{1}{\beta}\left[\boldsymbol{Y}(k-1) - \frac{\boldsymbol{Y}(k-1)\boldsymbol{\phi}^{\mathrm{T}}(k-1)\boldsymbol{Y}(k-1)\boldsymbol{\phi}(k-1)}{\beta + \boldsymbol{\phi}^{\mathrm{T}}(k-1)\boldsymbol{Y}(k-1)\boldsymbol{\phi}(k-1)}\right]
\end{aligned} \tag{4.42}$$

$\boldsymbol{K}(k)$ 和 $\boldsymbol{Y}(k)$ 分别为方差矩阵和观测矩阵；β 为遗忘因子，可以调节历史数据对模型辨识的影响，一般取为 $\beta = 0.95 \sim 1.00$，$\boldsymbol{Y}(0) = \rho \boldsymbol{I}\,(10^4 < \rho < \infty)$。

(6) 采用式 (4.43) 判断递推最小二乘法是否收敛：

$$\max_i \left|\frac{\hat{\theta}_i(k) - \hat{\theta}_i(k-1)}{\hat{\theta}_i(k)}\right| < \varepsilon \tag{4.43}$$

其中，$\hat{\theta}_i(k)$ 表示第 k 次递推时参数估计向量 $\hat{\boldsymbol{\theta}}(k)$ 的第 i 个元素；ε 为用户给定的正数。若式 (4.43) 满足，则最小递推二乘法收敛，递推停止；若没有收敛，则令 $k=k+1$，并转到步骤 (3) 重新开始递推。

4.2.2　控制参数数据库构建策略

数据库中存储着对应于特定模型参数的最优控制器参数，对于某一被控对象模型，其最优参数可以通过 4.1 节的方法获得，也可以用任意一种离线参数整定方法或者经验调试获得，接下来以一阶模型为例说明建立数据库的过程。假设伺服系统被控对象的模型可以表示为

$$P(s) = \frac{B}{A+s} \tag{4.44}$$

其中，A、B 为模型的参数，令 $\boldsymbol{\theta}_C = (A, B)$ 为模型参数向量。

由于 B 参数只是在原有控制量 i_q 上乘一个比例系数，为了减少模型参数的数量，可以先令 $B=1$，只考虑参数 A。那么，对应于模型参数 A，通过离线整定算法可以得到相应的最优控制参数 $\boldsymbol{p}$，$\boldsymbol{p}$ 为分数阶控制器参数向量。假定伺服系统运行时模型参数 A 在某一已知的范围内变化，即 $\underline{A} \leqslant A \leqslant \overline{A}$，$\overline{A}$ 和 $\underline{A}$ 分别为 A 的上限和下限，遍历此范围，可以建立如下数据库：

$$\begin{aligned}
&(^1A,\ ^1\boldsymbol{p}) \\
&(^2A,\ ^2\boldsymbol{p}) \\
&\quad\vdots \\
&(^NA,\ ^N\boldsymbol{p})
\end{aligned} \tag{4.45}$$

其中，$^{i}A \in [\underline{A}, \overline{A}]$，$i = 1, 2, \cdots, N$。

连续模型 (4.44) 的参数与离散模型 (4.32) 的参数之间具有一定的关系，可以相互转换。采用如下方法进行转换，令

$$s = \frac{1 - z^{-1}}{T_s} \tag{4.46}$$

其中，T_s 为伺服系统的采样周期。将式 (4.46) 代入式 (4.44)，可得

$$G(z) = P\left(\frac{1 - z^{-1}}{T_s}\right) = \frac{B}{A + \dfrac{1 - z^{-1}}{T_s}} = \frac{BT_s}{AT_s + 1 - z^{-1}} \tag{4.47}$$

伺服系统的一阶离散模型 (4.32) 可写为

$$G(z) = \frac{b_1}{1 + a_1 z^{-1}} \tag{4.48}$$

对比式 (4.47) 和式 (4.48)，可得到参数之间的转换关系：

$$\begin{cases} A = \dfrac{-1 - a_1}{a_1 T_s} \\[3mm] B = -\dfrac{b_1}{a_1 T_s} \end{cases} \tag{4.49}$$

4.2.3　基于数据库的 FOPID 控制器参数在线整定方法

本节将以 FOPI 和 FO[PI] 控制器为例来说明基于数据库的分数阶控制器参数在线整定方法。对于更一般的 FOPID 控制器可以进行类似推广，在线整定方法的整体结构如图 4.7 所示，主要步骤如下。

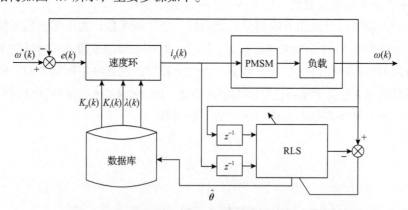

图 4.7　基于数据库的 FOPID 控制器参数在线整定方法

(1)在伺服系统正式运行之前，根据 4.1 节中的内容建立数据库。

(2)当伺服系统运行时，利用递推最小二乘法在线辨识伺服系统被控对象模型，并检测递推最小二乘法是否收敛。

(3)当递推最小二乘法收敛时，假定辨识出的模型参数是 $\hat{\boldsymbol{\theta}} = (-\hat{a}_1, \hat{b}_1)^{\mathrm{T}}$，利用式(4.49)计算出此时的 $\boldsymbol{\theta}_C = (\hat{A}, \hat{B})$，并根据欧几里得范数在数据库中搜索与参数 $\hat{A}$ 距离最近的参数，根据搜索出的模型参数 ^iA 得到此时最优的参数 $^i\boldsymbol{p}^{\text{optimal}}$，此时 $^i\boldsymbol{p}^{\text{optimal}}$ 可表示为

$$^i\boldsymbol{p}^{\text{optimal}} = (K_p^{\text{optimal}}, K_i^{\text{optimal}}, \lambda^{\text{optimal}}) \tag{4.50}$$

(4)根据 $^i\boldsymbol{p}^{\text{optimal}}$ 和在线辨识出的参数 $\hat{B}$ 可求出此时伺服系统的最优控制参数向量 $\boldsymbol{p}^{\text{old}}$。

若为 FOPI 控制器，则

$$\begin{aligned} \boldsymbol{p}^{\text{old}} &= (K_p^{\text{old}}, K_i^{\text{old}}, \lambda^{\text{old}}) \\ K_p^{\text{old}} &= K_p^{\text{optimal}} / \hat{B} \\ K_i^{\text{old}} &= K_i^{\text{optimal}} / \hat{B} \\ \lambda^{\text{old}} &= \lambda^{\text{optimal}} \end{aligned} \tag{4.51}$$

若为 FO[PI]控制器，则

$$\begin{aligned} \boldsymbol{p}^{\text{old}} &= (K_p^{\text{old}}, K_i^{\text{old}}, \lambda^{\text{old}}) \\ K_p^{\text{old}} &= K_p^{\text{optimal}} / \hat{B}^{1/\lambda^{\text{optimal}}} \\ K_i^{\text{old}} &= K_i^{\text{optimal}} / \hat{B}^{1/\lambda^{\text{optimal}}} \\ \lambda^{\text{old}} &= \lambda^{\text{optimal}} \end{aligned} \tag{4.52}$$

(5)在某些情况下，根据上述步骤得到的控制器参数 $\boldsymbol{p}^{\text{old}}$ 不一定是当前最优的参数，因此需进行调整，使跟随误差进一步减小。使用如下梯度下降法：

$$\begin{aligned} \boldsymbol{p}^{\text{new}}(k) &= \boldsymbol{p}^{\text{old}}(k) - \boldsymbol{\eta} \frac{\partial E(k)}{\partial p(k)} \\ \boldsymbol{\eta} &= \text{diag}\{\eta_p, \eta_i, \eta_\lambda\} \\ E(k) &= \frac{1}{2} e(k)^2 = \frac{1}{2}[\omega^*(k) - \omega(k)]^2 \end{aligned} \tag{4.53}$$

其中，k 是采样次数；$E(k)$ 是所选择的性能指标；$\omega^*(k)$ 和 $\omega(k)$ 表示速度指令输

入和速度反馈；η 表示三个控制参数的学习速率。求出 $\boldsymbol{p}^{\text{new}}$ 之后，把 $(\hat{A}, \boldsymbol{p}^{\text{new}})$ 存入控制参数数据库。

(6)返回步骤(2)重新利用递推最小二乘法进行辨识，检测伺服系统的运行状况是否发生变化，若变化，则需要重新对控制器参数进行在线调整。

4.2.4　仿真结果分析

考虑文献[51]中的直线伺服系统，参考速度指令为周期性的正弦信号，伺服系统的模型由式(4.44)描述，其参数的变化见表 4.1。$t = 2\sim4\text{s}$ 的时间段，加入 110kg 负载，$t = 4\sim6\text{s}$ 的时间段，加入 165kg 负载，从而导致模型参数发生变化。选择固定参数 FOPI 控制器和自适应 FOPI 控制器进行对比，固定参数 FOPI 控制器参数根据 $t = 0\sim1\text{s}$ 时的伺服驱动模型，利用平相位法整定而来，选择幅值穿越频率 $\omega_c = 100\text{rad/s}$，相位裕度 $\phi = 60°$。此时 FOPI 控制器参数为 $K_p = 2$，$K_i = 48$，$\lambda = 0.5$。自适应 FOPI 控制器的初始值设置为 $K_p = 3$，$K_i = 8$，$\lambda = 1$，控制参数数据库的建立同样采用平相位法，选择 $\omega_c = 100\text{rad/s}$，$\phi = 60°$，自适应 FOPI 控制器参数每周期(0.001s)更新一次，参数学习速率 η 取为零。

表 4.1　伺服系统模型参数的变化和自适应 FOPI 控制器性能

时间 t/s	负载 m/kg	模型参数		性能指标		
		A	B	ω_c	ϕ	$\text{d}\phi/\text{d}\omega$
$0 \leqslant t < 1$	0	31.00	4.008	62	85	$\neq 0$
$1 \leqslant t < 2$	0	31.00	4.008	100	60	0
$2 \leqslant t < 3$	110	15.50	2.000	60	58.4	$\neq 0$
$3 \leqslant t < 4$	110	15.50	2.000	100	60	0
$4 \leqslant t < 5$	165	10.30	1.300	73	60	$\neq 0$
$5 \leqslant t \leqslant 6$	165	10.30	1.300	100	60	0

图 4.8 和图 4.9 分别显示了固定参数 FOPI 控制器和自适应 FOPI 控制器的动态响应和速度跟随误差。可以看出，在伺服系统运行的后期，自适应 FOPI 控制器由于参数的自动调节，跟随误差明显小于固定参数 FOPI 控制器，控制性能更好。在第一个周期，自适应 FOPI 控制器由于初值设置不恰当，其跟随误差大于固定参数 FOPI 控制器；经过一个周期的调整，自适应 FOPI 控制器的性能得到提升，与固定参数 FOPI 控制器性能相当；在第三个周期由于伺服系统运行状态发生了变化，固定参数 FOPI 控制器和自适应 FOPI 控制器的性能都开始下降；然而，在第四个周期自适应 FOPI 控制器由于参数的调整，跟随误差减小，控制性能得到提升，而固定参数 FOPI 控制器的性能依然保持不变；第五个周期时伺服系统的运行状态再次发生变化，固定参数 FOPI 控制器的性能进一步恶化，而自适应

FOPI 控制器的性能依然能够保持良好。

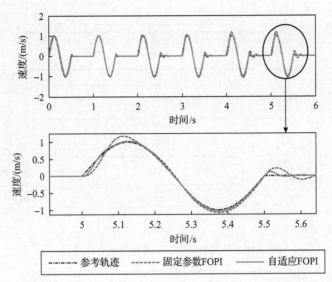

图 4.8 固定参数 FOPI 控制器和自适应 FOPI 控制器动态响应性能比较

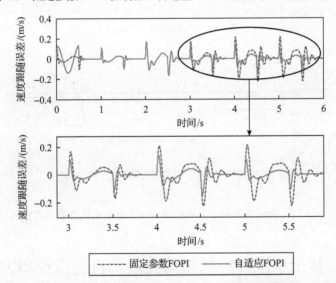

图 4.9 固定参数 FOPI 控制器和自适应 FOPI 控制器速度跟随误差比较

图 4.10 展示了自适应 FOPI 控制器参数的变化过程，图 4.11 展示了利用递推最小二乘法辨识伺服系统参数的过程。可以看出，利用递推最小二乘法可以很好地辨识系统的模型参数。表 4.1 中还列出了当伺服系统采用自适应 FOPI 控制器时，幅值穿越频率 ω_c、相位裕度 ϕ 以及相位在幅值穿越频率处的变化率 $\mathrm{d}\phi/\mathrm{d}\omega$，可以看出，采用自适应 FOPI 控制器，伺服系统的性能指标可以最终保持不变。

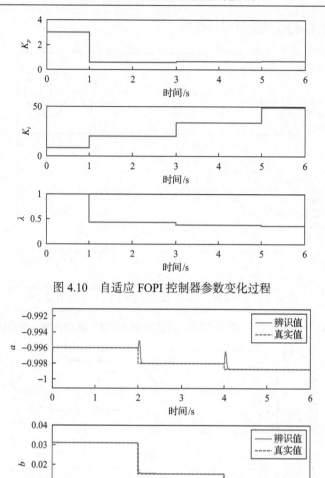

图 4.10　自适应 FOPI 控制器参数变化过程

图 4.11　利用递推最小二乘法辨识伺服驱动系统参数的过程

4.3　基于小波神经网络的分数阶自适应控制方法

本节主要讨论基于小波神经网络在线整定的分数阶自适应控制方法。

4.3.1　基于小波神经网络的 FOPI 控制器参数在线整定方法

本节提出一种基于小波神经网络(wavelet neural network, WNN)的自适应 FOPI 控制器,其控制结构如图 4.12 所示。自适应 FOPI 控制器主要由两部分组成, 即 FOPI 控制器和小波神经网络。若不考虑神经网络, FOPI 控制器将直接对伺服系统进行闭环控制，当引入神经网络时，神经网络可根据伺服系统运行的环境对控制器参数进行实时调节，从而使伺服系统在工作环境发生改变时依然能够保持性能指标最优。

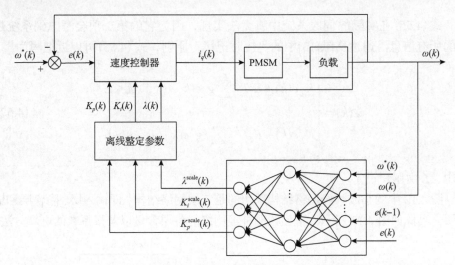

图 4.12　基于小波神经网络的自适应 FOPI 控制器

小波神经网络是小波分析理论与神经网络相结合的产物，其思想是由小波元代替神经元，通过仿射变换建立起小波变换与网络系数之间的联系。相比于 BP 神经网络，小波神经网络有以下优点。

(1)通过小波变化可以对信号进行多尺度分析，因此能有效提取信号的局部信息。

(2)小波神经网络的整体结构是依据小波分析理论确定的，避免了 BP 神经网络等结构设计上的盲目性。

(3)小波神经网络具有更强的学习能力及精度。

(4)在同样的环境下，小波神经网络的结构更简单，收敛速度更快。

当图 4.12 中速度控制器为 FOPI 控制器时，有

$$\frac{I_q(s)}{E(s)} = K_p + \frac{K_i}{s^\lambda} \tag{4.54}$$

其中，$I_q(s)$ 和 $E(s)$ 分别是 q 轴电流 $i_q(k)$ 和跟随误差 $e(k)$ 的拉普拉斯变换。

根据 2.2.2 节分数阶控制器的离散化方法，有

$$i_q(k) = K_p e(k) + K_i T^\lambda \sum_{j=0}^{k} g_j e(k-j) \tag{4.55}$$

其中，T 是伺服系统的采样周期，并且

$$\begin{cases} g_j = \left(1 - \dfrac{1-\lambda}{j}\right) g_{j-1}, & j = 1, 2, \cdots, k \\ g_0 = 1 \end{cases} \tag{4.56}$$

式 (4.55) 在实际的伺服系统中将无法实现，因为它的第二项会考虑到系统过去的所有信息。通过文献 [13] 中的"短时记忆"原则，式 (4.55) 可以近似写为

$$i_q(k) = \begin{cases} K_p e(k) + K_i T^{\lambda} \displaystyle\sum_{j=0}^{k} g_j e(k-j), & k \leqslant L \\ K_p e(k) + K_i T^{\lambda} \displaystyle\sum_{j=k-L}^{k} g_j e(k-j), & k > L \end{cases} \tag{4.57}$$

其中，L 由用户设定。

图 4.12 中的小波神经网络结构采用的是三层网络结构，即输入层、隐含层和输出层，具体如图 4.13 所示。下面说明神经网络的各层含义以及权系数的更新方法。

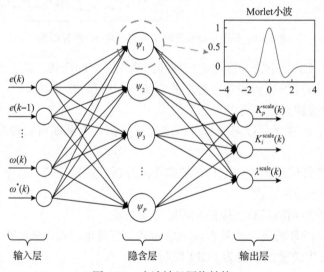

图 4.13　小波神经网络结构

输入层的神经元可以表示为

$$\begin{cases} O_q^{(1)} = e(k-q+1), & q = 1, 2, \cdots, Q-2 \\ O_q^{(1)} = \omega(k), & q = Q-1 \\ O_q^{(1)} = \omega^*(k), & q = Q \end{cases} \tag{4.58}$$

其中，Q 为输入层的节点个数；$O_q^{(1)}$ 为输入层神经元的输入；$\omega^*(k)$ 和 $\omega(k)$ 分别

为速度指令输入和速度反馈。

隐含层的输入输出可以表示为

$$\begin{cases} \mathrm{net}_p^{(2)}(k) = \sum_{q=1}^{Q} w_{pq}^{(2)} O_q^{(1)}(k), & q = 1, 2, \cdots, Q \\ O_p^{(2)}(k) = f(\mathrm{net}_p^{(2)}(k)), & p = 1, 2, \cdots, P \end{cases} \tag{4.59}$$

其中，P 是隐含层的节点个数；$w_{pq}^{(2)}$ 是输入层和隐含层之间的权系数；$\mathrm{net}_p^{(2)}(k)$ 和 $O_p^{(2)}(k)$ 分别表示隐含层神经元的输入和输出。

激励函数 $f(x)$ 取为小波基函数，即

$$f(x) = \psi_p(x) = \frac{1}{\sqrt{d_p}} \psi\left(\frac{x - c_p}{d_p}\right), \quad p = 1, 2, \cdots, P \tag{4.60}$$

其中，d_p 和 c_p 分别是小波基函数的扩散因子和平移因子，它们会随着神经网络的权系数一起被更新。

式 (4.60) 中的 $\psi(x)$ 称为小波函数的母函数，取为 Morlet 小波函数，即

$$\psi(x) = \cos(1.75x)\, \mathrm{e}^{\frac{-x^2}{2}} \tag{4.61}$$

这里需要指出，小波函数母函数的选择会直接影响神经网络的预测和辨识精度，然而，现在还没有十分成熟的理论来指导如何选择它们。母函数通常可以选择为 Mexico 小波、Morlet 小波、正交小波和高斯小波等，其中 Morlet 小波具有最小的误差和最好的计算稳定性，这里选择 Morlet 小波作为小波函数的母函数。

输出层各神经元的输入、输出可表示为

$$\begin{cases} \mathrm{net}_l^{(3)}(k) = \sum_{p=1}^{P} w_{lp}^{(3)} O_p^{(2)}(k) \\ O_l^{(3)}(k) = g(\mathrm{net}_l^{(3)}(k)) \end{cases}, \quad l = 1, 2, 3 \tag{4.62}$$

$$\begin{cases} O_1^{(3)}(k) = K_p^{\mathrm{scale}}(k) \\ O_2^{(3)}(k) = K_i^{\mathrm{scale}}(k) \\ O_3^{(3)}(k) = \lambda^{\mathrm{scale}}(k) \end{cases} \tag{4.63}$$

其中，$w_{lp}^{(3)}$ 为隐含层和输出层之间的权系数；$\mathrm{net}_l^{(3)}(k)$ 和 $O_l^{(3)}(k)$ 分别为输出节点的输入和输出；激励函数选择为

$$g(x) = \frac{\mathrm{e}^x}{\mathrm{e}^x + \mathrm{e}^{-x}} \tag{4.64}$$

式 (4.63) 中的 $K_p^{\mathrm{scale}}(k)$、$K_i^{\mathrm{scale}}(k)$、$\lambda^{\mathrm{scale}}(k)$ 是初始控制参数 K_p^{optimal}、K_i^{optimal}、$\lambda^{\mathrm{optimal}}$ 的变化率，K_p^{optimal}、K_i^{optimal}、$\lambda^{\mathrm{optimal}}$ 可以通过 4.1 节方法获得，参数变化率和初始控制参数之间满足如下关系：

$$\begin{cases} K_p^{\mathrm{scale}}(k) K_p^{\mathrm{optimal}} = K_p(k) \\ K_i^{\mathrm{scale}}(k) K_i^{\mathrm{optimal}} = K_i(k) \\ \lambda^{\mathrm{scale}}(k) \lambda^{\mathrm{optimal}} = \lambda(k) \end{cases} \tag{4.65}$$

其中，$K_p(k)$、$K_i(k)$、$\lambda(k)$ 是伺服系统第 k 次采样时的控制参数。

这里强调引入式 (4.65) 的优点：①保证了自适应控制器初始阶段的性能，由于引入离线整定所得的控制器参数加快了神经网络初始阶段自适应调整的时间，从而提高了其初始阶段的控制性能；②避免了由神经网络陷入局部最优而输出不合理的控制器参数，在利用式 (4.65) 对控制器参数进行自适应调整时，最终输出的 $K_p(k)$、$K_i(k)$、$\lambda(k)$ 是以离线整定出的控制器参数为基准的，因此，大大减少了输出不合理参数的情况；③使在线调整变得更方便，由于只需在离线整定的控制参数基础之上调整其缩放因子，基于小波神经网络的在线整定方法更加稳定可靠。

接下来将说明如何训练神经网络，即更新神经网络的权系数。

为了更新隐含层和输出层之间的权系数，选用如下性能指标：

$$E(k) = \frac{1}{2} e(k)^2 = \frac{1}{2} [\omega^*(k) - \omega(k)]^2 \tag{4.66}$$

权系数根据如下规则进行更新：

$$w_{lp}^{(3)}(k+1) = w_{lp}^{(3)}(k) + \Delta w_{lp}^{(3)}(k) = w_{lp}^{(3)}(k) - \eta \frac{\partial E(k)}{\partial w_{lp}^{(3)}} \tag{4.67}$$

其中，η 是学习速率；$\Delta w_{lp}^{(3)}(k) = w_{lp}^{(3)}(k+1) - w_{lp}^{(3)}(k)$。

为了计算式 (4.67) 中的 $\dfrac{\partial E(k)}{\partial w_{lp}^{(3)}}$，需要用到如下变化：

$$\frac{\partial E(k)}{\partial w_{lp}^{(3)}} = \frac{\partial E(k)}{\partial \omega(k)} \frac{\partial \omega(k)}{\partial i_q^*(k)} \frac{\partial i_q^*(k)}{\partial O_l^{(3)}(k)} \frac{\partial O_l^{(3)}(k)}{\partial \mathrm{net}_l^{(3)}(k)} \frac{\partial \mathrm{net}_l^{(3)}(k)}{\partial w_{lp}^{(3)}(k)} \tag{4.68}$$

其中，

$$\frac{\partial E(k)}{\partial \omega(k)} = -e(k) \tag{4.69}$$

$$\frac{\partial O_l^{(3)}(k)}{\partial \mathrm{net}_l^{(3)}(k)} = g'(\mathrm{net}_l^{(3)}(k)) = g(\mathrm{net}_l^{(3)}(k))[1 - g(\mathrm{net}_l^{(3)}(k))] \tag{4.70}$$

$$\frac{\partial \mathrm{net}_l^{(3)}(k)}{\partial w_{lp}^{(3)}(k)} = O_p^{(2)}(k) \tag{4.71}$$

$\dfrac{\partial \omega(k)}{\partial i_q(k)}$ 是被控对象的 Jacobi 信息，可以用 sgn 函数代替，如式 (4.72) 所示：

$$\frac{\partial \omega(k)}{\partial i_q(k)} \leftrightarrow \mathrm{sgn}\left[\frac{\partial \omega(k)}{\partial i_q(k)}\right] \tag{4.72}$$

根据式 (4.57)，$\dfrac{\partial i_q(k)}{\partial O_l^{(3)}(k)}$ 可计算如下：

当 $k \leqslant L$ 时，有

$$\begin{cases} \dfrac{\partial i_q(k)}{\partial O_1^{(3)}(k)} = \dfrac{\partial i_q(k)}{\partial K_p(k)} K_p^{\mathrm{optimal}} = e(k) K_p^{\mathrm{optimal}} \\[3mm] \dfrac{\partial i_q(k)}{\partial O_2^{(3)}(k)} = \dfrac{\partial i_q(k)}{\partial K_i(k)} K_i^{\mathrm{optimal}} = T^\lambda \displaystyle\sum_{j=0}^{k} g_j e(k-j) K_i^{\mathrm{optimal}} \\[3mm] \dfrac{\partial i_q(k)}{\partial O_3^{(3)}(k)} = \dfrac{\partial i_q(k)}{\partial \lambda(k)} \lambda^{\mathrm{optimal}} = \left[\lambda T^{\lambda-1} \displaystyle\sum_{j=0}^{k} g_j e(k-j) + T^\lambda \displaystyle\sum_{j=0}^{k} \dfrac{\partial g_j}{\partial \lambda} e(k-j)\right] \lambda^{\mathrm{optimal}} \end{cases} \tag{4.73}$$

当 $k > L$ 时，有

$$\begin{cases} \dfrac{\partial i_q(k)}{\partial O_1^{(3)}(k)} = e(k) K_p^{\mathrm{optimal}} \\[3mm] \dfrac{\partial i_q(k)}{\partial O_2^{(3)}(k)} = T^\lambda \displaystyle\sum_{j=k-L}^{k} g_j e(k-j) K_i^{\mathrm{optimal}} \\[3mm] \dfrac{\partial i_q(k)}{\partial O_3^{(3)}(k)} = \left[\lambda T^{\lambda-1} \displaystyle\sum_{j=k-L}^{k} g_j e(k-j) + T^\lambda \displaystyle\sum_{j=k-L}^{k} \dfrac{\partial g_j}{\partial \lambda} e(k-j)\right] \lambda^{\mathrm{optimal}} \end{cases} \tag{4.74}$$

$\dfrac{\partial g_j}{\partial \lambda}$ 可以用式 (4.75) 进行迭代:

$$\frac{\partial g_j}{\partial \lambda} = \frac{1}{j} g_{j-1} + \left(1 - \frac{1-\lambda}{j}\right) \frac{\partial g_{j-1}}{\partial \lambda} \tag{4.75}$$

接下来将说明如何更新输入层和隐含层之间的权系数，更新规则如下:

$$
\begin{aligned}
w_{pq}^{(2)}(k+1) &= w_{pq}^{(2)}(k) + \Delta w_{pq}^{(2)}(k) = w_{pq}^{(2)}(k) - \eta \frac{\partial E(k)}{\partial w_{pq}^{(2)}(k)} \\
&= w_{pq}^{(2)}(k) - \eta \left[\sum_{l=1}^{3} \frac{\partial E(k)}{\partial \omega(k)} \frac{\partial \omega(k)}{\partial i_q^*(k)} \frac{\partial i_q^*(k)}{\partial O_l^{(3)}(k)} \frac{\partial O_l^{(3)}(k)}{\partial \mathrm{net}_l^{(3)}(k)} \frac{\partial \mathrm{net}_l^{(3)}(k)}{\partial O_p^{(2)}(k)} \right] \\
&\quad \times \frac{\partial O_p^{(2)}(k)}{\partial \mathrm{net}_p^{(2)}(k)} \frac{\partial \mathrm{net}_p^{(2)}(k)}{\partial w_{pq}^{(2)}(k)}
\end{aligned}
\tag{4.76}
$$

其中，

$$\frac{\partial \mathrm{net}_l^{(3)}(k)}{\partial O_p^{(2)}(k)} = w_{lp}^{(3)}(k) \tag{4.77}$$

$$\frac{\partial O_p^{(2)}(k)}{\partial \mathrm{net}_p^{(2)}(k)} = f'(\mathrm{net}_p^{(2)}(k)) \tag{4.78}$$

$$\frac{\partial \mathrm{net}_p^{(2)}(k)}{\partial w_{pq}^{(2)}(k)} = O_p^{(1)}(k) \tag{4.79}$$

$f'(\cdot)$ 由式 (4.60) 和式 (4.61) 计算得来，式 (4.76) 中的其他项由式 (4.69)~式 (4.74) 计算而来。

最后将更新小波函数中的扩散因子和平移因子，令

$$R(k) = \sum_{l=1}^{3} \frac{\partial E(k)}{\partial \omega(k)} \frac{\partial \omega(k)}{\partial i_q^*(k)} \frac{\partial i_q(k)}{\partial O_l^{(3)}(k)} \frac{\partial O_l^{(3)}(k)}{\partial \mathrm{net}_l^{(3)}(k)} \frac{\partial \mathrm{net}_l^{(3)}(k)}{\partial O_p^{(2)}(k)} \tag{4.80}$$

$$U(k) = \frac{\mathrm{net}_p^{(2)}(k) - c_p(k)}{d_p(k)} \tag{4.81}$$

根据式 (4.76)，有

$$d_p(k+1) = d_p(k) + \Delta d_p(k) = d_p(k) - \eta \frac{\partial E(k)}{\partial d_p(k)} = d_p(k) - \eta R(k)\frac{\partial O_p^{(2)}(k)}{\partial d_p(k)} \quad (4.82)$$

$$\frac{\partial O_p^{(2)}(k)}{\partial d_p(k)} = \frac{\partial \psi_p(\mathrm{net}_p^{(2)}(k))}{\partial d_p(k)} = -d_p^{-5/2}(k)\psi'(U(k))[\mathrm{net}_p^{(2)}(k) - c_p(k)]$$
$$- d_p^{-3/2}(k)\psi(U(k)) / 2 \quad (4.83)$$

$$c_p(k+1) = c_p(k) + \Delta c_p(k) = c_p(k) - \eta \frac{\partial E(k)}{\partial c_p(k)} = c_p(k) - \eta R(k)\frac{\partial O_p^{(2)}(k)}{\partial c_p(k)} \quad (4.84)$$

$$\frac{\partial O_p^{(2)}(k)}{\partial c_p(k)} = \frac{\partial \psi_p(\mathrm{net}_p^{(2)}(k))}{\partial c_p(k)} = -d_p^{-3/2}(k)\psi'(U(k)) \quad (4.85)$$

其中，$\psi'(\cdot)$ 根据式 (4.61) 计算；$R(k)$ 根据式 (4.69)～式 (4.74) 和式 (4.77) 计算。

4.3.2 基于小波神经网络的 FO[PI] 控制器参数在线整定方法

本节研究基于小波神经网络的 FO[PI] 控制器参数的在线整定方法。首先，考虑 FO[PI] 控制器的离散方法，由于 FO[PI] 控制器自身的非线性，无法直接利用 FOPI 控制器中的离散方法进行离散，这里采用 2.2.2 节中的 MacLaurin 展开法对 FO[PI] 控制器进行离散，即

$$C(s) = \left(K_p + \frac{K_i}{s} \right)^{\lambda} \approx \frac{u_1 + u_2 s^{-1} + \cdots + u_n s^{-(n-1)}}{v_1 + v_2 s^{-1} + \cdots + v_n s^{-(n-1)}} \quad (4.86)$$

其中，u_i 和 v_j（$i = 1, 2, \cdots, n$；$j = 1, 2, \cdots, n$）均是 K_p、K_i 和 λ 的函数。

其次，使用 Tustin 方法对式 (4.86) 进行离散化。Tustin 方法通过式 (4.87) 将控制系统的 s 域和 z 域联系起来：

$$s = \frac{2}{T}\frac{z-1}{z+1} \quad (4.87)$$

其中，T 是采样时间。

将式 (4.87) 代入式 (4.86)，有

$$C\left(\frac{2}{T}\frac{z-1}{z+1} \right) = \frac{u_1 + u_2 \left(\frac{2}{T}\frac{z-1}{z+1} \right)^{-1} + \cdots + u_n \left(\frac{2}{T}\frac{z-1}{z+1} \right)^{-(n-1)}}{v_1 + v_2 \left(\frac{2}{T}\frac{z-1}{z+1} \right)^{-1} + \cdots + v_n \left(\frac{2}{T}\frac{z-1}{z+1} \right)^{-(n-1)}} = \frac{a_1 z^{n-1} + a_2 z^{n-2} + \cdots + a_n}{b_1 z^{n-1} + b_2 z^{n-2} + \cdots + b_n}$$

$$(4.88)$$

其中，a_i 和 b_j（$i=1,2,\cdots,n$；$j=1,2,\cdots,n$）均是 K_p、K_i 和 λ 的函数。

根据式(4.88)，有

$$H(z) = \frac{i_q(k)}{e(k)} = C_2 \left(\frac{2}{T} \frac{z-1}{z+1} \right) = \frac{\sum\limits_{i=1}^{n} a_i z^{n-i}}{\sum\limits_{i=1}^{n} b_i z^{n-i}} \tag{4.89}$$

其中，$H(z)$ 是 FO[PI]控制器的离散形式。

根据式(4.89)，有

$$\begin{aligned}
i_q(k) &= \sum_{i=1}^{n-1} \frac{b_i}{b_n} i_q(k-n+i) + \sum_{i=1}^{n} \frac{a_i}{b_n} e(k-n+i) \\
&= \sum_{i=1}^{n-1} b_i^* i_q(k-n+i) + \sum_{i=1}^{n} a_i^* e(k-n+i)
\end{aligned} \tag{4.90}$$

其中，$b_i^* = \dfrac{b_i}{b_n}$ 和 $a_i^* = \dfrac{a_i}{b_n}$（$i=1,2,\cdots,n$；$j=1,2,\cdots,n$）均是 K_p、K_i 和 λ 的函数。

FO[PI]控制器的自适应调节与 FOPI 控制器类似，主要的区别是式(4.68)中 $\dfrac{\partial i_q(k)}{\partial O_l^{(3)}(k)}$ 的计算方法，$\dfrac{\partial i_q(k)}{\partial O_l^{(3)}(k)}$ 可以通过式(4.91)进行计算：

$$\begin{cases}
\dfrac{\partial i_q(k)}{\partial O_1^{(3)}(k)} = \left[\sum\limits_{i=1}^{n-1} \dfrac{\partial b_i^*}{\partial K_p} i_q(k-n+i) + \sum\limits_{i=1}^{n} \dfrac{\partial a_i^*}{\partial K_p} e(k-n+i) \right] K_p^{\text{optimal}} \\[3mm]
\dfrac{\partial i_q(k)}{\partial O_2^{(3)}(k)} = \left[\sum\limits_{i=1}^{n-1} \dfrac{\partial b_i^*}{\partial K_i} i_q(k-n+i) + \sum\limits_{i=1}^{n} \dfrac{\partial a_i^*}{\partial K_i} e(k-n+i) \right] K_i^{\text{optimal}} \\[3mm]
\dfrac{\partial i_q(k)}{\partial O_3^{(3)}(k)} = \left[\sum\limits_{i=1}^{n-1} \dfrac{\partial b_i^*}{\partial \lambda} i_q(k-n+i) + \sum\limits_{i=1}^{n} \dfrac{\partial a_i^*}{\partial \lambda} e(k-n+i) \right] \lambda^{\text{optimal}}
\end{cases} \tag{4.91}$$

其中，b_i^*、a_i^* 偏微分的计算可以利用 MATLAB 中的 Symbolic 工具箱进行处理，可以提高运算速度。

接下来将对基于小波神经网络的分数阶自适应控制器的收敛性进行分析，主要是分析如何选择合适的更新速率 η 来保证神经网络的收敛性，将神经网络中所有的权系数以及扩散因子和平移因子整理成一个向量 $\boldsymbol{W}$。

定理 4.1　令 η 为神经网络系数的更新速率，$\alpha_{\max}$、$\beta_{\max}$ 分别定义为

$$\alpha_{\max} = \max_k \left\| \frac{\partial i_q^*(k)}{\partial \boldsymbol{W}} \right\| \tag{4.92}$$

$$\beta_{\max} = \max_k \left\| \frac{\partial \omega(k)}{\partial i_q^*(k)} \right\| \tag{4.93}$$

那么，小波神经网络能够收敛的条件是

$$0 < \eta < \frac{2}{\beta_{\max}^2 \alpha_{\max}^2} \tag{4.94}$$

证明　跟随误差可以表示为

$$e(k+1) = e(k) + \Delta e(k) = e(k) + \left(\frac{\partial e(k)}{\partial \boldsymbol{W}} \right)^{\mathrm{T}} \Delta \boldsymbol{W} \tag{4.95}$$

根据神经网络的更新规则(4.68)，可以看出

$$\Delta \boldsymbol{W} = -\eta \frac{\partial E(k)}{\partial \boldsymbol{W}} = -\eta \frac{\partial E(k)}{\partial \omega(k)} \frac{\partial \omega(k)}{\partial i_q(k)} \frac{\partial i_q(k)}{\partial \boldsymbol{W}} = \eta e(k) \frac{\partial \omega(k)}{\partial i_q(k)} \frac{\partial i_q(k)}{\partial \boldsymbol{W}} \tag{4.96}$$

通过式(4.95)和式(4.96)可以得到

$$e(k+1) - e(k) = \Delta e(k) = \left(\frac{\partial e(k)}{\partial \boldsymbol{W}} \right)^{\mathrm{T}} \eta e(k) \frac{\partial \omega(k)}{\partial i_q(k)} \frac{\partial i_q(k)}{\partial \boldsymbol{W}} \tag{4.97}$$

注意到

$$\begin{aligned}
\Delta E(k) &= E(k+1) - E(k) = \frac{1}{2}[e(k+1)^2 - e(k)^2] \\
&= \frac{1}{2}[e(k+1) - e(k)][e(k+1) + e(k)] \\
&= \Delta e(k)[e(k) + \Delta e(k)/2] \\
&= \left(\frac{\partial e(k)}{\partial \boldsymbol{W}} \right)^{\mathrm{T}} \eta e(k) \frac{\partial \omega(k)}{\partial i_q(k)} \frac{\partial i_q(k)}{\partial \boldsymbol{W}} \left[e(k) + \frac{1}{2} \left(\frac{\partial e(k)}{\partial \boldsymbol{W}} \right)^{\mathrm{T}} \eta e(k) \frac{\partial \omega(k)}{\partial i_q^*(k)} \frac{\partial i_q(k)}{\partial \boldsymbol{W}} \right]
\end{aligned} \tag{4.98}$$

同时

$$\frac{\partial e(k)}{\partial \boldsymbol{W}} = \frac{\partial(\omega^*(k) - \omega(k))}{\partial \boldsymbol{W}} = -\frac{\partial \omega(k)}{\partial i_q(k)} \frac{\partial i_q(k)}{\partial \boldsymbol{W}} \tag{4.99}$$

将式(4.99)代入式(4.98)，可以得到

$$\Delta E(k) = -\eta \left\| \frac{\partial i_q(k)}{\partial \boldsymbol{W}} \right\|^2 e^2(k) \left\| \frac{\partial \omega(k)}{\partial i_q(k)} \right\|^2 + \frac{1}{2}\eta^2 \left\| \frac{\partial \omega(k)}{\partial i_q(k)} \right\|^4 e^2(k) \left\| \frac{\partial i_q(k)}{\partial \boldsymbol{W}} \right\|^4$$

$$= -\frac{1}{2} \left\| \frac{\partial \omega(k)}{\partial i_q(k)} \right\|^2 e^2(k) \left\| \frac{\partial i_q(k)}{\partial \boldsymbol{W}} \right\|^2 \eta \left(2 - \left\| \frac{\partial \omega(k)}{\partial i_q(k)} \right\|^2 \left\| \frac{\partial i_q(k)}{\partial \boldsymbol{W}} \right\|^2 \eta \right) \tag{4.100}$$

由式(4.92)~式(4.94)可知

$$0 < \eta < \frac{2}{\beta_{\max}^2 \alpha_{\max}^2} \leqslant \frac{2}{\left\| \dfrac{\partial \omega(k)}{\partial i_q(k)} \right\|^2 \left\| \dfrac{\partial i_q(k)}{\partial \boldsymbol{W}} \right\|^2} \tag{4.101}$$

由式(4.100)和式(4.101)可知

$$\Delta E(k) < 0 \tag{4.102}$$

由此可知，神经网络的收敛性可以得到保证。证毕。

4.3.3　仿真结果分析

考虑文献[51]中的直线伺服系统，为了验证所提出算法的有效性，从以下三个方面进行验证。

(1)验证分数阶自适应控制器比固定参数的分数阶控制器有更好的性能。

这里将选择自适应 FOPI 控制器和固定参数 FOPI 控制器进行比较，固定参数 FOPI 控制器参数根据 4.1 节中所提出的 ESMDO 算法进行整定，参数为 $K_p = 2.9, K_i = 23.3, \lambda = 0.26$；自适应 FOPI 控制器的参数选择为 $\eta = 0.9$，权系数的初始值选择为 $[-1, 1]$ 的随机数，$K_p^{\text{optimal}} = 2.9, K_i^{\text{optimal}} = 23.3, \lambda^{\text{optimal}} = 0.26$，与固定参数 FOPI 控制器参数相同。参考输入指令为正弦信号，考虑以下两种情况。

① 伺服系统负载质量发生改变。

在 $0.8 \sim 1.2\text{s}$ 的时间内，将质量 $m = 165\text{kg}$ 的负载施加在直线电机上，其余时间内为空载，伺服系统模型可写为

$$\begin{cases} \omega(k) = 0.9960\,\omega(k-1) + 0.0309 i_q(k), & 0\text{s} \leqslant t < 0.8\text{s} \\ \omega(k) = 0.9987\,\omega(k-1) + 0.0103 i_q(k), & 0.8\text{s} \leqslant t < 1.2\text{s} \\ \omega(k) = 0.9960\,\omega(k-1) + 0.0309 i_q(k), & 1.2\text{s} \leqslant t \leqslant 2\text{s} \end{cases} \tag{4.103}$$

图 4.14 和图 4.15 展示了自适应 FOPI 控制器和固定参数 FOPI 控制器的动态响应和速度跟随误差。从图 4.15 可以看出，无论是加入负载之前还是加入负载之后，自适应 FOPI 控制器的控制性能始终要比固定参数 FOPI 控制器好，在加入负

载之后自适应 FOPI 控制器的最大跟随误差约为 0.025m/s，固定参数 FOPI 控制器的跟随误差约为 0.035m/s，性能提高了约 28.6%。

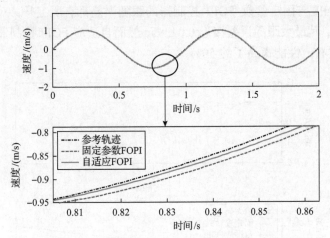

图 4.14　动态响应性能比较（负载质量发生变化）

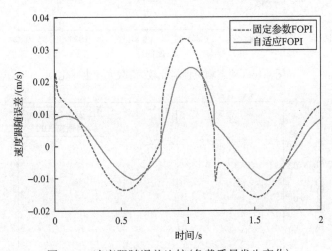

图 4.15　速度跟随误差比较（负载质量发生变化）

② 伺服系统负载力发生改变。

在 0.8～1.2s 时间内，将负载力 $F=1100\text{N}$ 施加在直线电机上，其余时间内为空载，伺服系统模型可写为

$$\begin{cases} \omega(k) = 0.9960\omega(k-1) + 0.0309i_q(k), & 0\text{s} \leqslant t < 0.8\text{s} \\ \omega(k) = 0.9960\omega(k-1) + 0.0309i_q(k) - 0.1, & 0.8\text{s} \leqslant t < 1.2\text{s} \\ \omega(k) = 0.9960\omega(k-1) + 0.0309i_q(k), & 1.2\text{s} \leqslant t \leqslant 2\text{s} \end{cases} \quad (4.104)$$

图 4.16 和图 4.17 展示了自适应 FOPI 控制器和固定参数 FOPI 控制器的动态

响应和速度跟随误差。从图 4.17 中可以看出，无论是加入负载力之前还是加入负载力之后，自适应 FOPI 的控制性能始终要比固定参数 FOPI 好，在加入负载力之后自适应 FOPI 与固定参数 FOPI 控制器的跟随误差都有所上升，对于固定参数 FOPI 控制器，其最大跟随误差接近 0.04m/s，然而自适应 FOPI 控制器的跟随误差在 0.02m/s 左右，性能提高了约 50%。

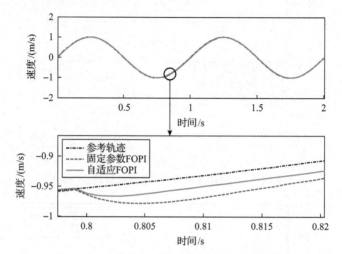

图 4.16　动态响应性能比较(负载力发生变化)

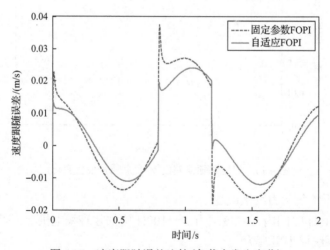

图 4.17　速度跟随误差比较(负载力发生变化)

以上两种情况都说明自适应 FOPI 控制器通过对自身参数的在线调整，可以适应伺服系统运行状态发生变化的情况，从而相比固定参数的 FOPI 控制器能够取得更好的控制性能。

(2)验证改进的自适应 FOPI 控制器比传统的自适应 FOPI 控制器有更好的

性能。

本章所提出的改进的自适应 FOPI 控制器中引入离线整定的控制器参数，即 $K_p^{\text{optimal}} = 2.9, K_i^{\text{optimal}} = 23.3, \lambda^{\text{optimal}} = 0.26$ ，见式 (4.65)，而传统的自适应 FOPI 控制器中可以认为 $K_p^{\text{optimal}} = K_i^{\text{optimal}} = \lambda^{\text{optimal}} = 1$ ，接下来将比较这两种自适应 FOPI 控制器。

图 4.18 和图 4.19 中展示了传统的自适应 FOPI 和改进的自适应 FOPI 控制器的速度跟随误差和控制参数自适应变化情况。可以看出，在这种情况下，传统

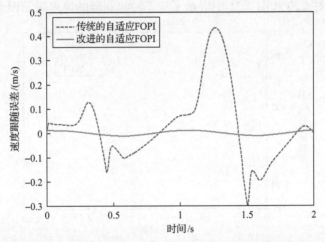

图 4.18　传统的自适应 FOPI 控制器与改进的自适应 FOPI 控制器的速度跟随误差比较

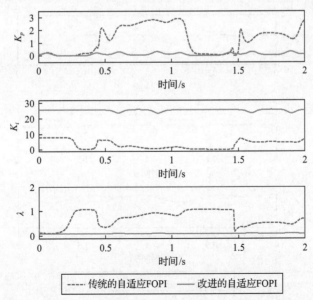

图 4.19　传统的自适应 FOPI 控制器与改进的自适应 FOPI 控制器控制参数变化情况

的自适应 FOPI 控制器还未完全适应环境，参数还没有得到合适的自调整，导致控制性能下降，传统的 FOPI 控制器可能需要较长的时间，才能自调整出合适的控制参数；而改进的自适应 FOPI 控制器由于引入离线整定出的最优参数，很快适应了环境，从而得到了较好的控制性能。这证明了改进的自适应神经网络整定算法的优越性。

（3）比较自适应的 IOPI 控制器、FOPI 控制器和 FO[PI]控制器性能。

对于自适应的 IOPI 和 FO[PI]控制，其控制参数 $K_p^{\text{optimal}} = 2.99$，$K_i^{\text{optimal}} = 43$，$\lambda^{\text{optimal}} = 1$。图 4.20 和图 4.21 中展示了这三种控制器的速度跟随误差和控制参数

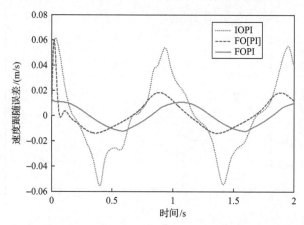

图 4.20　IOPI 控制器、FOPI 控制器和 FO[PI]控制器的速度跟随误差比较

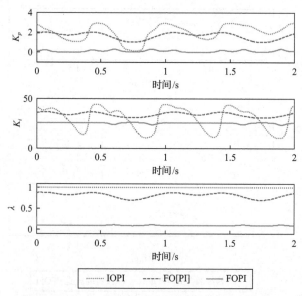

图 4.21　IOPI 控制器、FOPI 控制器和 FO[PI]控制器控制参数的变化情况

变化情况，可以看到 IOPI 控制器的跟随误差最大，约达到 0.06m/s，而 FOPI 和 FO[PI]控制器的跟随误差最终稳定在 0.02m/s，性能提升 66.7%左右，这证明了分数阶控制器的优越性；同时还可以发现，非线性分数阶 PI 控制器取得了与线性分数阶 PI 控制器相当的控制性能，这说明非线性 FOPID 控制器的优越性。

4.4　基于神经网络的分数阶自适应反步法

本节主要讨论基于神经网络的分数阶自适应反步法。

4.4.1　问题描述及基本定理

考虑如下形式的三阶分数阶系统：

$$\begin{cases} {}_0^C D_t^\alpha x_1 = l_1 x_2 + f_1(\cdot) + d_1 \\ {}_0^C D_t^\alpha x_2 = l_2 x_2 + u_1 + f_2(\cdot) + d_2 \\ {}_0^C D_t^\alpha x_3 = l_3 x_3 + u_2 + f_3(\cdot) + d_3 \end{cases} \tag{4.105}$$

其中，x_1、x_2、x_3 是可以测量的状态变量；l_1、l_2、l_3 是三个常量；$f_i(\cdot) \in \mathbf{R}(i=1, 2, 3)$ 是未知的光滑非线性函数；$u_1, u_2 \in \mathbf{R}$ 是控制输入量；$d_i \in \mathbf{R}(i=1, 2, 3)$ 是未知的外部扰动。

假设 4.1　外部扰动以及它的分数阶导数有界，即 $|D_t^{j\alpha} d| \leqslant L(j=0,1,2)$。

引理 4.1　如果 $x(t)$ 是一个光滑函数，则有

$$\frac{1}{2} {}_0^C D_t^\alpha (x(t))^2 \leqslant x(t) {}_0^C D_t^\alpha x(t) \tag{4.106}$$

引理 4.2　若 $x(t) \in (0, t_0)$ 且 $t_0 > 0$，则有

$$_0^C D_t^\alpha I_t^\alpha x(t) = x(t) \tag{4.107}$$

其中，I_t^α 表示分数阶积分。

引理 4.3　若存在两个常数 $b_0 \in (0,1)$ 和 $b_1 \in \left(\dfrac{\pi}{2}, \min\{\pi, b_0 \pi\} \right)$，则有

$$|E_{b_0, b_1}(Z)| \leqslant \frac{K}{1 + |Z|}, \quad b_1 \leqslant |\arg(Z)| \leqslant \pi \tag{4.108}$$

其中，$K > 0, |Z| \geqslant 0$。

引理 4.4　$V(t)$ 为关于时间的 α 阶导数：$[0,+\infty) \rightarrow \mathbf{R}$ 满足

$$
{}_0^C D_t^\alpha V(t) \leqslant -b_0 V(t) + b_1 \tag{4.109}
$$

其中，$\alpha \in (0,1)$，$b_0, b_1 > 0$，有

$$
V(t) \leqslant V(0) E_\alpha(-b_0 t^\alpha) + \frac{b_1 \overline{\chi}}{b_0} \tag{4.110}
$$

其中，$\overline{\chi} = \max\{1, K\}$。

引理 4.5　对任意一个正的常数 $\varpi > 0$，以及正数 Z，有以下不等式：

$$
0 < |Z| - \frac{Z^2}{\sqrt{Z^2 + \varpi^2}} < \varpi \tag{4.111}
$$

定义 4.1　径向基函数(radial basis function, RBF)神经网络是一种性能良好的前向神经网络，能够以任意精度逼近任何非线性连续函数，且具有全局逼近能力。例如，$f(\boldsymbol{x}) : \mathbf{R}^n \rightarrow \mathbf{R}$, $\hat{f}(\boldsymbol{x}) = \boldsymbol{\theta}^T \boldsymbol{\xi}(\boldsymbol{x})$，其中，$\boldsymbol{x} \in D \subset \mathbf{R}^n$ 是输入向量；$\boldsymbol{\theta} = (\theta_1, \theta_2, \cdots, \theta_l)^T$；$\boldsymbol{L}$ 是权重向量；$m > 1$ 是神经元编号；且 $\boldsymbol{\xi}(\boldsymbol{x}) = (\xi_1(\boldsymbol{x}), \xi_2(\boldsymbol{x}), \cdots \xi_l(\boldsymbol{x}))^T \in \mathbf{R}^l$ 是径向基向量，并且 $\xi_i(\boldsymbol{x})$ 一般选用以下形式的高斯函数：

$$
\xi_i(\boldsymbol{x}) = e^{-\frac{(\boldsymbol{x} - \mu_i)^T (\boldsymbol{x} - \mu_i)}{2\sigma_i^2}}, \quad i = 1, 2, \cdots, m \tag{4.112}
$$

其中，μ_i 是高斯函数中心；σ_i 是高斯函数的宽度。

一个非线性函数 $f(x)$ 可以被 RBF 神经网络近似逼近，即

$$
f(x) = \boldsymbol{\theta}^{*T} \boldsymbol{\xi}(\boldsymbol{x}) + \varepsilon \tag{4.113}
$$

其中，$\boldsymbol{\theta}^*$ 是最优参数向量，其定义如下：

$$
\boldsymbol{\theta}^* = \arg\min\{\sup | f(x) - \boldsymbol{\theta}^T \boldsymbol{\xi}(\boldsymbol{x}) |\} \tag{4.114}
$$

ε 表示逼近误差。

需要强调的是，只有当 $\boldsymbol{x} \in \Omega$（$\Omega$ 是一个紧集）时，上述理论才能逼近函数 $f(\boldsymbol{x})$。因此，我们将在仿真部分通过调整相关参数来保证满足条件的紧集存在，从而使得神经网络能够逼近非线性项 $f(\boldsymbol{x})$。

4.4.2　分数阶扰动观测器设计

基于 RBF 神经网络的逼近原理，选择一种简单的形式来描述系统(4.105)：

$$\,^C_0\mathrm{D}^\alpha_t x = Ax + u + f + d \tag{4.115}$$

其中，$d = [d_1, d_2, d_3]^\mathrm{T}$；$f = [f_1(\cdot), f_2(\cdot), f_3(\cdot)]^\mathrm{T}$；$u = [0, u_1, u_2]^\mathrm{T}$；且有

$$A = \begin{bmatrix} 0 & l_1 & 0 \\ 0 & l_2 & 0 \\ 0 & 0 & l_3 \end{bmatrix} \tag{4.116}$$

为了减少扰动对系统的影响，采用分数阶滑模扰动观测器，它可以估计任何影响系统的动态干扰，其设计结构为如下形式：

$$\begin{aligned} \kappa &= x + z \\ \,^C_0\mathrm{D}^\alpha_t z &= -Ax - f - u - \hat{d} \\ \hat{d} &= 2r\kappa + r^2\mathrm{I}^\alpha_t \kappa \end{aligned} \tag{4.117}$$

其中，$r > 0$ 是常数；$\hat{d}$ 是扰动观测器的输出；z 是扰动观测器的辅助向量。

由式 (4.117) 可得

$$\begin{aligned} \,^C_0\mathrm{D}^\alpha_t \kappa &= \,^C_0\mathrm{D}^\alpha_t x - \,^C_0\mathrm{D}^\alpha_t z \\ &= d - \hat{d} \end{aligned} \tag{4.118}$$

定义扰动观测器的误差为 $\tilde{d} = d - \hat{d}$，于是有

$$\,^C_0\mathrm{D}^\alpha_t \tilde{d} = \,^C_0\mathrm{D}^\alpha_t d - 2r\tilde{d} - r^2\kappa \tag{4.119}$$

因此，对其求导，有

$$\,^C_0\mathrm{D}^{2\alpha}_t \tilde{d} = \,^C_0\mathrm{D}^{2\alpha}_t d - 2r \,^C_0\mathrm{D}^\alpha_t \tilde{d} \tag{4.120}$$

选择如下 Lyapunov 函数：

$$V_d = \frac{1}{2}\tilde{d}^\mathrm{T}\tilde{d} + \frac{1}{2}(\,^C_0\mathrm{D}^\alpha_t \tilde{d})^\mathrm{T}(\,^C_0\mathrm{D}^\alpha_t \tilde{d}) \tag{4.121}$$

将其对时间求 α 阶导数为

$$\,^C_0\mathrm{D}^\alpha_t V_d \leqslant -4rV_d + 2L^2 \tag{4.122}$$

由式 (4.110)，可得扰动观测器的估计误差 $\tilde{d}$ 是有界的。

在实际系统中，外部干扰包括低频干扰和高频干扰。低频扰动和常扰动对系统的影响比较大，因此设计干扰观测器来观测低频扰动，即存在假设 4.1。

4.4.3　自适应反步滑模控制器设计

设 x_{1d} 是已知的平滑参考信号。我们的目标是构造适当的控制器 u_1、u_2，使得跟踪误差最终收敛到零的任意小邻域。使用反步法设计控制器，可以通过以下三个步骤递归完成这一过程[52]。

步骤 1　定义第一个跟踪误差为

$$e_1 = x_1 - x_{1d} \tag{4.123}$$

对其求导：

$$
\begin{aligned}
{}_0^C D_t^\alpha e_1 &= {}_0^C D_t^\alpha x_1 - {}_0^C D_t^\alpha x_{1d} \\
&= l_1 x_2 + \boldsymbol{\theta}_1^{*T} \boldsymbol{\xi}_1 + \varepsilon_1 + d_1 - {}_0^C D_t^\alpha x_{1d}
\end{aligned} \tag{4.124}
$$

由于 $\boldsymbol{\theta}_1^*$ 满足 $\tilde{\boldsymbol{\theta}}_1 = \boldsymbol{\theta}_1^* - \hat{\boldsymbol{\theta}}_1$，其 α 阶导数满足 ${}_0^C D_t^\alpha \tilde{\boldsymbol{\theta}}_1 = -{}_0^C D_t^\alpha \hat{\boldsymbol{\theta}}_1$。选择如下 Lyapunov 函数：

$$V_1 = \frac{1}{2} e_1^2 + \frac{1}{2\lambda_1} \tilde{\boldsymbol{\theta}}_1^T \tilde{\boldsymbol{\theta}}_1 + \frac{1}{2\gamma_1} \tilde{d}_1^2 + \frac{1}{2\eta_1} \tilde{\varepsilon}_1^2 \tag{4.125}$$

其中，$\lambda_1, \gamma_1, \eta_1 > 0$；$\hat{\varepsilon}_1$ 为神经网络的逼近误差 ε_1 的估计值，且满足 $\tilde{\varepsilon}_1 = \varepsilon_1 - \hat{\varepsilon}_1$。

结合引理 4.1，V_1 的 α 阶导数为

$$
\begin{aligned}
{}_0^C D_t^\alpha V_1 &\leqslant e_1 (l_1 x_2 + \boldsymbol{\theta}_1^{*T} \boldsymbol{\xi}_1 + \varepsilon_1 + d_1 - {}_0^C D_t^\alpha x_{1d}) - \frac{1}{\gamma_1} {}_0^C D_t^\alpha \hat{d}_1 \\
&\quad - \frac{1}{\lambda_1} \tilde{\boldsymbol{\theta}}_1^T {}_0^C D_t^\alpha \hat{\boldsymbol{\theta}}_1 - \frac{1}{\eta_1} \tilde{\varepsilon}_1 {}_0^C D_t^\alpha \hat{\varepsilon}_1
\end{aligned} \tag{4.126}
$$

其中，$c_1 > 0$。

设计如下虚拟控制律：

$$x_{2d} = \frac{1}{l_1} \left({}_0^C D_t^\alpha x_{1d} - \hat{\boldsymbol{\theta}}_1^T \boldsymbol{\xi}_1 - c_1 e_1 - \hat{d}_1 - \hat{\varepsilon}_1 \frac{e_1}{\sqrt{e_1^2 + \varpi^2}} \right) \tag{4.127}$$

由引理 4.4，将式(4.127)代入式(4.126)，可以得到

$$
{}_0^C D_t^\alpha V_1 \leqslant -c_1 e_1^2 + l_1 e_1(x_2 - x_{2d} + \tilde{d}_1) + e_1 \varepsilon_1 + e_1 \tilde{\theta}_1^T \xi_1 - \hat{\varepsilon}_1 \frac{e_1}{\sqrt{e_1^2 + \varpi^2}}
$$

$$
- \frac{1}{\lambda_1} \tilde{\theta}_1^{*T} {}_0^C D_t^\alpha \hat{\theta}_1 - \frac{1}{\gamma_1} \tilde{d}_1 {}_0^C D_t^\alpha \hat{d}_1 - \frac{1}{\eta_1} \tilde{\varepsilon}_1 {}_0^C D_t^\alpha \hat{\varepsilon}_1
$$

$$
\leqslant -c_1 e_1^2 + l_1 e_1(x_2 - x_{2d} + \tilde{d}_1) + \varepsilon_1 \varpi + e_1 \tilde{\theta}_1^T \xi_1 + \tilde{\varepsilon}_1 \frac{e_1}{\sqrt{e_1^2 + \varpi^2}}
$$

$$
- \frac{1}{\lambda_1} \tilde{\theta}_1^{*T} {}_0^C D_t^\alpha \hat{\theta}_1 - \frac{1}{\gamma_1} \tilde{d}_1 {}_0^C D_t^\alpha \hat{d}_1 - \frac{1}{\eta_1} \tilde{\varepsilon}_1 {}_0^C D_t^\alpha \hat{\varepsilon}_1 \tag{4.128}
$$

$$
= -c_1 e_1^2 + l_1 e_1(x_2 - x_{2d}) + \varepsilon_1 \varpi - \frac{1}{\lambda_1} \tilde{\theta}_1^T ({}_0^C D_t^\alpha \hat{\theta}_1 - \lambda_1 e_1 \xi_1)
$$

$$
- \frac{1}{\gamma_1} \tilde{d}_1 ({}_0^C D_t^\alpha \hat{d}_1 - l_1 \gamma_1 e_1) - \frac{1}{\eta_1} \tilde{\varepsilon}_1 \left({}_0^C D_t^\alpha \hat{\varepsilon}_1 - \frac{\eta_1 e_1^2}{\sqrt{e_1^2 + \varpi^2}} \right)
$$

设计如下自适应律：

$$
{}_0^C D_t^\alpha \hat{\theta}_1 = \lambda_1 e_1 \xi_1 - \rho_1 \hat{\theta}_1
$$

$$
{}_0^C D_t^\alpha \hat{d}_1 = l_1 \gamma_1 e_1 - \nu_1 \hat{d}_1 \tag{4.129}
$$

$$
{}_0^C D_t^\alpha \hat{\varepsilon}_1 = \frac{\eta_1 e_1^2}{\sqrt{e_1^2 + \varpi^2}} - \zeta_1 \hat{\varepsilon}_1
$$

其中，$\rho_1 > 0$，$\nu_1 > 0$，$\zeta_1 > 0$。于是，有

$$
{}_0^C D_t^\alpha V_1 \leqslant -c_1 e_1^2 + l_1 e_1(x_2 - x_{2d}) + \varepsilon_1 \varpi + \frac{\rho_1}{\lambda_1} \tilde{\theta}_1^T \hat{\theta}_1 + \frac{\nu_1}{\gamma_1} \tilde{d}_1 \hat{d}_1 + \frac{\zeta_1}{\eta_1} \tilde{\varepsilon}_1 \hat{\varepsilon}_1 \tag{4.130}
$$

为了避免虚拟控制律直接求导出现的"复杂性爆炸"的情况，不直接使用 $x_2 - x_{2d}$ 作为第二个误差，而是让虚拟控制律 x_{2d} 通过分数阶低通滤波器来获得新的变量 τ_1，其表达式如下：

$$
\varsigma_1 {}_0^C D_t^\alpha \tau_1 = -\vartheta_1 - \frac{\varsigma_1 \hat{M}_1 \vartheta_1^2}{\sqrt{\vartheta_1^2 + \varpi^2}} - l_1 e_1 \varsigma_1, \quad \tau_1(0) = x_{2d}(0) \tag{4.131}
$$

其中，ς_1 是一个常数，且 $\vartheta_1 = \tau_1 - x_{2d}$；$\hat{M}_1$ 是 M_1 的估计值，满足 $\tilde{M}_1 = M_1 - \hat{M}_1$。

步骤 2 定义第二个跟踪误差为

$$
e_2 = x_2 - \tau_1 \tag{4.132}
$$

定义一个分数阶滑模面：

$$S_1 = e_2 + \kappa_1 I_t^\alpha \,|e_1|^{\beta_1} \, \mathrm{sgn}(e_1) - g_1(t) \tag{4.133}$$

其中，$\kappa_1 > 0, \beta_1 > 0$，且 $g_1(t)$ 是一个保证全局滑模的光滑函数，此函数满足下述三个条件：① $g_1(0) = e_2(0) + \kappa_1 I_t^\alpha \,|e_1(0)|^{\beta_1}\, \mathrm{sgn}(e_1(0))$；② $t \to 0$，$g_1(t) \to 0$；③ $_0^C D_t^\alpha g_1(t)$ 有界。

鉴于上述条件的考虑，选取如下满足条件的函数：

$$g_1(t) = g_1(0) \pi^{-\bar{\sigma}_1 t} \tag{4.134}$$

此处，$\bar{\sigma}_1 > 0$ 且 $\bar{\sigma}_1$ 足够小。

全局滑模是为了省去滑模控制的"趋近"过程，从而保证系统状态从一开始就处在滑模面上。选取如下 Lyapunov 函数：

$$V_2 = \frac{1}{2} S_1^2 + \frac{1}{2\lambda_2} \tilde{\boldsymbol{\theta}}_2^T \tilde{\boldsymbol{\theta}}_2 + \frac{1}{2\gamma_2} \tilde{d}_2^2 + \frac{1}{2\eta_2} \tilde{\varepsilon}_2^2 \tag{4.135}$$

其中，$\lambda_2 > 0$，$\gamma_2 > 0$，$\eta_2 > 0$。其 α 阶导数为

$$
\begin{aligned}
{}_0^C D_t^\alpha V_2 &\leqslant S_1 \, {}_0^C D_t^\alpha S_1 - \frac{1}{\lambda_2} \tilde{\boldsymbol{\theta}}_2^T \, {}_0^C D_t^\alpha \hat{\boldsymbol{\theta}}_2 - \frac{1}{\gamma_2} \tilde{d}_2 \, {}_0^C D_t^\alpha \hat{d}_2 - \frac{1}{\eta_2} \tilde{\varepsilon}_2 \, {}_0^C D_t^\alpha \hat{\varepsilon}_2 \\
&\leqslant S_1 \Bigg[l_2 x_2 + u_1 + \boldsymbol{\theta}_2^{*T} \boldsymbol{\xi}_2 + \varepsilon_2 + d_2 + \frac{\hat{M}_1 \vartheta_1^2}{\sqrt{\vartheta_1^2 + \varpi^2}} + \frac{\vartheta_1}{\varsigma_1} + \kappa_1 \,|e_1|^{\beta_1} \\
&\quad + l_1 e_1 - {}_0^C D_t^\alpha g_1(t) \Bigg] - \frac{1}{\lambda_2} \tilde{\boldsymbol{\theta}}_2^T \, {}_0^C D_t^\alpha \hat{\boldsymbol{\theta}}_2 - \frac{1}{\gamma_2} \tilde{d}_2 \, {}_0^C D_t^\alpha \hat{d}_2 - \frac{1}{\eta_2} \tilde{\varepsilon}_2 \, {}_0^C D_t^\alpha \hat{\varepsilon}_2
\end{aligned} \tag{4.136}
$$

设计如下控制律和自适应律：

$$
\begin{aligned}
u_1 &= l_2 x_2 - \hat{\boldsymbol{\theta}}_2^T \boldsymbol{\xi}_2 - c_2 S_1 - \hat{d}_2 - \frac{\vartheta_1}{\varsigma_1} - \frac{\hat{M}_1 \vartheta_1^2}{\sqrt{\vartheta_1^2 + \varpi^2}} - \kappa_1 \,|e_1|^{\beta_1} + {}_0^C D_t^\alpha g_1(t) \\
&\quad - l_1 e_1 - \hat{\varepsilon}_2 \frac{S_1}{\sqrt{S_1^2 + \varpi^2}}
\end{aligned} \tag{4.137}
$$

$$
\begin{aligned}
{}_0^C D_t^\alpha \hat{\boldsymbol{\theta}}_2 &= \lambda_2 S_1 \boldsymbol{\xi}_2 - \rho_2 \hat{\boldsymbol{\theta}}_2 \\
{}_0^C D_t^\alpha \hat{d}_2 &= \gamma_2 S_1 - \nu_2 \hat{d}_2 \\
{}_0^C D_t^\alpha \hat{\varepsilon}_2 &= \eta_2 \frac{S_1^2}{\sqrt{S_1^2 + \varpi^2}} - \zeta_2 \hat{\varepsilon}_2
\end{aligned} \tag{4.138}
$$

其中，$\rho_2 > 0$，$\nu_2 > 0$，$\zeta_2 > 0$，$c_2 > 0$。于是，有

$$
{}_0^C D_t^\alpha V_2 \leqslant -c_2 S_1^2 + \varepsilon_2 \varpi + \frac{\rho_2}{\lambda_2} \tilde{\theta}_2^T \hat{\theta}_2 + \frac{\nu_2}{\gamma_2} \tilde{d}_2 \hat{d}_2 + \frac{\zeta_2}{\eta_2} \tilde{\varepsilon}_2 \hat{\varepsilon}_2 \tag{4.139}
$$

由等式 $\vartheta_1 = \tau_1 - x_{2d}$ 以及式 (4.131) 有

$$
\begin{aligned}
{}_0^C D_t^\alpha \vartheta_1 &= {}_0^C D_t^\alpha \tau_1 - {}_0^C D_t^\alpha x_{2d} \\
&= -\frac{\vartheta_1}{\varsigma_1} - \frac{\hat{M}_1 \vartheta_1^2}{\sqrt{\vartheta_1^2 + \varpi^2}} - a e_1 - B(\cdot)
\end{aligned} \tag{4.140}
$$

其中，$B(\cdot)$ 是一个包含多变量的连续函数。

我们知道，对于任何初始条件，都存在一个正常数 q，使得 $V(0) \leqslant q$。所以在紧集 $\Theta : V(t) \leqslant q$ 上可能存在一个正常数 M_1，使得 $|B(\cdot)| < M_1$。因此，对于第一个子系统，选取 Lyapunov 函数

$$
V_3 = V_1 + V_2 + \frac{1}{2} \vartheta_1^2 + \frac{1}{2\iota} \tilde{M}_1^2 \tag{4.141}
$$

于是，有

$$
\begin{aligned}
{}_0^C D_t^\alpha V_3 &\leqslant {}_0^C D_t^\alpha V_1 + {}_0^C D_t^\alpha V_2 + \vartheta \left(-\frac{\vartheta_1}{\varsigma_1} - \frac{\hat{M}_1 \vartheta_1}{\sqrt{\vartheta_1^2 + \varpi^2}} - l_1 e_1 + B(\cdot) \right) - \frac{1}{\iota} \tilde{M}_1 {}_0^C D_t^\alpha \hat{M}_1 \\
&\leqslant {}_0^C D_t^\alpha V_1 + {}_0^C D_t^\alpha V_2 - \frac{1}{\varsigma_1} \vartheta_1^2 + M_1 \varpi - \frac{1}{\iota} \tilde{M}_1 \left({}_0^C D_t^\alpha \hat{M}_1 - \frac{\vartheta_1^2}{\sqrt{\vartheta_1^2 + \varpi^2}} \right) - a e_1 \vartheta_1
\end{aligned} \tag{4.142}
$$

设计自适应律为

$$
{}_0^C D_t^\alpha \hat{M}_1 = \frac{\iota \vartheta_1^2}{\sqrt{\vartheta_1^2 + \varpi^2}} - \rho \hat{M}_1, \quad \rho > 0, \iota > 0 \tag{4.143}
$$

将式 (4.143) 代入式 (4.142)，有

$$
\begin{aligned}
{}_0^C D_t^\alpha V_3 &\leqslant -c_1 e_1 - c_2 S_1 - \frac{1}{\varsigma_1} \vartheta_1^2 + (\varepsilon_1 + \varepsilon_2 + M_1) \varpi \\
&\quad - \sum_{i=1}^{2} \left(\frac{\rho_i}{2\lambda_i} \tilde{\theta}_i^T \tilde{\theta}_i + \frac{\nu_i}{2\gamma_i} \tilde{d}_i^2 + \frac{\zeta_i}{2\eta_i} \tilde{\varepsilon}_i^2 \right) + l_1 e_1 e_2 \\
&\quad + \sum_{i=1}^{2} \left(\frac{\rho_i}{2\lambda_i} \hat{\theta}_i^T \hat{\theta}_i + \frac{\nu_i}{2\gamma_i} \hat{d}_i^2 + \frac{\zeta_i}{2\eta_i} \hat{\varepsilon}_i^2 \right) - \frac{\rho}{\iota} \tilde{M}_1^2 + \frac{\rho}{\iota} M_1^2 \\
&\leqslant -k_1 V_3 + h_1
\end{aligned} \tag{4.144}
$$

其中，k_1、h_1 为两个正常数，有

$$k_1 = \min\{2c_1, 2c_2, \rho_1, \rho_2, v_1, v_2, \zeta_1, \zeta_2, \rho, 1\}$$

$$h_1 = \sum_{i=1}^{2}\left(\frac{\rho_i}{2\lambda_i}\boldsymbol{\theta}_i^{*\mathrm{T}}\boldsymbol{\theta}_i^{*} + \frac{v_i}{2\gamma_i}\hat{d}_i^2 + \frac{\zeta_1}{2\eta_i}\hat{\varepsilon}_i^2\right) + (\varepsilon_1 + \varepsilon_2 + M_1)\varpi + l_1e_1e_2 + \frac{\rho}{l}M_1^2$$

步骤3　定义第三个跟踪误差为

$$e_3 = x_3 \tag{4.145}$$

定义一个如下的分数阶滑模面：

$$S_2 = e_3 + \kappa_2\mathrm{I}_t^{\alpha}\mid e_3\mid^{\beta_2}\mathrm{sgn}(e_3) - g_2(t) \tag{4.146}$$

其中，$g_2(t) = [e_3(0) + \kappa_2\mathrm{I}_t^{\alpha}\mid e_3(0)\mid^{\beta_2}\mathrm{sgn}(e_3(0))]\pi^{-\bar{\sigma}_2t}$，$\bar{\sigma}_2 > 0$ 且 $\bar{\sigma}_2$ 足够小。

选择 Lyapunov 函数为

$$V_4 = \frac{1}{2}S_2^2 + \frac{1}{2\lambda_3}\tilde{\boldsymbol{\theta}}_3^{\mathrm{T}}\tilde{\boldsymbol{\theta}}_3 + \frac{1}{2\gamma_3}\tilde{d}_3^2 + \frac{1}{2\eta_3}\tilde{\varepsilon}_3^2 \tag{4.147}$$

其 α 阶导数为

$$
\begin{aligned}
{}_0^C\mathrm{D}_t^{\alpha}V_4 &\leqslant S_2[l_3x_3 + u_2 + \boldsymbol{\theta}_3^{*\mathrm{T}}\boldsymbol{\xi}_3 + \varepsilon_3 + \kappa_2\mid e_3\mid^{\beta_2} - {}_0^C\mathrm{D}_t^{\alpha}g_2(t) + d_3] \\
&\quad - \frac{1}{\lambda_3}\tilde{\boldsymbol{\theta}}_3^{\mathrm{T}}{}_0^C\mathrm{D}_t^{\alpha}\hat{\boldsymbol{\theta}}_3 - \frac{1}{\gamma_3}\tilde{d}_3\,{}_0^C\mathrm{D}_t^{\alpha}\hat{d}_3 - \frac{1}{\eta_3}\tilde{\varepsilon}_3\,{}_0^C\mathrm{D}_t^{\alpha}\hat{\varepsilon}_3
\end{aligned}
\tag{4.148}
$$

设计如下控制律：

$$u_2 = l_3x_3 - c_3S_2 - \hat{\boldsymbol{\theta}}_3^{\mathrm{T}}\boldsymbol{\xi}_3 - \hat{d}_3 - \hat{\varepsilon}_3\frac{S_2}{\sqrt{S_2^2 + \varpi^2}} - \kappa_2\mid e_3\mid^{\beta_2} + {}_0^C\mathrm{D}_t^{\alpha}g_2(t) \tag{4.149}$$

于是，有

$$
{}_0^C\mathrm{D}_t^{\alpha}V_3 \leqslant -c_3S_2^2 + \varepsilon_3\varpi + \frac{\rho_3}{\lambda_3}\tilde{\boldsymbol{\theta}}_3^{\mathrm{T}}\hat{\boldsymbol{\theta}}_3 + \frac{v_3}{\gamma_3}\tilde{d}_3\hat{d}_3 + \frac{\zeta_3}{\eta_3}\tilde{\varepsilon}_3\hat{\varepsilon}_3 \tag{4.150}
$$

其中，$\rho_3 > 0$，$v_3 > 0$，$\zeta_3 > 0$，$c_3 > 0$。

对整个系统而言，选取如下 Lyapunov 函数：

$$V = V_3 + V_4 \tag{4.151}$$

此时，有

$$
{}_0^C D_t^\alpha V \leqslant -c_1 e_1 - c_2 S_1^2 - c_3 S_2^2 - \frac{1}{\varsigma_1} \vartheta_1^2 + (\varepsilon_1 + \varepsilon_2 + \varepsilon_3 + M_1)\varpi
$$

$$
- \sum_{i=1}^{3} \left(\frac{\rho_i}{2\lambda_i} \tilde{\boldsymbol{\theta}}_i^{\mathrm{T}} \tilde{\boldsymbol{\theta}}_i + \frac{v_i}{2\gamma_i} \tilde{d}_i^2 + \frac{\zeta_i}{2\eta_i} \tilde{\varepsilon}_i^2 \right) + l_1 e_1 e_2
$$

$$
+ \sum_{i=1}^{3} \left(\frac{\rho_i}{2\lambda_i} \hat{\boldsymbol{\theta}}_i^{\mathrm{T}} \hat{\boldsymbol{\theta}}_i + \frac{v_i}{2\gamma_i} \hat{d}_i^2 + \frac{\zeta_i}{2\eta_i} \hat{\varepsilon}_i^2 \right) - \frac{\rho}{\iota} \tilde{M}_1^2 + \frac{\rho}{\iota} M_1^2
$$

$$
\leqslant -k_2 V + h_2
$$

（4.152）

其中，k_2、h_2 为两个正常数，有

$$
k_2 = \min\{2c_1, 2c_2, 2c_3, \rho_1, \rho_2, \rho_3, v_1, v_2, v_3, \zeta_1, \zeta_2, \zeta_3, \rho, 1\}
$$

$$
h_2 = \sum_{i=1}^{3} \left(\frac{\rho_i}{2\lambda_i} \boldsymbol{\theta}_i^{*\mathrm{T}} \boldsymbol{\theta}_i^* + \frac{v_i}{2\gamma_i} \hat{d}_i^2 + \frac{\zeta_1}{2\eta_i} \hat{\varepsilon}_i^2 \right) + (\varepsilon_1 + \varepsilon_2 + \varepsilon_3 + M_1)\varpi + l_1 e_1 e_2 + \frac{\rho}{\iota} M_1^2
$$

4.4.4　仿真结果分析

本节将上述控制方法应用于永磁同步电机系统中，其分数阶模型描述如下：

$$
\begin{cases}
{}_0^C D_t^\alpha \omega = \dfrac{1}{J}[n_p(L_d - L_q)i_d i_q + n_p \phi i_q - \zeta \omega - T_L] \\[2mm]
{}_0^C D_t^\alpha i_q = \dfrac{1}{L_q}(-R i_q - L_d \omega i_d - \phi \omega + u_q) \\[2mm]
{}_0^C D_t^\alpha i_d = \dfrac{1}{L_d}(-R i_d + L_q \omega i_q + u_d)
\end{cases}
$$

（4.153）

其中，ω、i_q、i_d 分别是角速度、q 轴电流、d 轴电流；u_d 和 u_q 分别是 d 轴和 q 轴的电动势；n_p 是极对数；J 是转动惯量；ϕ 是设计磁通；ζ 是阻尼系数；R 是状态电阻；T_L 是负载转矩；L_d、L_q 为 d 轴和 q 轴的电感。

为了分析简便，先进行如下变换：$\boldsymbol{x} = \boldsymbol{\kappa} \tilde{\boldsymbol{x}}$ 和 $t = \sigma \tilde{t}$，其中 $\boldsymbol{x} = (\omega, i_q, i_d)^{\mathrm{T}}$，$\tilde{\boldsymbol{x}} = (\tilde{\omega}, \tilde{i}_q, \tilde{i}_d)^{\mathrm{T}}$，$\boldsymbol{\kappa} = \left(\dfrac{1}{\sigma}, \tilde{b}\bar{h}, \bar{h} \right)$；$\tilde{b} = \dfrac{L_q}{L_d}$，$\bar{h} = \dfrac{\zeta}{n_p \sigma \phi}$ 且 $\sigma = \dfrac{L_q}{R}$。因此，可得到

$$
\begin{cases}
{}_0^C D_{\tilde{t}}^\alpha \tilde{\omega} = a(\tilde{i}_q - \tilde{\omega}) + b\tilde{i}_d \tilde{i}_q - \tilde{T}_L \\[2mm]
{}_0^C D_{\tilde{t}}^\alpha \tilde{i}_q = -\tilde{i}_q - \tilde{\omega}\tilde{i}_d + c\tilde{\omega} + \tilde{u}_q \\[2mm]
{}_0^C D_{\tilde{t}}^\alpha \tilde{i}_d = -\tilde{i}_d + \tilde{\omega}\tilde{i}_q + \tilde{u}_d
\end{cases}
$$

（4.154）

其中，$a = \dfrac{\zeta\sigma}{J}$，$b = \dfrac{n_p \tilde{b} \sigma^2 \bar{h}^2 (L_d - L_q)}{J}$，$c = -\dfrac{\phi}{h L_q}$，$\tilde{u}_q = \dfrac{1}{R\bar{h}} u_q$，$\tilde{u}_d = \dfrac{1}{R\bar{h}} u_d$，$\tilde{T}_L = \dfrac{\sigma^2}{J} T_L$。

选择系统参数为 $a = 4.5$，$b = 1$，$c = 1$，$\alpha = 0.85$；外部扰动分别为 $d_1 = \sin t$，$d_2 = 1.5\sin t$，$d_3 = 1.5\sin t$，初始状态为 $(\tilde{\omega}(0), \tilde{i}_q(0), \tilde{i}_d(0))^{\mathrm{T}} = (1, 0, 1)^{\mathrm{T}}$。参考信号分别为 $y_r = x_{1d} = \sin t$，$x_{3d} = 0$。

图 4.22 显示了系统的各个状态量以及参考信号的曲线，可以看出系统具有较好的跟踪性能。

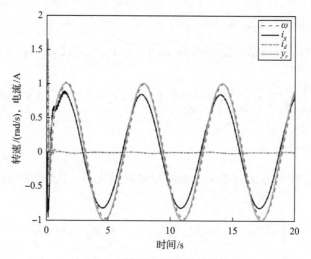

图 4.22　系统状态及参考信号曲线

图 4.23 显示了系统的控制输入曲线。

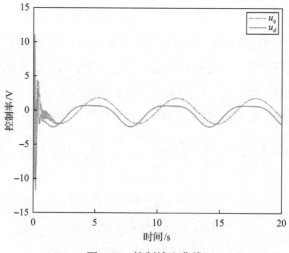

图 4.23　控制输入曲线

4.5　实　验　验　证

4.5.1　数值化整定方法

本节将验证 4.2 节中所提出的基于 ESMDO 算法的 FOPID 控制器整定方法,分为两个部分,即验证 ESMDO 算法的有效性和分数阶控制器参数整定方法的有效性。

1. ESMDO 算法与传统的 SMDO 算法对比

考虑直线伺服系统,模型参数见表 2.6 中空载时的参数,传统 SMDO 算法与 ESMDO 算法中 $\boldsymbol{\beta}=[0.1,1,0.1]$,ESMDO 算法中的加速因子 $\alpha=1.4$,对非线性优化问题 (4.20) 参数设置为:$\eta=0.01, \mathrm{GM}=3, \mathrm{PM}=60°, \gamma_p=1.13$。先考虑 FOPI 控制器,参数初始值为 $\boldsymbol{x}^1=(K_p, K_i, \lambda)=(2,10,1)$。图 4.24 和图 4.25 分别是利用 ESMDO 算法和传统的 SMDO 算法对非线性优化问题 (4.20) 进行寻优的过程。从图 4.24 中可以看出,传统 SMDO 算法和 ESMDO 算法都通过有限的迭代次数使目标函数收敛到终值,然而,利用 ESMDO 算法得到的终值明显小于传统 SMDO 算法,由此说明传统 SMDO 算法在这种情况下陷入局部最优,得到的控制参数无法使伺服系统性能达到最优,从而证明了 ESMDO 算法的优越性。

由于 SMDO 算法的随机性,需要通过多次实验来讨论其随机优化性能,通过对优化问题 (4.20) 进行 10 次求解,并记录每次求解过程中传统 SMDO 算法和 ESMDO 算法所需的迭代次数,如图 4.26 所示。从图中可以看出,ESMDO 算法每次实验所需的迭代次数都比传统 SMDO 算法少,传统 SMDO 算法平均需 75.7 次迭代,而 ESMDO 算法则需要 46.4 次,效率平均约提高 38.7%,可以证明 ESMDO

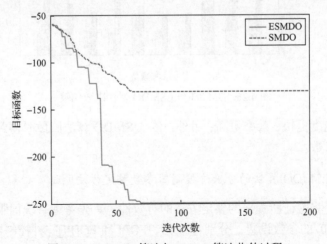

图 4.24　ESMDO 算法与 SMDO 算法收敛过程

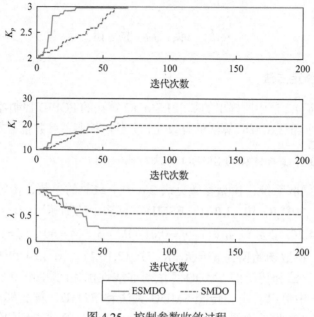

图 4.25　控制参数收敛过程

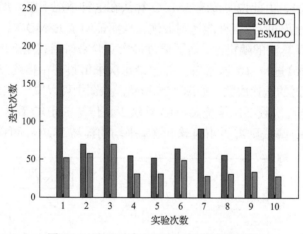

图 4.26　SMDO 与 ESMDO 迭代次数比较

算法的收敛速度更快、效率更高；另外，传统 SMDO 算法收敛时得到的还可能不是最优控制参数。

2. 基于 ESMDO 算法的分数阶控制器参数整定方法验证

接下来，将验证所提出的整定方法的有效性。首先考虑直线伺服系统，利用优化问题 (4.20) 的参数设置，分别对 IOPI、FOPI 和 FO[PI] 三种控制器进行整定，整定参数见表 4.2，其中出厂值 IOPI 控制器是伺服驱动器出厂时的默认设置，未经过任何调整。同时，由于 FO[PI]控制器的参数与整定后 IOPI 控制器参数几乎一样，后续将只考虑出厂值 IOPI、整定后 IOPI 和整定后 FOPI 三种控制器的性能。

表 4.2　直线伺服系统三种控制器参数

三类控制器对比	K_p	K_i	λ
出厂值 IOPI	3.000	8.000	1.000
整定后 IOPI	2.997	43.07	1.000
整定后 FOPI	2.914	23.31	0.2627

首先，让直线伺服系统运行在空载状况。参考输入指令选择为梯形信号，加速度为 5m/s²，最大速度为 1m/s，分数阶控制器均采用 2.2.2 节中的 MacLaurin 展开法在伺服驱动系统的 DSP 中进行实现，图 4.27 和图 4.28 展示了这种情况下系

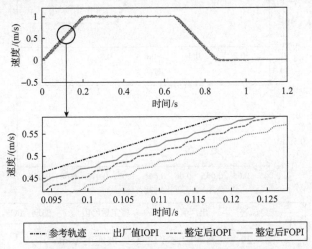

图 4.27　动态响应比较(空载，加速度 5m/s²)

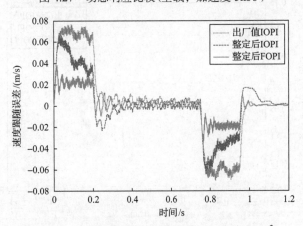

图 4.28　速度跟随误差比较(空载，加速度 5m/s²)

统的动态响应和速度跟随误差。从图 4.28 可以看出，出厂值 IOPI、整定后 IOPI 和整定后 FOPI 控制器的最大跟随误差分别约达到 0.08m/s、0.06m/s 和 0.03m/s，整定后 IOPI 控制器的性能相比出厂值 IOPI 控制器提高约 25%，FOPI 控制器的性能相比 IOPI 控制器约提高 50%，并且 FOPI 控制器在直线电机运动的整个过程，跟随误差都保持最小，这些都说明利用所提出的整定算法对分数阶控制器进行整定能够得到很好的控制性能。

接下来，将参考输入指令的加速度提高到 10m/s^2，图 4.29 和图 4.30 显示了在这种情况下直线伺服系统的动态响应和速度跟随误差。可以看出，三种控制器的控制性能都有所下降，但整定后 FOPI 控制器的性能依然保持最好，最大跟随误

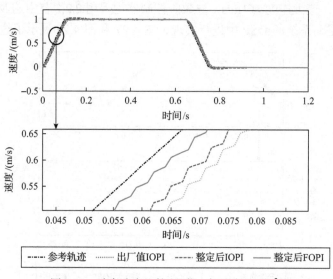

图 4.29　动态响应比较(空载，加速度 10m/s^2)

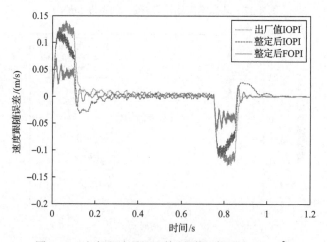

图 4.30　速度跟随误差比较(空载，加速度 10m/s^2)

差依然最小，约为 0.05m/s，相比于整定后 IOPI 控制器，性能约提高 50%，由此证明了所设计的 FOPI 控制器的鲁棒性。

其次，考虑直线伺服系统带负载质量 40kg 的情况，图 4.31 是梯形指令加速度为 5m/s² 时三种控制器的速度跟随误差。可以看出，由于负载质量的加大，伺服系统的动态响应具有一定程度的延时，跟随误差加大，出厂值 IOPI、整定后 IOPI 和整定后 FOPI 的最大跟随误差分别约达到 0.09m/s、0.08m/s 和 0.04m/s，但依然可以看出整定后 FOPI 控制器具有最好的控制性能，在伺服系统运行的整个过程均具有最小的跟随误差。

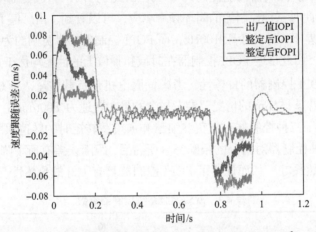

图 4.31　速度跟随误差比较（40kg 负载，加速度 5m/s²）

图 4.32 是梯形指令加速度提高到 10m/s² 时三种控制器的速度跟随误差，可以看出此时 FOPI 控制性能依然最好。以上均验证了 FOPI 控制器相比于 IOPI 控制器能够取得更好的鲁棒性和动态响应。

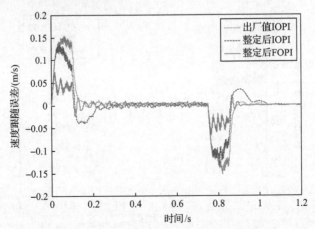

图 4.32　速度跟随误差比较（40kg 负载，加速度 10m/s²）

最后，将提出的整定算法在旋转伺服系统上进行验证，将非线性优化问题 (4.20) 参数设置为 $\eta = 0.01$, $GM = 3$, $PM = 60°$, $\gamma_p = 1.01$。同时，为使系统具有较强的抗干扰能力，带宽上限限定为 $\omega_b \leqslant \omega_b^* = 150Hz$。整定出的参数见表 4.3。电机空载时，参考指令选为梯形指令，最大转速为 1200r/min。三种控制器的跟随误差如图 4.33 所示，可以看出，此时出厂值 IOPI、整定后 IOPI 和整定后 FOPI 的最大跟随误差分别约达到 90r/min、80r/min 和 40r/min。出厂值 IOPI 和整定后 IOPI 的性能相差不大，整定后 IOPI 性能略微有所提高，而采用整定后 FOPI 控制器的控制性能相比整数阶控制器性能提高约 50%，由此说明了 FOPI 控制器的优越性。图 4.34 展示了此时三种控制器的闭环频率响应，可以看到，出厂值 IOPI 和整定后 IOPI 的带宽相差不大，均小于 100Hz，而 FOPI 控制器的带宽则约为 140Hz，大于整数阶控制器，由此证明 FOPI 控制器在时域和频域上的性能均优于 IOPI 控制器。

为验证 FOPI 控制器的鲁棒性，考虑伺服电机带负载惯量 $J_e \approx 0.00174kg \cdot m^2$ 和带负载转矩 $T_L \approx 15N \cdot m$ 的情况，参考指令的最大转速为 800r/min，图 4.35 和图 4.36 分别显示了三种控制器在加负载惯量和加负载转矩时的转速跟随误差。可以看出，此时三种控制器对指令的跟踪都有所滞后，跟随误差有所下降，然而，FOPI 控制器性能依然最好，从而证明了 FOPI 控制器具有很好的鲁棒性。

表 4.3　旋转伺服系统控制器参数

控制器	K_p	K_i	λ
出厂值 IOPI	4.000	20.00	1.000
整定后 IOPI	4.996	55.04	1.000
整定后 FOPI	4.865	78.29	0.4872

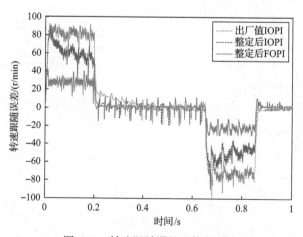

图 4.33　转速跟随误差比较(空载)

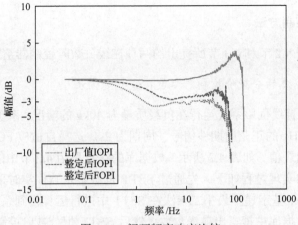

图 4.34　闭环频率响应比较

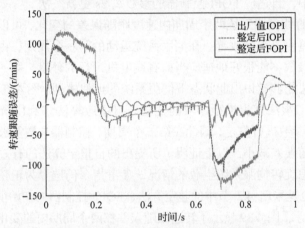

图 4.35　转速跟随误差比较（加负载惯量）

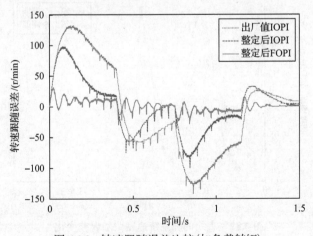

图 4.36　转速跟随误差比较（加负载转矩）

4.5.2　自适应控制方法

本节将验证 4.2 节和 4.3 节所提出的两种在线分数阶控制器整定方法。

1. 基于数据库的分数阶控制器参数在线整定方法

首先，考虑直线伺服系统运行在负载质量为 40kg 的情况，系统的参考输入指令设为频率为 2Hz 的正弦周期性信号，周期为 2s。选择自适应 FOPI 控制器，其初始值设置为出厂值，如表 4.2 所示，数据库的建立采用 4.2 节中的整定方法。自适应整定算法的实现过程如下，先通过 SSTT 伺服整定软件实时采集伺服系统运行过程中的状态，基于递推最小二乘法在 SSTT 中进行运算得到系统的模型参数，并从控制参数数据库中搜索出最优参数，然后 SSTT 把分数阶控制器的最优参数传到伺服驱动中，自适应 FOPI 控制器的参数每 2s 更新一次。

图 4.37 是直线伺服系统两个周期内速度跟随误差的变化，可以看出第二个周期内的跟随误差明显得到改善。在伺服系统运动的第一个周期，由于参数设置为出厂值，控制参数不能很好地适应当前直线电机运行的环境，第一个周期过后，递推最小二乘法能够辨识出此状态下伺服系统的近似模型。图 4.38 显示第一个周期内递推最小二乘法辨识模型参数的变化，自适应算法将利用辨识出的模型对 FOPI 控制器的参数进行整定，因此在第二个周期，控制器参数能够更好地适应工况，从而使跟随误差减小，以上证明了所提出的自整定算法的有效性。

其次，考虑旋转伺服系统空载的情况，参考指令仍选择为正弦周期性信号，数据库的建立也是采用 4.2 节中的整定方法，FOPI 控制器的初始值也设置为出厂值，如表 4.2 所示。图 4.39 显示了转速跟随误差在两个周期内的变化，图 4.40 显示

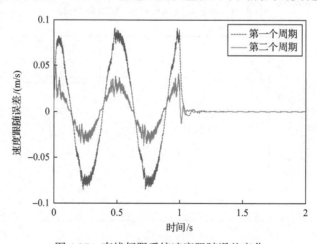

图 4.37　直线伺服系统速度跟随误差变化

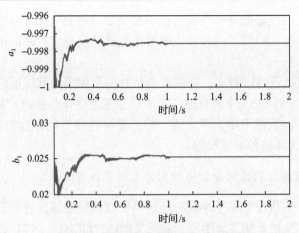

图 4.38　直线伺服系统模型参数变化

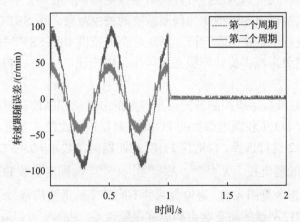

图 4.39　旋转伺服系统转速跟随误差变化

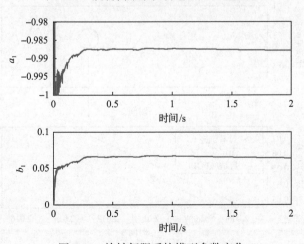

图 4.40　旋转伺服系统模型参数变化

了在第一个周期内，递推最小二乘法辨识模型参数的变化。可以看出，利用所提出的在线整定算法，控制器的参数也能够得到自适应整定，从而更好地适应系统的工况。

由上述整定过程可以看出，控制器参数在两个周期内就能适应当前的运行环境，相比于文献[48]和[53]中的自适应方法收敛速度更快。然而，本方法取决于辨识模型的准确性，若模型辨识不合适，控制器可能得不到合适的整定。文献[48]和[53]的方法则无需被控对象模型。

2. 基于小波神经网络的分数阶控制器参数在线整定

下面对 4.3 节提出的基于小波神经网络的在线整定算法进行验证，这里将采用一种类似半实物仿真的实验手段，参照文献[51]和[25]。SSTT 软件中可以集成伺服系统模型的在线辨识方法，可以实时在线地辨识具有时变和非线性因素的伺服系统，以在线辨识出的模型作为伺服系统的被控对象，在 SSTT 中对所提出的在线整定算法进行半实物仿真验证。算法将在上位机中的 SSTT 中进行实现。这里只考虑直线伺服系统，旋转伺服系统可作相应验证。接下来将从三方面来进行验证。

（1）验证分数阶自适应控制器比固定参数的分数阶控制器有更好的性能。

选择自适应 FOPI 和固定参数的 FOPI 控制器进行比较，固定参数 FOPI 控制器参数按照表 4.2 进行选择，自适应 FOPI 控制器的参数 $\eta = 0.9$，权重因子的初始值选择为[-1,1]的随机数，K_p^{optimal}、K_i^{optimal}、$\lambda^{\mathrm{optimal}}$ 与固定参数 FOPI 控制器参数相同。参考输入指令见图 4.41，为包含两种不同频率的正弦信号，图 4.41 和图 4.42显示空载时两种控制器的动态响应和速度跟随误差。从图中可以看出，在 $t=0 \sim 2\mathrm{s}$

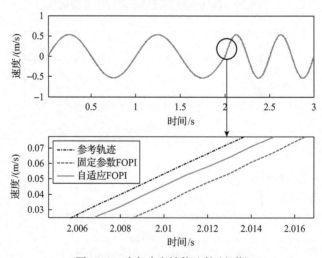

图 4.41　动态响应性能比较（空载）

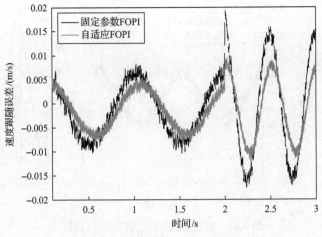

图 4.42 速度跟随误差比较(空载)

的时间段，两种控制器的控制性能相差不大，自适应 FOPI 控制器的性能比固定
参数 FOPI 控制器略微有所提高；在 t=2～3s 的时间内，由于参考指令发生了变化，
伺服系统运行的工况有所改变，此时自适应 FOPI 控制器由于能够在线调整参数，
其控制性能明显高于固定参数 FOPI，从图 4.42 中可以看到，自适应 FOPI 控制器
的最大误差约为 0.01m/s，而固定参数 FOPI 控制器的最大跟随误差约为 0.02m/s，
性能提升了约 50%，同时，可以看出在 t=2～3s 的整个运行过程中，自适应 FOPI
控制器的跟随误差都小于固定参数 FOPI 控制器。

　　为了验证算法的鲁棒性，考虑直线电机运行在加负载质量 40kg 以及加负载力
400N 的运行工况。图 4.43～图 4.46 是在这两种工况下固定参数 FOPI 和自适应
FOPI 控制器的动态响应和速度跟随误差。可以看出，无论在哪种工况，自适应

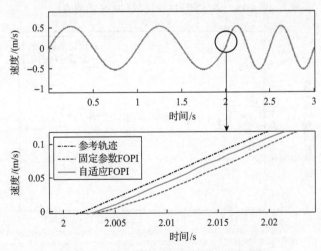

图 4.43 动态响应性能比较(40kg 负载)

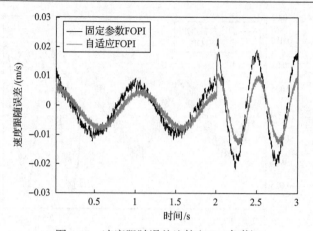

图 4.44　速度跟随误差比较（40kg 负载）

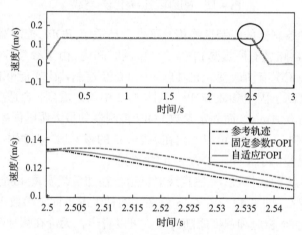

图 4.45　动态响应性能比较（400N 负载力）

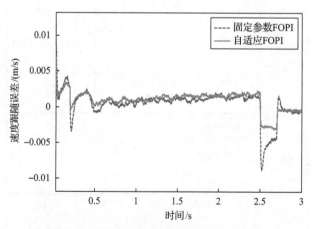

图 4.46　速度跟随误差比较（400N 负载力）

FOPI 控制器的跟随误差都要更小，因此可以得知，自适应 FOPI 控制器的性能依然要优于固定参数 FOPI 控制器，从而证明了自适应 FOPI 控制器的鲁棒性。

（2）验证改进的自适应 FOPI 控制器比传统的自适应 FOPI 控制器有更好的性能。

本书所提出的改进的自适应 FOPI 控制器中引入离线整定的控制器参数，即 K_p^{optimal}、K_i^{optimal}、λ^{optimal}，见式（4.65），而传统的自适应 FOPI 控制器中可以认为 $K_p^{\text{optimal}} = K_i^{\text{optimal}} = \lambda^{\text{optimal}} = 1$，接下来将比较这两种自适应 FOPI 控制器。

图 4.47 和图 4.48 显示了传统的自适应 FOPI 和改进的自适应 FOPI 控制器的速

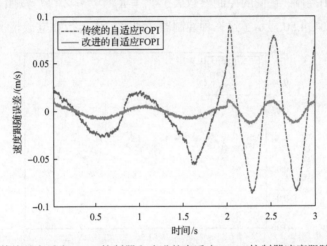

图 4.47　传统的自适应 FOPI 控制器和改进的自适应 FOPI 控制器速度跟随误差比较

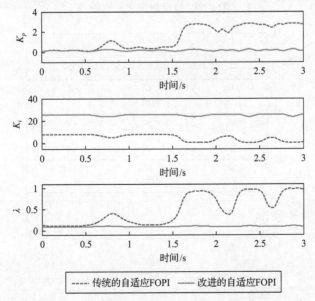

图 4.48　传统的自适应 FOPI 控制器和改进的自适应 FOPI 控制器控制参数变化情况

度跟随误差和控制参数变化情况。可以看出，在此种情况下，由于传统的自适应FOPI 控制器还未完全适应环境，参数没有得到合适的自调整，导致控制性能下降，可能需要较长的时间，才能自调整出合适的控制参数，而改进的自适应 FOPI 控制器由于引入离线整定出的最优参数，很快适应了环境，从而得到了较好的控制性能。这证明了改进的自适应神经网络整定算法的优越性。

（3）比较自适应 IOPI 控制器、FOPI 控制器和 FO[PI]控制器的性能。

这里将比较自适应 IOPI、FOPI 和 FO[PI]这三种控制器的性能。对于自适应IOPI 和 FO[PI]控制，它们的控制参数 $K_p^{\text{optimal}} = K_i^{\text{optimal}} = \lambda^{\text{optimal}}$ 按照表 4.2 进行选取。图 4.49 和图 4.50 显示了这三种控制器在伺服系统运行在空载情况下的速度跟

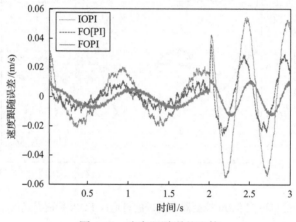

图 4.49　速度跟随误差比较

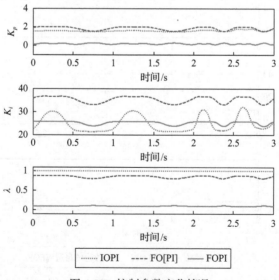

图 4.50　控制参数变化情况

随误差和控制参数变化情况，可以看到 IOPI、FO[PI]、FOPI 三种控制器的最大误差约达到 0.05m/s、0.04m/s、0.02m/s。FO[PI]控制器性能比 IOPI 控制器约提高 20%，FOPI 控制器比 IOPI 约提高 60%，这证明了分数阶控制器的优越性。

4.6　本 章 小 结

本章首先介绍基于 ESMDO 算法的分数阶控制器离线参数整定方法，该方法能够初步整定出合理的控制器参数；然后分析三种不同形式的自适应控制方法，包括递推最小二乘法、小波神经网络在线整定法以及神经网络反步法；最后通过仿真和实验验证了所提方法的优越性。

第5章 多电机伺服系统分数阶自适应控制方法研究

本章将针对多电机伺服系统的分数阶自适应控制方法展开研究。首先，针对一类含未知参数的多电机伺服系统自适应状态反馈法展开研究，提出一种基于频率分布模型的自适应控制方法；然后，针对含时变参数的多电机伺服系统的分数阶自适应控制方法进行研究，利用切换系统表示系统中可能含有的时变参数；最后，针对含未知控制方向的多电机伺服系统的自适应控制方法进行研究，提出一种分数阶 Nussbaum 函数法，成功解决了含未知控制方向的分数阶系统控制问题。

5.1 含未知参数的多电机伺服系统自适应状态反馈法

5.1.1 问题描述

由 N 个非线性高阶子系统组成的分数阶多智能体系统可以描述为由多个电机组成的多电机伺服系统[54]：

$$\begin{cases} \mathrm{D}^{\alpha_k} x_{i,k} = x_{i,k+1} + \psi_{i,k} + \boldsymbol{\varphi}_{i,k}^{\mathrm{T}}(x_{i,1},\cdots,x_{i,k})\boldsymbol{\theta} \\ \mathrm{D}^{\alpha_n} x_{i,n} = b_i u_i + \psi_{i,n} + \boldsymbol{\varphi}_{i,n}^{\mathrm{T}}(\boldsymbol{x}_i)\boldsymbol{\theta} \\ y_i = x_{i,1} \end{cases} \tag{5.1}$$

其中，$i=1,2,\cdots,N$，$k=1,2,\cdots,n-1$；非对称阶次 $\alpha_k \in \mathbf{R}^+$；系统的状态变量 $\boldsymbol{x}_i = (x_{i,1},\cdots,x_{i,n})^{\mathrm{T}} \in \mathbf{R}^n$；$u_i$ 为系统的控制输入；y_i 为第 i 个子系统的输出；未知参数 $\boldsymbol{\theta} \in \mathbf{R}^n$，并且是一个常向量；控制系数 b_i 是一个未知的非零常数。对于 $j=1,2,\cdots,n$，$\psi_{i,j}$ 和 $\boldsymbol{\varphi}_{i,j}^{\mathrm{T}}$ 都是已知的非线性函数。

假设 5.1 控制系数 b_i 已知。

假设 5.2 通信拓扑图是无向且稳定的。

假设 5.3 输入信号 y_r 的分数阶导数是分段连续有界的。

下面引入本节讨论的问题。

问题 5.1 控制目标是为每个智能体设计出一个自适应控制器，使得跟踪者能够跟随领导者的变化。这意味着对于 $\forall i \in \mathbf{N}$，随着时间 $t \to \infty$，跟踪误差 $|y_i(t) - y_r(t)|$ 收敛于原点附近的一个小邻域。那么如何设计自适应控制器成为本节的研究目标。

5.1.2　自适应控制器设计

本节将设计分数阶多智能体系统的分布式自适应控制器。假设所期望的轨迹 y_r 的任何信息仅被多智能体中每一个子系统得知，给出如下结论。

定理5.1　考虑含有非对称阶次 $\alpha_k \in \mathbf{R}^+$ 的非线性方程(5.1)，其满足假设5.1～假设5.3。针对该系统可进行如下的设计。

误差变量：

$$
\begin{cases}
z_{i,1} = \sum_{j=1}^{n} a_{ij}(y_i - y_j) + \mu_i(y_i - y_r) \\
z_{i,2} = x_{i,2} - \tau_{i,1} \\
\quad\vdots \\
z_{i,n} = x_{i,n} - \tau_{i,n-1}
\end{cases}
\tag{5.2}
$$

其中，$\mu_i = 1$ 表示所期望的输入函数 y_r 可由子系统 i 直接访问，否则 $\mu_i = 0$；$\tau_{i,1}$ 是虚拟控制量。另外，为了便于控制器设计，采用简化技术来定义 $z_1 = (z_{1,1}, \cdots, z_{N,1})^{\mathrm{T}}$，令 $z_1 = (L + \varDelta)\varrho$，$\varrho = \bar{y} - \bar{y}_r$ 表示每个智能体的输出与期望轨迹 y_r 之间的误差，其中 $\bar{y} = (y_1, \cdots, y_N)^{\mathrm{T}}$，$\bar{y}_r = (y_r, \cdots, y_r)^{\mathrm{T}}$，$\varDelta = \mathrm{diag}\{\mu_i\}$。

设计的虚拟控制量：

$$
\begin{cases}
\boldsymbol{\tau}_1 = -c_1 z_1 - \dfrac{z_1}{2\varepsilon_1} - \boldsymbol{\psi}_1 - \boldsymbol{\varphi}_1^{\mathrm{T}}\hat{\boldsymbol{\theta}} \\
\boldsymbol{\tau}_k = -C_k z_k - z_{k-1} - \boldsymbol{\psi}_k - \boldsymbol{\varphi}_k^{\mathrm{T}}\hat{\boldsymbol{\theta}} + \mathrm{D}^{\alpha_k}\boldsymbol{\tau}_{k-1}
\end{cases}
\tag{5.3}
$$

其中，$\boldsymbol{\tau}_1 = (\tau_{1,1}, \cdots, \tau_{N,1})^{\mathrm{T}}$，$c_1 > 0$，$\varepsilon_1 > 0$，$C_k > 0$，$k = 2, 3, \cdots, n-1$。

参数更新率：

$$
\dot{\hat{\boldsymbol{\theta}}} = -\eta\hat{\boldsymbol{\theta}} + \varLambda\sum_{j=1}^{n}\boldsymbol{\varphi}_j z_j, \quad \eta > 0, \varLambda > 0
\tag{5.4}
$$

自适应控制率：

$$
\boldsymbol{u}_i = \frac{1}{b_i}(-C_n z_n - z_{n-1} - \boldsymbol{\psi}_n - \boldsymbol{\varphi}_n^{\mathrm{T}}\hat{\boldsymbol{\theta}} + \mathrm{D}^{\alpha_n}\boldsymbol{\tau}_{n-1})
\tag{5.5}
$$

其中，$C_n > 0$。

上述控制器能够对闭环系统中的所有信号进行全局一致性有界跟踪，实现各个子系统的输出跟随期望输入函数 y_r 的变化，并且使跟踪误差收敛到一个小区域。以下围绕控制器的设计展开研究，具体过程如下。

证明 首先计算误差 z_1 的分数阶导数：

$$D^{\alpha_1} z_1 = (\boldsymbol{L} + \boldsymbol{\Delta}) \begin{bmatrix} z_{1,2} + \tau_{1,1} + \psi_{1,1} + \varphi_{1,1}^{\mathrm{T}} \boldsymbol{\theta} - D^{\alpha_1} y_r \\ \vdots \\ z_{N,2} + \tau_{N,1} + \psi_{N,1} + \varphi_{N,1}^{\mathrm{T}} \boldsymbol{\theta} - D^{\alpha_1} y_r \end{bmatrix} \tag{5.6}$$

为了简化缩写，定义 $\boldsymbol{z}_k = (z_{1,k}, \cdots, z_{N,k})^{\mathrm{T}}$，$\boldsymbol{\tau}_k = (\tau_{1,k}, \cdots, \tau_{N,k})^{\mathrm{T}}$，$\boldsymbol{\psi}_k = (\psi_{1,k}, \cdots, \psi_{N,k})^{\mathrm{T}}$，$\boldsymbol{\varphi}_k^{\mathrm{T}} = (\varphi_{1,k}^{\mathrm{T}}, \cdots, \varphi_{N,k}^{\mathrm{T}})^{\mathrm{T}}$，$k = 1, 2, \cdots, n$。因此，方程 (5.6) 可以简化成

$$D^{\alpha_1} \boldsymbol{z}_1 = (\boldsymbol{L} + \boldsymbol{\Delta})(\boldsymbol{z}_2 + \boldsymbol{\tau}_1 + \boldsymbol{\psi}_1 + \boldsymbol{\varphi}_1^{\mathrm{T}} \boldsymbol{\theta} - D^{\alpha_1} \overline{\boldsymbol{y}}_r)$$

利用相同的简化思路，可以对每个误差变量的分数阶导数进行求解，得到以下方程：

$$\begin{cases} D^{\alpha_1} \boldsymbol{z}_1 = (\boldsymbol{L} + \boldsymbol{\Delta})(\boldsymbol{z}_2 + \boldsymbol{\tau}_1 + \boldsymbol{\psi}_1 + \boldsymbol{\varphi}_1^{\mathrm{T}} \boldsymbol{\theta} - D^{\alpha_1} \overline{\boldsymbol{y}}_r) \\ D^{\alpha_2} \boldsymbol{z}_2 = \boldsymbol{z}_3 + \boldsymbol{\tau}_2 + \boldsymbol{\psi}_2 + \boldsymbol{\varphi}_2^{\mathrm{T}} \boldsymbol{\theta} - D^{\alpha_2} \boldsymbol{\tau}_1 \\ \quad \vdots \\ D^{\alpha_{n-1}} \boldsymbol{z}_{n-1} = \boldsymbol{z}_n + \boldsymbol{\tau}_{n-1} + \boldsymbol{\psi}_{n-1} + \boldsymbol{\varphi}_{n-1}^{\mathrm{T}} \boldsymbol{\theta} \\ D^{\alpha_n} \boldsymbol{z}_n = b_i \boldsymbol{u}_i + \boldsymbol{\tau}_n + \boldsymbol{\psi}_n + \boldsymbol{\varphi}_n^{\mathrm{T}} \boldsymbol{\theta} - D^{\alpha_n} \boldsymbol{\tau}_{n-1} \end{cases} \tag{5.7}$$

步骤 1 首先，从方程中的第一个等式开始设计虚拟控制量 $\boldsymbol{\tau}_1$。式 (5.7) 中的第一个等式的频率分布模型如下：

$$\begin{cases} \dfrac{\partial \boldsymbol{Q}_1(w,t)}{\partial t} = -w \boldsymbol{Q}_1(w,t) + (\boldsymbol{L} + \boldsymbol{\Delta})(\boldsymbol{z}_2 + \boldsymbol{\tau}_1 + \boldsymbol{\psi}_1 + \boldsymbol{\varphi}_1^{\mathrm{T}} \boldsymbol{\theta} - D^{\alpha_1} \overline{\boldsymbol{y}}_r) \\ \boldsymbol{z}_1 = \displaystyle\int_0^\infty \mu_{\alpha_1} \boldsymbol{Q}_1(w,t) \mathrm{d}w \end{cases} \tag{5.8}$$

其中，$\mu_{\alpha_1} = w^{-\alpha_1} \sin(\alpha_1 \pi) / \pi$；$\boldsymbol{Q}_k = (Q_{1,k}, \cdots, Q_{N,k})^{\mathrm{T}}$，$k = 1, 2, \cdots, n$。

接着，提出以下新的频率分布 Lyapunov 函数：

$$V_1 = \frac{1}{2} \int_0^\infty \mu_{\alpha_1} \boldsymbol{Q}_1^{\mathrm{T}} (\boldsymbol{L} + \boldsymbol{\Delta})^{-1} \boldsymbol{Q}_1 \mathrm{d}w + \frac{1}{2} \tilde{\boldsymbol{\theta}}^{\mathrm{T}} \boldsymbol{\Lambda}^{-1} \tilde{\boldsymbol{\theta}} \tag{5.9}$$

其中，$\tilde{\boldsymbol{\theta}} = \boldsymbol{\theta} - \hat{\boldsymbol{\theta}}$ 是参数估计误差；$\boldsymbol{\Lambda}$ 是正定矩阵。

所提出的新的 Lyapunov 函数不同于现有的时域 Lyapunov 函数，它不仅包含

了频率分布模型 (5.9) 的信息，还包含了反映多智能体系统拓扑结构的拉普拉斯矩阵。上述新的 Lyapunov 函数将在多智能体系统的分布式控制中发挥重要作用。

然后，可以得出 Lyapunov 函数 V_1 的导数：

$$
\begin{aligned}
\dot{V}_1 &= \int_0^\infty \mu_{\alpha_1} \boldsymbol{Q}_1^{\mathrm{T}} (\boldsymbol{L}+\boldsymbol{\Delta})^{-1} \frac{\partial \boldsymbol{Q}_1}{\partial t} \mathrm{d}w - \tilde{\boldsymbol{\theta}} \boldsymbol{\Lambda}^{-1} \dot{\hat{\boldsymbol{\theta}}} \\
&\leqslant -\int_{w_{\min}}^{w_{\max}} w \mu_{\alpha_1} \boldsymbol{Q}_1^{\mathrm{T}} (\boldsymbol{L}+\boldsymbol{\Delta})^{-1} \boldsymbol{Q}_1 \mathrm{d}w + \boldsymbol{z}_1^{\mathrm{T}} (\boldsymbol{z}_2 + \boldsymbol{\tau}_1 + \boldsymbol{\psi}_1 + \boldsymbol{\varphi}_1^{\mathrm{T}} \hat{\boldsymbol{\theta}}) \\
&\quad + \left| \boldsymbol{z}_1^{\mathrm{T}} \mathrm{D}^{\alpha_1} \bar{\boldsymbol{y}}_r \right| - \tilde{\boldsymbol{\theta}}^{\mathrm{T}} (\boldsymbol{\Lambda}^{-1} \dot{\hat{\boldsymbol{\theta}}} - \boldsymbol{\varphi}_1 \boldsymbol{z}_1) \\
&\leqslant -\int_{w_{\min}}^{w_{\max}} w_{\min} \mu_{\alpha_1} \boldsymbol{Q}_1^{\mathrm{T}} (\boldsymbol{L}+\boldsymbol{\Delta})^{-1} \boldsymbol{Q}_1 \mathrm{d}w + \boldsymbol{z}_1^{\mathrm{T}} (\boldsymbol{z}_2 + \boldsymbol{\tau}_1 + \boldsymbol{\psi}_1 + \boldsymbol{\varphi}_1^{\mathrm{T}} \hat{\boldsymbol{\theta}}) \\
&\quad - \tilde{\boldsymbol{\theta}}^{\mathrm{T}} (\boldsymbol{\Lambda}^{-1} \dot{\hat{\boldsymbol{\theta}}} - \boldsymbol{\varphi}_1 \boldsymbol{z}_1) + \frac{1}{2\varepsilon_1} \boldsymbol{z}_1^{\mathrm{T}} \boldsymbol{z}_1 + \frac{1}{2} \varepsilon_1 (\mathrm{D}^{\alpha_1} \bar{\boldsymbol{y}}_r)^{\mathrm{T}} (\mathrm{D}^{\alpha_1} \bar{\boldsymbol{y}}_r)
\end{aligned}
\tag{5.10}
$$

考虑一个有 N 个频率点的有限网络，$w_{\min}$、$w_{\max}$ 分别表示最小、最大频率。在方程 (5.10) 中，可以将从 0 到 ∞ 的积分近似等于从 $w_{\min}$ 到 $w_{\max}$ 的积分。

根据式 (5.3) 选择一个合适的虚拟控制量 $\boldsymbol{\tau}_1$，式 (5.10) 可以转化成

$$
\dot{V}_1 \leqslant -2w_{\min} V_1 - C_1 \boldsymbol{z}_1^{\mathrm{T}} \boldsymbol{z}_1 + \boldsymbol{z}_1^{\mathrm{T}} \boldsymbol{z}_2 + B - \tilde{\boldsymbol{\theta}}^{\mathrm{T}} (\boldsymbol{\Lambda}^{-1} \dot{\hat{\boldsymbol{\theta}}} - \boldsymbol{\varphi}_1 \boldsymbol{z}_1 - w_{\min} \boldsymbol{\Lambda}^{-1} \tilde{\boldsymbol{\theta}})
\tag{5.11}
$$

其中，$C_1 = c_1 + 1/(2\varepsilon_1)$，$B = 0.5\varepsilon_1 (\mathrm{D}^{\alpha_1} \bar{\boldsymbol{y}}_r)^{\mathrm{T}} (\mathrm{D}^{\alpha_1} \bar{\boldsymbol{y}}_r)$。

步骤 2　从式 (5.7) 可知，令 $\boldsymbol{\tau}_2$ 为虚拟控制量，则频率分布模型如下：

$$
\begin{cases}
\dfrac{\partial \boldsymbol{Q}_2(w,t)}{\partial t} = -w \boldsymbol{Q}_2(w,t) + \boldsymbol{z}_3 + \boldsymbol{\varphi}_2^{\mathrm{T}} \boldsymbol{\theta} - \mathrm{D}^{\alpha_2} \boldsymbol{\tau}_1 + \boldsymbol{\tau}_2 + \boldsymbol{\psi}_2 \\
\boldsymbol{z}_2 = \displaystyle\int_0^\infty \mu_{\alpha_2} \boldsymbol{Q}_2(w,t) \mathrm{d}w
\end{cases}
\tag{5.12}
$$

其中，$\mu_{\alpha_2} = w^{-\alpha_2} \sin(\alpha_2 \pi)/\pi$。

控制目标是当 t 趋于无穷时，z_2 趋于一个很小的常量。定义 Lyapunov 函数

$$
V_2 = V_1 + \frac{1}{2} \int_0^\infty \mu_{\alpha_2} \boldsymbol{Q}_2^{\mathrm{T}} \boldsymbol{Q}_2 \mathrm{d}w
\tag{5.13}
$$

可求得 V_2 的时间导数为

$$
\begin{aligned}
\dot{V}_2 &= \dot{V}_1 + \int_0^\infty \mu_{\alpha_2} \boldsymbol{Q}_2^{\mathrm{T}} \frac{\partial \boldsymbol{Q}_2}{\partial t} \mathrm{d}w \\
&\leqslant -2w_{\min} V_2 + \boldsymbol{z}_2^{\mathrm{T}} \boldsymbol{z}_3 - C_1 \boldsymbol{z}_1^{\mathrm{T}} \boldsymbol{z}_1 + B + \boldsymbol{z}_2^{\mathrm{T}} (\boldsymbol{z}_1 + \boldsymbol{\tau}_2 + \boldsymbol{\psi}_2 + \boldsymbol{\varphi}_2^{\mathrm{T}} \boldsymbol{\theta} - \mathrm{D}^{\alpha_2} \boldsymbol{\tau}_1) \\
&\quad - \tilde{\boldsymbol{\theta}}^{\mathrm{T}} (\boldsymbol{\Lambda}^{-1} \dot{\hat{\boldsymbol{\theta}}} - \boldsymbol{\varphi}_1 \boldsymbol{z}_1 - w_{\min} \boldsymbol{\Lambda}^{-1} \tilde{\boldsymbol{\theta}})
\end{aligned}
\tag{5.14}
$$

设计虚拟控制量 $\boldsymbol{\tau}_2$ 如式 (5.3) 所示，可获得 V_2 的时间导数的简化形式：

$$\dot{V}_2 \leqslant -2w_{\min}V_2 + z_2^{\mathrm{T}}z_3 - \sum_{j=1}^{2}C_j z_j^{\mathrm{T}}z_j - \tilde{\boldsymbol{\theta}}^{\mathrm{T}}\left(\boldsymbol{\Lambda}^{-1}\dot{\tilde{\boldsymbol{\theta}}} - \sum_{j=1}^{2}\boldsymbol{\varphi}_j z_j - w_{\min}\boldsymbol{\Lambda}^{-1}\tilde{\boldsymbol{\theta}}\right) + B \quad (5.15)$$

其中，$C_2 > 0$。

步骤 k（$3 \leqslant k \leqslant n-1$）　根据以上两步的计算思路，研究式 (5.7) 的第 k 个等式，其中 $\boldsymbol{\tau}_k$ 为虚拟控制量，可以得出相关的频率分布模型：

$$\begin{cases} \dfrac{\partial \boldsymbol{Q}_k(w,t)}{\partial t} = -w\boldsymbol{Q}_k(w,t) + z_{k+1} + \boldsymbol{\tau}_k + \boldsymbol{\varphi}_k^{\mathrm{T}}\boldsymbol{\theta} + \boldsymbol{\psi}_k - \mathrm{D}^{\alpha_k}\boldsymbol{\tau}_{k-1} \\[2mm] z_k = \displaystyle\int_0^{\infty}\mu_{\alpha_k}\boldsymbol{Q}_k(w,t)\mathrm{d}w \end{cases} \quad (5.16)$$

其中，$\mu_{\alpha_k} = w^{-\alpha_k}\sin(\alpha_k\pi)/\pi$。

定义 Lyapunov 函数

$$V_k = V_{k-1} + \frac{1}{2}\int_0^{\infty}\mu_{\alpha_k}\boldsymbol{Q}_k^{\mathrm{T}}\boldsymbol{Q}_k\mathrm{d}w \quad (5.17)$$

可以得出 V_k 的时间导数：

$$\begin{aligned} \dot{V}_k &= \dot{V}_{k-1} + \int_0^{\infty}\mu_{\alpha_k}\boldsymbol{Q}_k^{\mathrm{T}}\frac{\partial \boldsymbol{Q}_k}{\partial t}\mathrm{d}w \\ &\leqslant -2w_{\min}V_k - \sum_{j=1}^{k-1}C_j z_j^{\mathrm{T}}z_j + z_k^{\mathrm{T}}z_{k+1} + B + z_k^{\mathrm{T}}(z_{k-1} + \boldsymbol{\tau}_k + \boldsymbol{\psi}_k + \boldsymbol{\varphi}_k^{\mathrm{T}}\boldsymbol{\theta} - \mathrm{D}^{\alpha_k}\boldsymbol{\tau}_{k-1}) \\ &\quad - \tilde{\boldsymbol{\theta}}^{\mathrm{T}}\left(\boldsymbol{\Lambda}^{-1}\dot{\tilde{\boldsymbol{\theta}}} - \sum_{j=1}^{k-1}\boldsymbol{\varphi}_j z_j - w_{\min}\boldsymbol{\Lambda}^{-1}\tilde{\boldsymbol{\theta}}\right) \end{aligned}$$

$$(5.18)$$

设计虚拟控制量 $\boldsymbol{\tau}_k$ 如式 (5.3) 所示，可以得出 $\dot{V}_k$ 的简化形式：

$$\dot{V}_k \leqslant -2w_{\min}V_k + z_k^{\mathrm{T}}z_{k+1} - \sum_{j=1}^{k}C_j z_j^{\mathrm{T}}z_j - \tilde{\boldsymbol{\theta}}^{\mathrm{T}}\left(\boldsymbol{\Lambda}^{-1}\dot{\tilde{\boldsymbol{\theta}}} - \sum_{j=1}^{k}\boldsymbol{\varphi}_j z_j - w_{\min}\boldsymbol{\Lambda}^{-1}\tilde{\boldsymbol{\theta}}\right) + B \quad (5.19)$$

其中，$C_j > 0$。

步骤 n　最后一步出现了实际控制输入 u_i，根据式 (5.7) 的最后一个等式可以得到 z_n 的动态，其频率分布模型为

$$\begin{cases} \dfrac{\partial \boldsymbol{Q}_n(w,t)}{\partial t} = -w\boldsymbol{Q}_n(w,t) + b_i \boldsymbol{u}_i + \boldsymbol{\psi}_n + \boldsymbol{\varphi}_n^{\mathrm{T}} \boldsymbol{\theta} - \mathrm{D}^{\alpha_n} \boldsymbol{\tau}_{n-1} \\ z_n = \displaystyle\int_0^\infty \mu_{\alpha_n} \boldsymbol{Q}_n(w,t)\mathrm{d}w \end{cases} \tag{5.20}$$

其中，$\mu_{\alpha_n} = w^{-\alpha_n} \sin(\alpha_n \pi)/\pi$。

选择合适的 Lyapunov 函数

$$V_n = V_{n-1} + \frac{1}{2}\int_0^\infty \mu_{\alpha_n} \boldsymbol{Q}_n^{\mathrm{T}} \boldsymbol{Q}_n \mathrm{d}w \tag{5.21}$$

可以得出它的时间导数：

$$\begin{aligned} \dot{V}_n &= \dot{V}_{n-1} + \int_0^\infty \mu_{\alpha_n} \boldsymbol{Q}_n^{\mathrm{T}} \frac{\partial \boldsymbol{Q}_n}{\partial t}\mathrm{d}w \\ &\leqslant -2w_{\min} V_n - \sum_{j=1}^{n-1} C_j z_j^{\mathrm{T}} z_j + B - \tilde{\boldsymbol{\theta}}^{\mathrm{T}}\left(\boldsymbol{\Lambda}^{-1}\dot{\hat{\boldsymbol{\theta}}} - \sum_{j=1}^{n-1}\boldsymbol{\varphi}_j z_j - w_{\min}\boldsymbol{\Lambda}^{-1}\tilde{\boldsymbol{\theta}} \right) \\ &\quad + z_n^{\mathrm{T}}(z_{n-1} + b_i\boldsymbol{u}_i + \boldsymbol{\psi}_n + \boldsymbol{\varphi}_n^{\mathrm{T}}\boldsymbol{\theta} - \mathrm{D}^{\alpha_n}\boldsymbol{\tau}_{n-1}) \end{aligned} \tag{5.22}$$

设计实际控制量 $\boldsymbol{u}_i$ 如式 (5.5) 所示，自适应率 $\dot{\hat{\boldsymbol{\theta}}}$ 如式 (5.4) 所示，可以得出简化形式：

$$\begin{aligned} \dot{V}_n &\leqslant -2w_{\min} V_n - \tilde{\boldsymbol{\theta}}^{\mathrm{T}}\left(\boldsymbol{\Lambda}^{-1}\dot{\hat{\boldsymbol{\theta}}} - \sum_{j=1}^{n}\boldsymbol{\varphi}_j z_j - w_{\min}\boldsymbol{\Lambda}^{-1}\tilde{\boldsymbol{\theta}} \right) - \sum_{j=1}^{n} C_j z_j^{\mathrm{T}} z_j + B \\ &= -2w_{\min} V_n - \tilde{\boldsymbol{\theta}}^{\mathrm{T}}\left(\boldsymbol{\Lambda}^{-1}\dot{\hat{\boldsymbol{\theta}}} - \sum_{j=1}^{n}\boldsymbol{\varphi}_j z_j + w_{\min}\boldsymbol{\Lambda}^{-1}\hat{\boldsymbol{\theta}} \right) - \sum_{j=1}^{n} C_j z_j^{\mathrm{T}} z_j \\ &\quad + w_{\min}(\boldsymbol{\theta}^{\mathrm{T}} - \hat{\boldsymbol{\theta}}^{\mathrm{T}})\boldsymbol{\Lambda}^{-1}\boldsymbol{\theta} + B \\ &\leqslant -2w_{\min} V_n - \tilde{\boldsymbol{\theta}}^{\mathrm{T}}\left(\boldsymbol{\Lambda}^{-1}\dot{\hat{\boldsymbol{\theta}}} - \sum_{j=1}^{n}\boldsymbol{\varphi}_j z_j + \eta\boldsymbol{\Lambda}^{-1}\hat{\boldsymbol{\theta}} \right) - \sum_{j=1}^{n} C_j z_j^{\mathrm{T}} z_j + \overline{B} \end{aligned} \tag{5.23}$$

设置 $\overline{B} = B + w_{\min}\boldsymbol{\theta}^{\mathrm{T}}\boldsymbol{\Lambda}^{-1}\boldsymbol{\theta}$，$\tilde{\boldsymbol{\theta}}^{\mathrm{T}} = \boldsymbol{\theta}^{\mathrm{T}} - \hat{\boldsymbol{\theta}}^{\mathrm{T}}$，$\eta = w_{\min}$。

值得注意的是，式 (5.23) 可以看成 $\dot{V} \leqslant -aV + b$ 的形式，其中，$a > 0$，b 是很

小的常数。可以得出结论，设计的控制器 $\boldsymbol{u}_i$ 可以使 Lyapunov 函数逐渐减小，最终趋于一个稳定值，说明系统趋于稳定。因此，所有 N 个子系统的输出可以渐近地跟随任意期望的轨迹 y_r。证毕。

5.1.3 仿真结果分析

本节以一个包含五个智能体的应用实例来说明所提出的设计方案的有效性。系统的模型如下：

$$\begin{cases} \mathrm{D}^{\alpha_1} x_{i,1} = x_{i,2} + x_{i,1}\cos x_{i,1} - x_{i,1}^3\theta \\ \mathrm{D}^{\alpha_2} x_{i,2} = b_i u_i + x_{i,2}^2\sin x_{i,2} + x_{i,2}^3\theta \end{cases} \tag{5.24}$$

选定控制输入系数 $b_i=3$，未知常量 $\theta=0.1$。分数阶多智能体系统的阶次 $\alpha_1=0.5$，

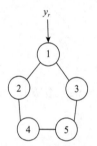

$\alpha_2=0.6$。并选取系统的状态变量 $x_{1,1}=-1$，$x_{2,1}=-0.5$，$x_{3,1}=0$，$x_{4,1}=0.5$，$x_{5,1}=1$，系统中其他状态变量都设置为 0。选定分数阶多智能体系统所参考的期望输入信号 $y_r(t)=0.1\sin(0.05t)+0.1\cos(0.1t)$。另外，选取控制系数 $c_1=1$，$C_1=6$，$C_2=1$，$C_1'=2$，$C_2'=1$，$\varepsilon_1=0.1$，$\varLambda=1$。

图 5.1 是由五个智能体组成的系统拓扑结构图。图 5.2 是各智能体的跟踪误差。从图 5.2 中可看出，多智能体系统中每个子系统的输出都能够渐近跟踪输入信号的变化。

图 5.1　分数阶多智能体系统的拓扑结构图

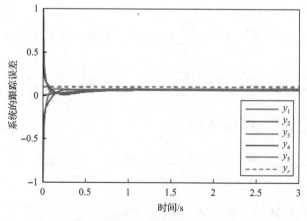

图 5.2　多电机系统动态响应性能

5.2　含时变参数的多电机伺服系统自适应反步法

本节将研究含时变参数的多电机伺服系统的自适应控制问题。选择一类带有异步模型切换的分数阶多智能体系统，使用自适应反步法进行控制器的设计，并利用神经网络来逼近模型中未知的非线性方程。本节首先介绍两个重要的分数阶引理以及 RBF 神经网络；然后进行问题描述，介绍研究对象以及研究目标；最后进行控制器设计及仿真[54]。

5.2.1　重要引理

引理 5.1　假设存在一个连续的向量 $\boldsymbol{\omega}(t) \in \mathbf{R}^n$，该向量可微，且 $\boldsymbol{P}$ 是一个正定矩阵。因此，对于任意 $t > 0$，有

$$\frac{1}{2} \mathrm{D}^\alpha \boldsymbol{\omega}^{\mathrm{T}}(t) \boldsymbol{P} \boldsymbol{\omega}(t) \leqslant \boldsymbol{\omega}^{\mathrm{T}}(t) \boldsymbol{P} \boldsymbol{\omega}(t) \tag{5.25}$$

引理 5.2　假设当 $\alpha \in (0,1)$ 时，如下不等式成立：

$$\mathrm{D}^\alpha \omega(t) \leqslant -k_0 V(t) + k_1 \tag{5.26}$$

那么可以得到，当 $t \to \infty$ 时，$V(t) \leqslant \dfrac{2k_1}{k_0}$。其中，$V(t)$ 为状态变量，$k_1 > 0$、$k_0 > 0$ 为常数。

5.2.2　RBF 神经网络

作为一类线性参数化神经网络，RBF 神经网络常被用来逼近连续的未知非线性函数 $f(x): \mathbf{R}^n \to \mathbf{R}$，具体的逼近过程如下：

$$\hat{f}(\boldsymbol{x}) = \hat{\boldsymbol{\theta}} \boldsymbol{\varphi}(\boldsymbol{x}) + \varepsilon \tag{5.27}$$

其中，$\boldsymbol{x} = (x_1, x_2, \cdots, x_n)^{\mathrm{T}} \in \mathbf{R}^n$ 是 RBF 神经网络的输入向量；$\hat{\boldsymbol{\theta}} \in \mathbf{R}^q$ 是神经网络的权重向量；$\boldsymbol{\varphi}(\boldsymbol{x}) = (\varphi_1(\boldsymbol{x}), \varphi_2(\boldsymbol{x}), \cdots, \varphi_q(\boldsymbol{x})) \in \mathbf{R}^q$ 是 RBF 神经网络的基函数向量；ε 是该网络的逼近误差。

显然，此处 $\hat{\boldsymbol{\theta}}$ 存在一个最优值使得该逼近误差可以取得最小值，该最优值的表达式为

$$\boldsymbol{\theta}^* = \arg\min_{\hat{\theta}_m \in \Omega_f} [\sup_{x \in \Omega_x} |\hat{f}(\boldsymbol{x}|\hat{\boldsymbol{\theta}}) - f(\boldsymbol{x})|] \tag{5.28}$$

其中，$\Omega_f = \{\hat{\boldsymbol{\theta}} : \|\boldsymbol{\theta}\| \leqslant \bar{M}\}$ 是估计参数向量 $\boldsymbol{\theta}$ 的定义域，$\bar{M}$ 是待设计参数；$\Omega_x \in \mathbf{R}^n$ 是状态变量的集合。

显然，可以得到

$$f(\boldsymbol{x}) = \boldsymbol{\theta}^* \boldsymbol{\varphi}(\boldsymbol{x}) + \varepsilon^*, \quad |\varepsilon^*| \leqslant \bar{\varepsilon} \tag{5.29}$$

其中，$\boldsymbol{\varphi}(\boldsymbol{x})$ 满足 $\|\boldsymbol{\varphi}(\boldsymbol{x})\| \leqslant \bar{\boldsymbol{\varphi}}$ 且 $\boldsymbol{\theta}^*$ 满足 $\|\boldsymbol{\theta}^*\| \leqslant \bar{\boldsymbol{\theta}}$；$\varepsilon^*$ 为最佳估计误差。

5.2.3　问题描述

假设存在一个由 1 个领导智能体和 N 个子系统组成的多智能体系统(多电机伺服系统)，领导智能体被标记为智能体 0，N 个子系统被命名为智能体 1,$\cdots$,智能体 N。所有的智能体都在一个有向通信网络下工作。N 个子系统的数学模型由以下异步切换不确定系统描述：

$$\begin{aligned}
&\mathrm{D}^{\alpha} x_{i,k} = x_{i,k+1} + g_{i,k}^{\rho_{i,k}(t)}(\bar{\boldsymbol{x}}_{i,k}) + d_{i,k} \\
&\mathrm{D}^{\alpha} x_{i,n_i} = u_i + g_{i,n_i}^{\rho_{i,n_i}(t)}(\bar{\boldsymbol{x}}_{i,n_i}) + d_{i,n_i} \\
&y_i = x_{i,1}
\end{aligned} \tag{5.30}$$

其中，$i = 1,2,\cdots,N$、$k = 1,2,\cdots,n_i$ 代表各个子智能体编号、子智能体各阶状态标号；$\bar{\boldsymbol{x}}_{i,k} = (x_{i,1}, x_{i,2}, \cdots, x_{i,k})^{\mathrm{T}} \in \mathbf{R}^k$、$\bar{\boldsymbol{x}}_{i,n_i} = (x_{i,1}, x_{i,2}, \cdots, x_{i,n_i})^{\mathrm{T}} \in \mathbf{R}_i^{n_i}$ 为智能体 i 的状态向量；$\rho_{i,k}(t) = j$ 为连续时变的切换函数，$j = 1,2,3$；$d_{i,k} \in \mathbf{R}$ 为未知的外部扰动；u_i 为控制输入；y_i 为系统输出。

N 个子智能体和 1 个领导智能体之间的通信方式用以下有向通信图表示：$\mathcal{G} = (\mathcal{V}, \mathcal{E})$，且 $\mathcal{V} = \{0,1,2,\cdots,N\}$，边界集合定义为 $\mathcal{E} \in \mathcal{V} \times \mathcal{V} \in \mathcal{G}$。边界 $(l,m) \in \mathcal{E}$ 表示智能体 l 可以接收到智能体 m 发出的信息，反之则不然。智能体 m 的通信集合定义为 $\mathcal{N}_m = \{l \,|\, (l,m) \in \mathcal{E}\}$，智能体 m 可以接收到该集合内所有智能体发出的信息，因此该集合也称为智能体 m 的邻居。

子通信图 $\overline{\mathcal{G}} = (\overline{\mathcal{V}}, \overline{\mathcal{E}}), \overline{\mathcal{V}} = \{1,2,\cdots,N\}$ 用来描述子智能体之前的通信问题。$\overline{\mathcal{G}}$ 的变量矩阵 $\overline{\boldsymbol{A}}$ 定义为 $\overline{\boldsymbol{A}} = [a_{ml}] \in \mathbf{R}^{N \times N}$，其中，$m = 1,2,\cdots,N$，$l = 1,2,\cdots,N$。与 $\mathcal{G}$ 相关的拉普拉斯矩阵 $\boldsymbol{L}$ 定义为 $\boldsymbol{L} = \begin{bmatrix} 0 & \boldsymbol{0}_{1 \times N} \\ -\boldsymbol{b} & \overline{\boldsymbol{L}} + \boldsymbol{B} \end{bmatrix}$，其中，$\boldsymbol{b} = [b_1, b_2, \cdots, b_N]^{\mathrm{T}}$ 表示从领导智能体到子智能体的通信权值，如果智能体 m 能收到领导智能体的信息，那么它不再与其他子智能体进行通信；$\boldsymbol{B} = \mathrm{diag}\{b_1, b_2, \cdots, b_N\}$，并且 $\overline{\boldsymbol{L}} = \overline{\boldsymbol{D}} - \overline{\boldsymbol{A}}$ 是与 $\overline{\mathcal{G}}$ 相关的拉普拉斯矩阵，其中 $\overline{\boldsymbol{D}} = \mathrm{diag}\{d_1, d_2, \cdots, d_N\}$；$d_m$ 是矩阵 $\overline{\boldsymbol{D}}$ 的对角线元

素。根据上述描述，可以得到以下关系式 $d_m = b_m + \sum\limits_{l \in \mathcal{N}_m} a_{ml} \neq 0$。

假设 5.4　领导智能体的输出即参考信号 y_r 是一个有界的连续信号，且满足 $0 \in \mathcal{N}_m (m = 1, 2, \cdots, N)$ 的所有子智能体都可以接收到该参考信号；y_r 的 α 阶微分信号也有界，但并非对所有子智能体都可见。

假设 5.5　时变的外部扰动 $d_{i,k}$ 未知但有界，满足 $d_{i,k} \leqslant |\bar{d}_{i,k}|$；同时，其 α 阶微分结果也有界。

5.2.4　控制器设计

目前，多智能体系统的控制问题都是先针对单个子智能体设计控制器，再将其过程推广到其他子智能体。为设计自适应控制器，首先定义各阶跟踪误差如下：

$$
\begin{aligned}
s_{i,1} &= b_i(x_{i,1} - y_d) + \sum_{l \in \mathcal{N}_i} a_{il}(x_{i,1} - x_{l,1}) \\
s_{i,2} &= x_{i,2} - \beta_{i,1} \\
s_{i,k} &= x_{i,k} - \beta_{i,k-1}
\end{aligned}
\tag{5.31}
$$

式中，$i = 1, 2, \cdots, N$，$k = 2, 3, \cdots, n_i$；$\beta_{i,k-1}$ 为第 k 阶虚拟控制信号。利用 RBF 神经网络和反步法进行控制器的设计，设计过程如下。

步骤 1　由系统动力学模型 (5.30) 以及跟踪误差 (5.31) 可得

$$
\begin{aligned}
D^\alpha s_{i,1} &= b_i(D^\alpha x_{i,1} - D^\alpha y_d) + \sum_{l \in \mathcal{N}_i} a_{il}(D^\alpha x_{i,1} - D^\alpha x_{l,1}) \\
&= d_i[x_{i,2} + g_{i,1}^j(\bar{x}_{i,1}) + d_{i,1}] - b_i D^\alpha y_d - \sum_{l \in \mathcal{N}_i} a_{i,l}[x_{l,2} + g_{l,1}^j(\bar{x}_{l,1}) + d_{l,1}]
\end{aligned}
\tag{5.32}
$$

此处，将引入两个未知的非线性函数 $f_{i,k}(\bar{x}_{i,k})$、$h_{i,k}(\bar{x}_{i,k})$，函数满足以下条件：

$$
f_{i,k}(\bar{x}_{i,k}) = g_{i,k}^j(\bar{x}_{i,k}) - h_{i,k}(\bar{x}_{i,k}), \quad j = 1, 2, 3
\tag{5.33}
$$

将式 (5.33) 代入式 (5.32)，可得

$$
D^\alpha s_{i,1} = d_i[s_{i,2} + \beta_{i,1} + f_{i,1}(\bar{x}_{i,1}) + d_{i,1}] + y_i
\tag{5.34}
$$

其中，$y_i = D^\alpha Y_i$，$Y_i = -b_i D^\alpha y_r - \sum\limits_{l \in \mathcal{N}_i} a_{i,l}[x_{l,2} + f_{l,1}(\bar{x}_{l,1}) + d_{l,1}]$。之后利用 RBF 神经网络来逼近之前介绍的两个未知的非线性函数，逼近结果如下：

$$
\begin{aligned}
f_{i,1}(\bar{x}_{i,1}) &= \boldsymbol{\Theta}_{i,1}\boldsymbol{\Phi}_{i,1}(\bar{x}_{i,1}) + \varepsilon_{i,1} \\
h_{i,1}(\bar{x}_{i,1}) &= \boldsymbol{\theta}_{i,1}\boldsymbol{\phi}_{i,1}(\bar{x}_{i,1}) + \varsigma_{i,1}
\end{aligned}
\tag{5.35}
$$

则可以得到

$$
\begin{aligned}
s_{i,1}\mathrm{D}^{\alpha}s_{i,1} &= d_{i}s_{i,1}(s_{i,2}+\beta_{i,1}) + d_{i}s_{i,1}\boldsymbol{\Theta}_{i,1}\boldsymbol{\Phi}_{i,1}(\overline{\boldsymbol{x}}_{i,1}) + d_{i}s_{i,1}\boldsymbol{\theta}_{i,1}\boldsymbol{\phi}_{i,1}(\overline{\boldsymbol{x}}_{i,1}) \\
&\quad + d_{i}s_{i,1}\delta_{i,1} + s_{i,1}y_{i} \\
&= d_{i}s_{i,1}(s_{i,2}+\beta_{i,1}) + d_{i}s_{i,1}[\hat{\boldsymbol{\Theta}}_{i,1}^{\mathrm{T}}\boldsymbol{\Phi}_{i,1}(\overline{\boldsymbol{x}}_{i,1}) + \hat{\boldsymbol{\theta}}_{i,1}^{\mathrm{T}}\boldsymbol{\phi}_{i,1}(\overline{\boldsymbol{x}}_{i,1})] \\
&\quad + d_{i}s_{i,1}[\tilde{\boldsymbol{\Theta}}_{i,1}^{\mathrm{T}}\boldsymbol{\Phi}_{i,1}(\overline{\boldsymbol{x}}_{i,1}) + \tilde{\boldsymbol{\theta}}_{i,1}^{\mathrm{T}}\boldsymbol{\phi}_{i,1}(\overline{\boldsymbol{x}}_{i,1})] + d_{i}s_{i,1}(\hat{\delta}_{i,1}+\tilde{\delta}_{i,1}) + s_{i,1}y_{i}
\end{aligned}
\tag{5.36}
$$

其中，$\hat{\boldsymbol{\Theta}}_{i,1}$ 和 $\hat{\boldsymbol{\theta}}_{i,1}$ 分别是 $f_{i,1}(\overline{\boldsymbol{x}}_{i,1})$ 和 $h_{i,1}(\overline{\boldsymbol{x}}_{i,1})$ 的 RBF 神经网络最佳向量估计值，$\boldsymbol{\Theta}_{i,1}$ 和 $\boldsymbol{\theta}_{i,1}$ 是估计误差，满足 $\boldsymbol{\Theta}_{i,1}=\hat{\boldsymbol{\Theta}}_{i,1}+\tilde{\boldsymbol{\Theta}}_{i,1}$，$\boldsymbol{\theta}_{i,1}=\hat{\boldsymbol{\theta}}_{i,1}+\tilde{\boldsymbol{\theta}}_{i,1}$；$\boldsymbol{\Phi}_{i,1}(\cdot)$ 和 $\boldsymbol{\phi}_{i,1}(\cdot)$ 为神经网络的基函数；常数 $\delta_{i,1}$ 满足 $\delta_{i,1}=\varepsilon_{i,1}+\varsigma_{i,1}+d_{i}$，$\hat{\delta}_{i,1}$ 和 $\tilde{\delta}_{i,1}$ 分别为其估计值和估计误差。

为简化控制器设计过程，将本步骤的虚拟控制量 $\beta_{i,1}$ 设计为

$$
\beta_{i,1} = -d_{i}^{-1}k_{i,1}s_{i,1} - \hat{\boldsymbol{\Theta}}_{i,1}^{\mathrm{T}}\boldsymbol{\Phi}_{i,1} - \hat{\boldsymbol{\theta}}_{i,1}^{\mathrm{T}}\boldsymbol{\phi}_{i,1} - \hat{\delta}_{i,1} - d_{i}^{-1}y_{i}
\tag{5.37}
$$

其中，$k_{i,1}\geqslant 0$ 为待设计参数。将式 (5.37) 代入式 (5.36) 可得

$$
s_{i,1}\mathrm{D}^{\alpha}s_{i,1} \leqslant -k_{i,1}s_{i,1}^{2} + d_{i}\tilde{\boldsymbol{\Theta}}_{i,1}^{\mathrm{T}}\boldsymbol{\Phi}_{i,1} + d_{i}\tilde{\boldsymbol{\theta}}_{i,1}^{\mathrm{T}}\boldsymbol{\phi}_{i,1} + d_{i}\tilde{\delta}_{i,1}
\tag{5.38}
$$

选择 Lyapunov 函数为

$$
V_{i,1} = \frac{1}{2}s_{i,1}^{2} + \frac{1}{2M_{i,1}}\tilde{\boldsymbol{\Theta}}_{i,1}^{\mathrm{T}}\tilde{\boldsymbol{\Theta}}_{i,1} + \frac{1}{2N_{i,1}}\tilde{\boldsymbol{\theta}}_{i,1}^{\mathrm{T}}\tilde{\boldsymbol{\theta}}_{i,1} + \frac{1}{2P_{i,1}}\tilde{\delta}_{i,1}^{2}
\tag{5.39}
$$

其中，$M_{i,1}$、$N_{i,1}$ 和 $P_{i,1}$ 为待设计的正常数参数。由引理 5.1 可得

$$
\mathrm{D}^{\alpha}V_{i,1} \leqslant s_{i,1}\mathrm{D}^{\alpha}s_{i,1} + \frac{1}{M_{i,1}}\tilde{\boldsymbol{\Theta}}_{i,1}^{\mathrm{T}}\mathrm{D}^{\alpha}\tilde{\boldsymbol{\Theta}}_{i,1} + \frac{1}{N_{i,1}}\tilde{\boldsymbol{\theta}}_{i,1}^{\mathrm{T}}\mathrm{D}^{\alpha}\tilde{\boldsymbol{\theta}}_{i,1} + \frac{1}{P_{i,1}}\tilde{\delta}_{i,1}\mathrm{D}^{\alpha}\tilde{\delta}_{i,1}
\tag{5.40}
$$

由于常数以及常数向量的分数阶微分结果为 0，则有 $\tilde{\boldsymbol{\Delta}}=-\hat{\boldsymbol{\Delta}}$。为确保子系统的稳定性，设计如下自适应控制律：

$$
\begin{aligned}
\mathrm{D}^{\alpha}\hat{\boldsymbol{\Theta}}_{i,1} &= d_{i}M_{i,1}s_{i,1}\boldsymbol{\Phi}_{i,1} - m_{i,1}\hat{\boldsymbol{\Theta}}_{i,1} \\
\mathrm{D}^{\alpha}\hat{\boldsymbol{\theta}}_{i,1} &= d_{i}N_{i,1}s_{i,1}\boldsymbol{\phi}_{i,1} - n_{i,1}\hat{\boldsymbol{\theta}}_{i,1} \\
\mathrm{D}^{\alpha}\hat{\delta}_{i,1} &= d_{i}P_{i,1}s_{i,1} - p_{i,1}\hat{\delta}_{i,1}
\end{aligned}
\tag{5.41}
$$

其中，$m_{i,1}$、$s_{i,1}$、$p_{i,1}$ 和 $n_{i,1}$ 为待设计的正常数参数。

将式 (5.38)、式 (5.41) 代入式 (5.40)，可得

$$
\begin{aligned}
\mathrm{D}^{\alpha}V_{i,1} &\leqslant -k_{i,1}s_{i,1}^{2} + \frac{m_{i,1}}{M_{i,1}}\tilde{\boldsymbol{\Theta}}_{i,1}^{\mathrm{T}}\hat{\boldsymbol{\Theta}}_{i,1} + \frac{n_{i,1}}{N_{i,1}}\tilde{\boldsymbol{\theta}}_{i,1}^{\mathrm{T}}\hat{\boldsymbol{\theta}}_{i,1} + \frac{p_{i,1}}{P_{i,1}}\tilde{\delta}_{i,1}\hat{\delta}_{i,1} + d_{i}s_{i,1}s_{i,2} \\
&\leqslant -K_{i,1}V_{i,1} + H_{i,1} + d_{i}s_{i,1}s_{i,2}
\end{aligned}
\tag{5.42}
$$

其中，$K_{i,1} = \min\{2k_{i,1}, m_{i,1}, n_{i,1}, p_{i,1}\}$，$H_{i,1} = \dfrac{m_{i,1}}{2M_{i,1}} \boldsymbol{\Theta}_{i,1}^{\mathrm{T}} \boldsymbol{\Theta}_{i,1} + \dfrac{n_{i,1}}{2N_{i,1}} \boldsymbol{\theta}_{i,1}^{\mathrm{T}} \boldsymbol{\theta}_{i,1} + \dfrac{p_{i,1}}{2P_{i,1}} \delta_{i,1}^2$。

步骤 2　与步骤 1 类似，可得

$$
\begin{aligned}
\mathrm{D}^{\alpha} s_{i,2} &= \mathrm{D}^{\alpha} x_{i,2} - \mathrm{D}^{\alpha} \beta_{i,1} \\
&= x_{i,3} + g_{i,2}^j(\overline{\boldsymbol{x}}_{i,2}) + d_{i,2} - \mathrm{D}^{\alpha} \beta_{i,1} \\
&= s_{i,3} + \beta_{i,2} + f_{i,2}(\overline{\boldsymbol{x}}_{i,2}) + h_{i,2}(\overline{\boldsymbol{x}}_{i,2}) - \mathrm{D}^{\alpha} \beta_{i,1}
\end{aligned} \tag{5.43}
$$

使用 RBF 神经网络来逼近未知函数 $f_{i,2}(\overline{\boldsymbol{x}}_{i,2})$ 和 $h_{i,2}(\overline{\boldsymbol{x}}_{i,2})$，结果如下：

$$
\begin{aligned}
f_{i,2}(\overline{\boldsymbol{x}}_{i,2}) &= \boldsymbol{\Theta}_{i,2} \boldsymbol{\Phi}_{i,2}(\overline{\boldsymbol{x}}_{i,2}) + \varepsilon_{i,2} \\
h_{i,2}(\overline{\boldsymbol{x}}_{i,2}) &= \boldsymbol{\theta}_{i,2} \boldsymbol{\phi}_{i,2}(\overline{\boldsymbol{x}}_{i,2}) + \varsigma_{i,2}
\end{aligned} \tag{5.44}
$$

则有

$$
\begin{aligned}
s_{i,2} \mathrm{D}^{\alpha} s_{i,2} &= s_{i,2}(s_{i,3} + \beta_{i,2}) + s_{i,2}(\hat{\boldsymbol{\Theta}}_{i,2}^{\mathrm{T}} \boldsymbol{\Phi}_{i,2} + \hat{\boldsymbol{\theta}}_{i,2}^{\mathrm{T}} \boldsymbol{\phi}_{i,2}) \\
&\quad + s_{i,2}(\tilde{\boldsymbol{\Theta}}_{i,2}^{\mathrm{T}} \boldsymbol{\Phi}_{i,2} + \tilde{\boldsymbol{\theta}}_{i,2}^{\mathrm{T}} \boldsymbol{\phi}_{i,2}) + s_{i,2}(\tilde{\delta}_{i,2} + \tilde{\delta}_{i,2}) - s_{i,2} \mathrm{D}^{\alpha} \beta_{i,1}
\end{aligned} \tag{5.45}
$$

虚拟控制量和自适应控制律分别设计为

$$
\beta_{i,2} = -k_{i,2} s_{i,2} - d_i s_{i,1} - \hat{\boldsymbol{\Theta}}_{i,2}^{\mathrm{T}} \boldsymbol{\Phi}_{i,2} - \hat{\boldsymbol{\theta}}_{i,2}^{\mathrm{T}} \boldsymbol{\phi}_{i,2} - \hat{\delta}_{i,2} + \mathrm{D}^{\alpha} \beta_{i,1} \tag{5.46}
$$

$$
\begin{aligned}
\mathrm{D}^{\alpha} \hat{\boldsymbol{\Theta}}_{i,2} &= M_{i,2} s_{i,2} \boldsymbol{\Phi}_{i,2} - m_{i,2} \hat{\boldsymbol{\Theta}}_{i,2} \\
\mathrm{D}^{\alpha} \hat{\boldsymbol{\theta}}_{i,2} &= N_{i,2} s_{i,2} \boldsymbol{\phi}_{i,2} - n_{i,2} \hat{\boldsymbol{\theta}}_{i,2} \\
\mathrm{D}^{\alpha} \hat{\delta}_{i,2} &= P_{i,2} s_{i,2} - p_{i,2} \hat{\delta}_{i,2}
\end{aligned} \tag{5.47}
$$

Lyapunov 函数选择为

$$
V_{i,2} = \frac{1}{2} s_{i,2}^2 + \frac{1}{2M_{i,2}} \tilde{\boldsymbol{\Theta}}_{i,2}^{\mathrm{T}} \tilde{\boldsymbol{\Theta}}_{i,2} + \frac{1}{2N_{i,2}} \tilde{\boldsymbol{\theta}}_{i,2}^{\mathrm{T}} \tilde{\boldsymbol{\theta}}_{i,2} + \frac{1}{2P_{i,2}} \tilde{\delta}_{i,2}^2 \tag{5.48}
$$

根据引理 5.1，以及由式 (5.46) 和式 (5.47)，可得

$$
\begin{aligned}
\mathrm{D}^{\alpha} V_{i,2} &\leqslant s_{i,2} \mathrm{D}^{\alpha} s_{i,2} - \frac{1}{M_{i,2}} \tilde{\boldsymbol{\Theta}}_{i,2}^{\mathrm{T}} \mathrm{D}^{\alpha} \hat{\boldsymbol{\Theta}}_{i,2} - \frac{1}{N_{i,2}} \tilde{\boldsymbol{\theta}}_{i,2}^{\mathrm{T}} \mathrm{D}^{\alpha} \hat{\boldsymbol{\theta}}_{i,2} - \frac{1}{P_{i,2}} \tilde{\delta}_{i,2} \mathrm{D}^{\alpha} \hat{\delta}_{i,2} \\
&\leqslant -k_{i,2} s_{i,2}^2 + \frac{m_{i,2}}{M_{i,2}} \tilde{\boldsymbol{\Theta}}_{i,2}^{\mathrm{T}} \hat{\boldsymbol{\Theta}}_{i,2} + \frac{n_{i,2}}{N_{i,2}} \tilde{\boldsymbol{\theta}}_{i,2}^{\mathrm{T}} \hat{\boldsymbol{\theta}}_{i,2} + \frac{p_{i,2}}{P_{i,2}} \tilde{\delta}_{i,2} \hat{\delta}_{i,2} - d_i s_{i,1} s_{i,2} + s_{i,2} s_{i,3} \\
&\leqslant -K_{i,2} V_{i,2} + H_{i,2} - d_i s_{i,1} s_{i,2} + s_{i,2} s_{i,3}
\end{aligned} \tag{5.49}
$$

其中，$K_{i,2} = \min\{2k_{i,2}, m_{i,2}, n_{i,2}, p_{i,2}\}$；$H_{i,2} = \dfrac{m_{i,2}}{2M_{i,2}} \boldsymbol{\Theta}_{i,2}^{\mathrm{T}} \boldsymbol{\Theta}_{i,2} + \dfrac{n_{i,2}}{2N_{i,2}} \boldsymbol{\theta}_{i,2}^{\mathrm{T}} \boldsymbol{\theta}_{i,2} + \dfrac{p_{i,2}}{2P_{i,2}} \delta_{i,2}^2$。

步骤 k 与先前步骤类似，选取 Lyapunov 函数为

$$V_{i,k} = \frac{1}{2}s_{i,k}^2 + \frac{1}{2M_{i,k}}\tilde{\boldsymbol{\Theta}}_{i,k}^{\mathrm{T}}\tilde{\boldsymbol{\Theta}}_{i,k} + \frac{1}{2N_{i,k}}\tilde{\boldsymbol{\theta}}_{i,k}^{\mathrm{T}}\tilde{\boldsymbol{\theta}}_{i,k} + \frac{1}{2P_{i,k}}\tilde{\delta}_{i,k}^2 \tag{5.50}$$

虚拟控制量和自适应控制律设计为

$$\beta_{i,k} = -k_{i,k}s_{i,k} - s_{i,k-1} - \hat{\boldsymbol{\Theta}}_{i,k}^{\mathrm{T}}\boldsymbol{\Phi}_{i,k} - \hat{\boldsymbol{\theta}}_{i,k}^{\mathrm{T}}\boldsymbol{\phi}_{i,k} - \hat{\delta}_{i,k} + \mathrm{D}^{\alpha}\beta_{i,k-1} \tag{5.51}$$

$$\begin{aligned} \mathrm{D}^{\alpha}\hat{\boldsymbol{\Theta}}_{i,k} &= M_{i,k}s_{i,k}\boldsymbol{\Phi}_{i,k} - m_{i,k}\hat{\boldsymbol{\Theta}}_{i,k} \\ \mathrm{D}^{\alpha}\hat{\boldsymbol{\theta}}_{i,k} &= N_{i,k}s_{i,k}\boldsymbol{\phi}_{i,k} - n_{i,k}\hat{\boldsymbol{\theta}}_{i,k} \\ \mathrm{D}^{\alpha}\hat{\delta}_{i,k} &= P_{i,k}s_{i,k} - p_{i,k}\hat{\delta}_{i,k} \end{aligned} \tag{5.52}$$

根据式(5.25)、式(5.51)和式(5.52)，可得

$$\begin{aligned} \mathrm{D}^{\alpha}V_{i,k} &\leqslant -k_{i,k}s_{i,k}^2 - s_{i,k-1}s_{i,k} + \frac{m_{i,k}}{M_{i,k}}\tilde{\boldsymbol{\Theta}}_{i,k}^{\mathrm{T}}\hat{\boldsymbol{\Theta}}_{i,k} + \frac{n_{i,k}}{N_{i,k}}\tilde{\boldsymbol{\theta}}_{i,k}^{\mathrm{T}}\hat{\boldsymbol{\theta}}_{i,k} + \frac{p_{i,k}}{P_{i,k}}\tilde{\delta}_{i,k}\hat{\delta}_{i,k} + s_{i,k}s_{i,k+1} \\ &\leqslant -K_{i,k}V_{i,k} + H_{i,k} - s_{i,k-1}s_{i,k} + s_{i,k}s_{i,k+1} \end{aligned} \tag{5.53}$$

其中，$K_{i,k} = \min\{2k_{i,k}, m_{i,k}, n_{i,k}, p_{i,k}\}$；$H_{i,k} = \frac{m_{i,k}}{2M_{i,k}}\boldsymbol{\Theta}_{i,k}^{\mathrm{T}}\boldsymbol{\Theta}_{i,k} + \frac{n_{i,k}}{2N_{i,k}}\boldsymbol{\theta}_{i,k}^{\mathrm{T}}\boldsymbol{\theta}_{i,k} + \frac{p_{i,k}}{2P_{i,k}}\delta_{i,k}^2$。

步骤 n_i 此时将设计自适应控制器。与前几步类似，根据式(5.30)、式(5.31)和式(5.35)可得

$$\begin{aligned} \mathrm{D}^{\alpha}s_{i,n_i} &= u_i + f_{i,n_i}(\overline{\boldsymbol{x}}_{i,n_i}) + h_{i,n_i}(\overline{\boldsymbol{x}}_{i,n_i}) + d_{i,n_i} - \mathrm{D}^{\alpha}\beta_{i,n_i-1} \\ &= u_i + \boldsymbol{\Theta}_{i,n_i}^{\mathrm{T}}\boldsymbol{\Phi}_{i,n_i} + \boldsymbol{\theta}_{i,n_i}^{\mathrm{T}}\boldsymbol{\phi}_{i,n_i} + \delta_{i,n_i} - \mathrm{D}^{\alpha}\beta_{i,n_i-1} \end{aligned} \tag{5.54}$$

Lyapunov 函数选择为

$$V_{i,n_i} = \frac{1}{2}s_{i,n_i}^2 + \frac{1}{2M_{i,n_i}}\tilde{\boldsymbol{\Theta}}_{i,n_i}^{\mathrm{T}}\tilde{\boldsymbol{\Theta}}_{i,n_i} + \frac{1}{2N_{i,n_i}}\tilde{\boldsymbol{\theta}}_{i,n_i}^{\mathrm{T}}\tilde{\boldsymbol{\theta}}_{i,n_i} + \frac{1}{2P_{i,n_i}}\tilde{\delta}_{i,n_i}^2 \tag{5.55}$$

系统的控制输入以及自适应控制律设计为

$$u_i = -k_{i,n_i}s_{i,n_i} - s_{i,n_i-1} - \hat{\boldsymbol{\Theta}}_{i,n_i}^{\mathrm{T}}\boldsymbol{\Phi}_{i,n_i} - \hat{\boldsymbol{\theta}}_{i,n_i}^{\mathrm{T}}\boldsymbol{\phi}_{i,n_i} - \hat{\delta}_{i,n_i} + \mathrm{D}^{\alpha}\beta_{i,n_i-1} \tag{5.56}$$

$$\begin{aligned} \mathrm{D}^{\alpha}\hat{\boldsymbol{\Theta}}_{i,n_i} &= M_{i,n_i}s_{i,n_i}\boldsymbol{\Phi}_{i,n_i} - m_{i,n_i}\hat{\boldsymbol{\Theta}}_{i,n_i} \\ \mathrm{D}^{\alpha}\hat{\boldsymbol{\theta}}_{i,n_i} &= N_{i,n_i}s_{i,n_i}\boldsymbol{\phi}_{i,n_i} - n_{i,n_i}\hat{\boldsymbol{\theta}}_{i,n_i} \\ \mathrm{D}^{\alpha}\hat{\delta}_{i,n_i} &= P_{i,n_i}s_{i,n_i} - p_{i,n_i}\hat{\delta}_{i,n_i} \end{aligned} \tag{5.57}$$

根据式(5.25)、式(5.56)和式(5.57)，可得

$$D^\alpha V_{i,n_i} \leqslant s_{i,n_i} D^\alpha s_{i,n_i} - \frac{1}{M_{i,n_i}} \tilde{\Theta}_{i,n_i}^T D^\alpha \hat{\Theta}_{i,n_i} - \frac{1}{N_{i,n_i}} \tilde{\theta}_{i,n_i}^T D^\alpha \hat{\theta}_{i,n_i} - \frac{1}{P_{i,n_i}} \tilde{\delta}_{i,n_i} D^\alpha \hat{\delta}_{i,n_i}$$

$$\leqslant -k_{i,n_i} s_{i,n_i}^2 + \frac{m_{i,n_i}}{M_{i,n_i}} \tilde{\Theta}_{i,n_i}^T \hat{\Theta}_{i,n_i} + \frac{n_{i,n_i}}{N_{i,n_i}} \tilde{\theta}_{i,n_i}^T \hat{\theta}_{i,n_i} + \frac{p_{i,n_i}}{P_{i,n_i}} \tilde{\delta}_{i,n_i} \hat{\delta}_{i,n_i} - s_{i,n_i-1} s_{i,n_i} \quad (5.58)$$

$$\leqslant -K_{i,n_i} V_{i,n_i} + H_{i,n_i} - s_{i,n_i-1} s_{i,n_i}$$

其中，$K_{i,n_i} = \min\{2k_{i,n_i}, m_{i,n_i}, n_{i,n_i}, p_{i,n_i}\}$；$H_{i,n_i} = \dfrac{m_{i,n_i}}{2M_{i,n_i}} \Theta_{i,n_i}^T \Theta_{i,n_i} + \dfrac{n_{i,n_i}}{2N_{i,n_i}} \theta_{i,n_i}^T \theta_{i,n_i} +$

$\dfrac{p_{i,n_i}}{2P_{i,n_i}} \delta_{i,n_i}^2$。

对于子智能体 i，选择闭环 Lyapunov 函数为

$$V_i = V_{i,1} + \cdots + V_{i,k} + \cdots + V_{i,n_i} \quad (5.59)$$

则有

$$D^\alpha V_i = D^\alpha V_{i,1} + \cdots + D^\alpha V_{i,k} + \cdots + D^\alpha V_{i,n_i}$$

$$\leqslant -K_i + H_i \quad (5.60)$$

其中，$K_i = \min\{K_{i,1}, \cdots, K_{i,k}, \cdots, K_{i,n_i}\}$；$H_i = \displaystyle\sum_{k=1}^{n_i} H_{i,k}$。

5.2.5　仿真结果分析

考虑一个切换的严格反馈的不确定多智能体系统(5.30)，该多智能体系统由 1 个领导智能体和 5 个子智能体组成，即 $i = 1, 2, 3, 4, 5$；$\boldsymbol{x}_i = (x_{i,1}, x_{i,2})^T$；外部扰动为 $d_{i,1} = 0.11\sin t$、$d_{i,2} = 0.09\cos t$；切换函数设计为 $g_{1,1}^1 = 0.3\sin x_{1,1} + 0.2\sin(e^{x_{1,1}} + 1)$、$g_{1,1}^2 = 0.5 x_{1,1} + 0.1\sin e^{x_{1,1}} \cos x_{1,1}^3$、$g_{1,1}^3 = 0.2\cos x_{1,1} + 0.3\sin e^{x_{1,1}}$、$g_{1,2}^1 = \cos(x_{1,1} + x_{1,2})$、$g_{1,2}^2 = 0.5 x_{1,2} + 0.1 e^{x_{1,1} + x_{1,2}}$、$g_{1,2}^3 = 0.2 x_{1,2} + 0.4\sin x_{1,2} \cos x_{1,1}$。其余切换函数与之类似，均选取初等函数的随机组合。参数切换信号如图 5.3 所示。领导智能体的输出

为 $y_r = \sin t$，有向通信图的设计为 $b_i = (1, 0, 0, 0, 0)$，$a_{ij} = \begin{bmatrix} 0 & 0 & 0 & 0 & 0 \\ 1 & 0 & 0 & 0 & 0 \\ 1 & 0 & 0 & 0 & 0 \\ 0 & 1 & 1 & 0 & 0 \\ 0 & 1 & 1 & 1 & 0 \end{bmatrix}$。控制性

能仿真结果如图 5.4 所示，可以看出根据所提的控制方法，能够获得很好的控制性能。

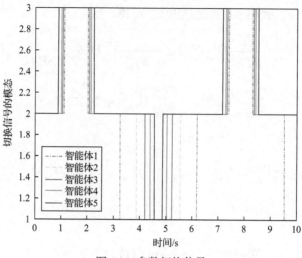

图 5.3　参数切换信号

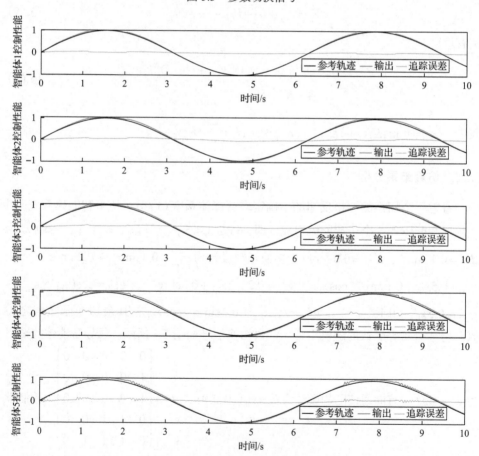

图 5.4　不同智能体动态响应性能

5.3　含未知控制方向的多电机伺服系统自适应反步法

本节主要讨论一类用于解决未知控制方向的自适应反步控制方法，即基于 Nussbaum 函数的分散式自适应模糊控制方法。Nussbaum 函数常被用于控制器的设计当中来处理未知控制方向的影响，本节将重点研究适用于分数阶系统的分数阶 Nussbaum 函数增益法并设计合适的自适应控制器。

5.3.1　问题描述

本节介绍的被控对象是一类在实际工程中常见的多电机伺服系统——互联系统。

互联系统由多个独立的电机伺服系统通过弹簧、连杆、齿轮等互相连接起来，显著特征是被控对象的数学模型中含有互联项，具有强耦合性和非线性，如机械臂等。考虑如下一类由 N 个子系统构成的具有严格反馈形式的分数阶互联系统模型：

$$\begin{cases} \mathrm{D}^{\alpha} x_{i,j} = g_{i,j}(t) x_{i,j+1} + \phi_{i,j}(\bar{\boldsymbol{x}}_{i,j}) + f_{i,j}(\boldsymbol{X}) \\ \mathrm{D}^{\alpha} x_{i,n_i} = g_{i,n_i}(t) u_i + \phi_{i,n_i}(\boldsymbol{x}_i) + f_{i,n_i}(\boldsymbol{X}) \\ y_i = x_{i,1} \end{cases} \tag{5.61}$$

其中，$\alpha \in (0,1)$ 为系统的分数阶次，$j = 1, 2, \cdots, n_i$；$\boldsymbol{x}_i = (x_{i,1}, \cdots, x_{i,n_i})^{\mathrm{T}}$、$y_i$ 和 u_i 分别为系统的状态量、输出量和控制输入量；$\phi_{i,j}(\cdot)$ 为未知非线性函数；$f_{i,j}(\cdot)$ 为子系统之间的互联作用；$\bar{\boldsymbol{x}}_{i,j} = (x_{i,1}, \cdots, x_{i,j})^{\mathrm{T}}$；$\boldsymbol{X} = (\boldsymbol{x}_1, \cdots, \boldsymbol{x}_N)^{\mathrm{T}}$；$g_{i,j}(t)$ 为时变的控制系数，大小和符号均未知；$i = 1, 2, \cdots, N$ 且 $j = 1, 2, \cdots, n_i$。

假设 5.6　时变控制系数 $g_{i,j}$ 在未知区间 $G_{i,j} : [g_{i,j}^-, g_{i,j}^+]$，$0 \notin G_{i,j}$ 内变化且控制方向相同。

假设 5.7　互联项 $f_{i,j}(\boldsymbol{X})$ 满足如下不等式：

$$f_{i,j}(\boldsymbol{X}) \leqslant \sum_{k=1}^{N} \beta_{i,j,k} |\psi_{i,j,k}(x_k)| \tag{5.62}$$

其中，未知常数 $\beta_{i,j,k}$ 表示互联作用的强度；$\psi_{i,j,k}(\cdot)$ 是未知的非线性函数。

假设 5.8　参考信号 y_{ri} 及 $\mathrm{D}^{\alpha} y_{ri}$ 均是光滑有界的。

对于假设 5.6，从实际工程中的多电机伺服系统来看，其合理性在于系统的可控性，确保未知时变控制系数 $g_{i,j}$ 不为 0。对于假设 5.7，这是互联系统控制需要考虑的假设条件，即互联项需要满足一定的增长限制条件，这在实际系统中是合理存在的，即子系统之间的互联作用是有界限的；另外，与其他常见假设中要求

函数 $\psi_{i,j,k}(\cdot)$ 为已知函数不同，这里放宽了假设，允许其为未知函数，使之可以应对复杂系统模型中难以确定增长条件的情况。基于该假设，将在后续控制器设计中应用模糊逻辑系统对互联项进行补偿。对于假设 5.8，在实际控制中参考信号 y_{ri} 需要人为给定，一般是随时间变化的光滑连续曲线，保证 y_{ri} 和 $\mathrm{D}^\alpha y_{ri}$ 的光滑有界。

对于互联项 $f_{i,j}(\cdot)$，常见形式是以系统输出 $y = (y_1,\cdots,y_N)^\mathrm{T}$ 为变量，此时 $f_{i,j}(y)$ 仅与各子系统的输出量有关，称为弱互联作用。但该条件并不能表达系统中存在的其他状态量的互联作用，因此本节放宽了该条件，选择以整个系统的状态量 $X = (x_1,\cdots,x_N)^\mathrm{T}$ 为变量，使互联项 $f_{i,j}(X)$ 更具有一般性，此时称其为强互联作用。

本节的控制目标是设计合适的分散式自适应控制器，使整个分数阶互联系统内的信号保持有界，并使系统输出 y_i 可以有效跟踪参考信号 y_{ri}，实现分数阶互联系统的跟踪控制。

5.3.2 分数阶多 Nussbaum 函数法

本节主要介绍分数阶多 Nussbaum 函数法，给出其稳定性判定定理及证明过程。把具有如下性质的函数称为 Nussbaum 函数：

$$
\begin{aligned}
&\lim_{s\to+\infty}\sup\int_{s_0}^s \mathcal{N}(\zeta)\mathrm{d}\zeta = +\infty \\
&\lim_{s\to-\infty}\sup\int_{s_0}^s \mathcal{N}(\zeta)\mathrm{d}\zeta = -\infty
\end{aligned}
\tag{5.63}
$$

常用的 Nussbaum 函数 $\mathcal{N}(\zeta)$ 有 $\mathrm{e}^{\zeta^2}\sin\dfrac{\zeta}{2}\pi$、$\mathrm{e}^{\zeta^2}\cos\dfrac{\zeta}{2}\pi$、$\zeta^2\sin\dfrac{\zeta}{2}\pi$、$\zeta^2\cos\dfrac{\zeta}{2}\pi$ 等。基于 Nussbaum 函数，提出如下用于系统稳定性分析的关键定理。

定理 5.2 $V(\cdot)\geqslant 0$ 和 $\zeta_i(\cdot)$ 为定义在 $[0,t_f)$ 的光滑函数，$g_i(t)$ 是在区间 $G_{i,j} := [g_{i,j}^-,g_{i,j}^+], 0\notin G_{i,j}$ 内变化的未知时变参数，若不等式

$$
\mathrm{D}^\alpha V(t) \leqslant -\lambda V + \sum_{i=1}^n [g_i \mathcal{N}(\zeta_i)\dot\zeta_i + \dot\zeta_i] + \delta
\tag{5.64}
$$

成立，则 $V(t)$ 和 $\zeta_i(t)$ 在区间内有界。其中，λ 和 δ 为正常数；$i=1,2,\cdots,n$。

证明 见文献[55]、[56]。

定理 5.2 主要用来分析多 Nussbaum 函数情况下，即含多个未知控制方向的分数阶系统的稳定性。通过拉普拉斯变换，该不等式可以由 α 阶导数形式变化为

$$
V(t) \leqslant \sum_{i=1}^n \int_0^t [g_i \mathcal{N}(\zeta_i)\dot\zeta_i + \dot\zeta_i] E_{\alpha,\alpha}[-\lambda(t-\varsigma)^\alpha](t-\varsigma)^{\alpha-1}\mathrm{d}\varsigma + h
\tag{5.65}
$$

其中，h 为常数。由定理 5.2 可得，$\int_0^t g_i \mathcal{N}(\zeta_i)\dot{\zeta}_i E_{\alpha,\alpha}[-\lambda(t-\varsigma)^\alpha](t-\varsigma)^{\alpha-1}\mathrm{d}\varsigma$ 和

$\int_0^t \dot{\zeta}_i E_{\alpha,\alpha}[-\lambda(t-\varsigma)^\alpha](t-\varsigma)^{\alpha-1}\mathrm{d}\varsigma$ 也保持有界。由系统的渐近收敛可知，$t_f \to \infty$。

同时，该定理也适用于单 Nussbaum 函数（$n=1$）情况和整数阶系统（$\alpha=1$）。

5.3.3　模糊逻辑系统

本节主要介绍模糊逻辑系统（fuzzy logic system, FLS）的相关知识。模糊逻辑系统采用一种常用的在线系统辨识算法。该算法根据专家经验设计出适合系统的模糊规则来在线辨识系统模型，常用来逼近系统内的未知函数。本节将采用模糊逻辑系统来在线辨识设计过程中的未知非线性函数，作为主要构成部分用于设计控制器。

模糊逻辑系统主要由四部分组成，即知识库、模糊化器、模糊推理机和解模糊器。其中，最重要的知识库根据专家经验确定，采用如下形式：

$$R^k: 如果\ x_1\ 满足\ F_1^k\ 且\ x_2\ 满足\ F_2^k\ 且\ x_n\ 满足\ F_n^k，$$
$$那么\ y\ 属于\ P^k, k=1,2,\cdots,N \tag{5.66}$$

其中，$\boldsymbol{x}=(x_1,x_2,\cdots,x_n)$ 和 y 是模糊逻辑系统的输入量和输出量；$F_i^k\ (i=1,2,\cdots,n)$ 和 P^k 是模糊集。

通过使用单个模糊化器、乘积推理和中心平均法去模糊化，模糊逻辑系统可以表示为

$$y(\boldsymbol{x}) = \frac{\sum_{k=1}^N \overline{y}_k \prod_{i=1}^n \mu_{F_i^k}(x_i)}{\sum_{k=1}^N \prod_{i=1}^n \mu_{F_i^k}(x_i)} \tag{5.67}$$

其中，$\mu_{F_i^k}(x_i)$ 是隶属度函数；$\overline{y}_k = \max\limits_{y\in\mathbf{R}} \mu_{P^k}(y)$。进一步，令 $\varphi_k(\boldsymbol{x}) = \dfrac{\prod_{i=1}^n \mu_{F_i^k}(x_i)}{\sum_{k=1}^N \prod_{i=1}^n \mu_{F_i^k}(x_i)}$，

$k=1,2,\cdots,N$，式（5.67）可以表示成

$$y(\boldsymbol{x}) = \boldsymbol{\theta}^\mathrm{T}\boldsymbol{\varphi}(\boldsymbol{x}) \tag{5.68}$$

其中，$\boldsymbol{\theta}^\mathrm{T}=(\theta_1,\theta_2,\cdots,\theta_N)=(\overline{y}_1,\overline{y}_2,\cdots,\overline{y}_N)$；$\boldsymbol{\varphi}(\boldsymbol{x})=(\varphi_1(\boldsymbol{x}),\varphi_2(\boldsymbol{x}),\cdots,\varphi_N(\boldsymbol{x}))^\mathrm{T}$。

根据以上定义，可以得到引理 5.3。

引理 5.3　$f(x)$ 是定义在闭集 Ω 上的连续函数，则对于任意常数 $\epsilon \geqslant 0$，存在模糊逻辑系统使得

$$\sup_{x \in \Omega} | f(x) - \boldsymbol{\theta}^{\mathrm{T}} \boldsymbol{\varphi}(x) | \leqslant \epsilon \tag{5.69}$$

5.3.4　控制器设计

本节将基于反步法进行控制器的设计。首先进行如下误差变换：

$$\begin{aligned} z_{i,1} &= y_i - y_{ri} \\ z_{i,j} &= x_{i,j} - \tau_{i,j-1}, \quad i = 1,2,\cdots,n, \quad j = 2,3,\cdots,n \end{aligned} \tag{5.70}$$

其中，$\tau_{i,j-1}$ 是虚拟控制率，其设计值将在后面的设计过程中确定。

步骤 1　对误差变量 $z_{i,1}$ 进行求导，由式 (5.61) 和式 (5.70) 可得

$$\mathrm{D}^{\alpha} z_{i,1} = g_{i,1} z_{i,2} + g_{i,1} \tau_{i,1} + \phi_{i,1} + f_{i,1} - \mathrm{D}^{\alpha} y_{ri} \tag{5.71}$$

该式中存在未知函数 $\phi_{i,1}$，这里采用模糊逻辑系统来逼近处理：

$$\hat{\phi}_{i,1} = \boldsymbol{\theta}_{i,1}^{\mathrm{T}} \boldsymbol{\varphi}_{i,1}(x_{i,1}, \boldsymbol{\theta}_{i,1}) \tag{5.72}$$

在闭集 $\Omega_{i,1}$ 和 $\Xi_{i,1}$ 内，最优参数向量 $\boldsymbol{\theta}_{i,1}^*$ 可以定义为

$$\boldsymbol{\theta}_{i,1}^* = \underset{\boldsymbol{\theta}_{i,1} \in \Omega_{i,1}}{\arg \min} \left[\sup_{x_{i,1} \in \Xi_{i,1}} | \phi_{i,1} - \hat{\phi}_{i,1}(x_{i,1}, \boldsymbol{\theta}_{i,1}) | \right] \tag{5.73}$$

相应地，最优逼近误差可以定义为

$$\varepsilon_{i,1} = \phi_{i,1} - \hat{\phi}_{i,1}(x_{i,1}, \boldsymbol{\theta}_{i,1}^*) \tag{5.74}$$

此时存在一个常数 $\bar{\varepsilon}_{i,1} > 0$，使得不等式 $|\varepsilon_{i,1}| \leqslant \bar{\varepsilon}_{i,1}$ 恒成立。

因此，可以得到

$$\begin{aligned} \mathrm{D}^{\alpha} z_{i,1} &= g_{i,1} z_{i,2} + g_{i,1} \tau_{i,1} + \phi_{i,1} - \hat{\phi}_{i,1} + \hat{\phi}_{i,1} + f_{i,1} - \mathrm{D}^{\alpha} y_{ri} \\ &= g_{i,1} z_{i,2} + g_{i,1} \tau_{i,1} + \phi_{i,1} - \hat{\phi}_{i,1}(x_{i,1}, \boldsymbol{\theta}_{i,1}^*) + \hat{\phi}_{i,1}(x_{i,1}, \boldsymbol{\theta}_{i,1}^*) - \hat{\phi}_{i,1} + \hat{\phi}_{i,1} + f_{i,1} - \mathrm{D}^{\alpha} y_{ri} \\ &= g_{i,1} z_{i,2} + g_{i,1} \tau_{i,1} + \boldsymbol{\theta}_{i,1}^{\mathrm{T}} \boldsymbol{\varphi}_{i,1} + \tilde{\boldsymbol{\theta}}_{i,1}^{\mathrm{T}} \boldsymbol{\varphi}_{i,1} + \varepsilon_{i,1} + f_{i,1} - \mathrm{D}^{\alpha} y_{ri} \end{aligned}$$

$$\tag{5.75}$$

其中，$\tilde{\boldsymbol{\theta}}_{i,1} = \boldsymbol{\theta}_{i,1}^* - \boldsymbol{\theta}_{i,1}$。设计虚拟控制率 $\tau_{i,1}$ 如下：

$$\tau_{i,1} = \mathcal{N}(\zeta_{i,1})\eta_{i,1}$$

$$\eta_{i,1} = c_{i,1}z_{i,1} + k_{i,1}z_{i,1} + l_{i,1}z_{i,1} + \boldsymbol{\theta}_{i,1}^{\mathrm{T}}\boldsymbol{\varphi}_{i,1} - \mathrm{D}^{\alpha}y_{ri} \tag{5.76}$$

$$\dot{\zeta}_{i,1} = z_{i,1}\eta_{i,1}$$

其中，$c_{i,1}$、$k_{i,1}$ 和 $l_{i,1}$ 均为正的设计参数。将其代入式 (5.75)，可得

$$\begin{aligned}
\mathrm{D}^{\alpha}z_{i,1} &= g_{i,1}z_{i,2} + g_{i,1}\tau_{i,1} + \eta_{i,1} - \eta_{i,1} + \boldsymbol{\theta}_{i,1}^{\mathrm{T}}\boldsymbol{\varphi}_{i,1} + \tilde{\boldsymbol{\theta}}_{i,1}^{\mathrm{T}}\boldsymbol{\varphi}_{i,1} + \varepsilon_{i,1} + f_{i,1} - \mathrm{D}^{\alpha}y_{ri} \\
&= g_{i,1}z_{i,2} + g_{i,1}\mathcal{N}(\zeta_{i,1})\eta_{i,1} + \eta_{i,1} - c_{i,1}z_{i,1} - k_{i,1}z_{i,1} + \varepsilon_{i,1} - l_{i,1}z_{i,1} + f_{i,1} + \tilde{\boldsymbol{\theta}}_{i,1}^{\mathrm{T}}\boldsymbol{\varphi}_{i,1}
\end{aligned} \tag{5.77}$$

两边同时乘 $z_{i,1}$ 可得

$$\begin{aligned}
z_{i,1}\mathrm{D}^{\alpha}z_{i,1} &= g_{i,1}z_{i,1}z_{i,2} + g_{i,1}\mathcal{N}(\zeta_{i,1})\dot{\zeta}_{i,1} + \dot{\zeta}_{i,1} - c_{i,1}z_{i,1}^2 - k_{i,1}z_{i,1}^2 + z_{i,1}\varepsilon_{i,1} \\
&\quad - l_{i,1}z_{i,1}^2 + z_{i,1}f_{i,1} + z_{i,1}\tilde{\boldsymbol{\theta}}_{i,1}^{\mathrm{T}}\boldsymbol{\varphi}_{i,1}
\end{aligned} \tag{5.78}$$

利用 Young（杨氏）不等式 $ab \leqslant a^2 + \dfrac{1}{4}b^2$ 分析，可以得到

$$z_{i,1}\mathrm{D}^{\alpha}z_{i,1} \leqslant g_{i,1}z_{i,1}z_{i,2} + g_{i,1}\mathcal{N}(\zeta_{i,1})\dot{\zeta}_{i,1} + \dot{\zeta}_{i,1} - c_{i,1}z_{i,1}^2 + \frac{1}{4k_{i,1}}\bar{\varepsilon}_{i,1}^2 + \frac{1}{4l_{i,1}}f_{i,1}^2 + z_{i,1}\tilde{\boldsymbol{\theta}}_{i,1}^{\mathrm{T}}\boldsymbol{\varphi}_{i,1} \tag{5.79}$$

构造 Lyapunov 函数如下：

$$V_{i,1} = \frac{1}{2}z_{i,1}^2 + \frac{1}{2}\tilde{\boldsymbol{\theta}}_{i,1}^{\mathrm{T}}\boldsymbol{\Lambda}_{i,1}^{-1}\tilde{\boldsymbol{\theta}}_{i,1} \tag{5.80}$$

其中，$\boldsymbol{\Lambda}_{i,1}$ 是正定矩阵。对式 (5.80) 求 α 阶导数可得

$$\begin{aligned}
\mathrm{D}^{\alpha}V_{i,1} &= \mathrm{D}^{\alpha}z_{i,1}^2 + \mathrm{D}^{\alpha}\tilde{\boldsymbol{\theta}}_{i,1}^{\mathrm{T}}\boldsymbol{\Lambda}_{i,1}^{-1}\tilde{\boldsymbol{\theta}}_{i,1} \\
&\leqslant z_{i,1}\mathrm{D}^{\alpha}z_{i,1} - \tilde{\boldsymbol{\theta}}_{i,1}^{\mathrm{T}}\boldsymbol{\Lambda}_{i,1}^{-1}\mathrm{D}^{\alpha}\boldsymbol{\theta}_{i,1}
\end{aligned} \tag{5.81}$$

将式 (5.79) 代入式 (5.81) 可得

$$\begin{aligned}
\mathrm{D}^{\alpha}V_{i,1} &\leqslant g_{i,1}z_{i,1}z_{i,2} + g_{i,1}\mathcal{N}(\zeta_{i,1})\dot{\zeta}_{i,1} + \dot{\zeta}_{i,1} - c_{i,1}z_{i,1}^2 + \frac{1}{4k_{i,1}}\bar{\varepsilon}_{i,1}^2 + \frac{1}{4l_{i,1}}f_{i,1}^2 \\
&\quad + z_{i,1}\tilde{\boldsymbol{\theta}}_{i,1}^{\mathrm{T}}\boldsymbol{\varphi}_{i,1} - \tilde{\boldsymbol{\theta}}_{i,1}^{\mathrm{T}}\boldsymbol{\Lambda}_{i,1}^{-1}\mathrm{D}^{\alpha}\boldsymbol{\theta}_{i,1} \\
&= g_{i,1}z_{i,1}z_{i,2} + g_{i,1}\mathcal{N}(\zeta_{i,1})\dot{\zeta}_{i,1} + \dot{\zeta}_{i,1} - c_{i,1}z_{i,1}^2 + \frac{1}{4k_{i,1}}\bar{\varepsilon}_{i,1}^2 + \frac{1}{4l_{i,1}}f_{i,1}^2 \\
&\quad - \tilde{\boldsymbol{\theta}}_{i,1}^{\mathrm{T}}\boldsymbol{\Lambda}_{i,1}^{-1}(\mathrm{D}^{\alpha}\boldsymbol{\theta}_{i,1} - z_{i,1}\boldsymbol{\Lambda}_{i,1}\boldsymbol{\varphi}_{i,1})
\end{aligned} \tag{5.82}$$

设计自适应率 $D^{\alpha}\boldsymbol{\theta}_{i,1}$ 如下：

$$D^{\alpha}\boldsymbol{\theta}_{i,1} = z_{i,1}\boldsymbol{\Lambda}_{i,1}\boldsymbol{\varphi}_{i,1} - \rho_{i,1}\boldsymbol{\theta}_{i,1} \tag{5.83}$$

其中，$\rho_{i,1} > 0$ 是常数。将式 (5.83) 代入式 (5.82) 可得

$$
\begin{aligned}
D^{\alpha}V_{i,1} &\leqslant g_{i,1}z_{i,1}z_{i,2} + g_{i,1}\mathcal{N}(\zeta_{i,1})\dot{\zeta}_{i,1} + \dot{\zeta}_{i,1} - c_{i,1}z_{i,1}^2 + \frac{1}{4k_{i,1}}\bar{\varepsilon}_{i,1}^2 + \frac{1}{4l_{i,1}}f_{i,1}^2 + \rho_{i,1}\tilde{\boldsymbol{\theta}}_{i,1}^{\mathrm{T}}\boldsymbol{\Lambda}_{i,1}^{-1}\boldsymbol{\theta}_{i,1} \\
&= g_{i,1}z_{i,1}z_{i,2} + g_{i,1}\mathcal{N}(\zeta_{i,1})\dot{\zeta}_{i,1} + \dot{\zeta}_{i,1} - c_{i,1}z_{i,1}^2 + \frac{1}{4k_{i,1}}\bar{\varepsilon}_{i,1}^2 + \frac{1}{4l_{i,1}}f_{i,1}^2 \\
&\quad - \rho_{i,1}\tilde{\boldsymbol{\theta}}_{i,1}^{\mathrm{T}}\boldsymbol{\Lambda}_{i,1}^{-1}\tilde{\boldsymbol{\theta}}_{i,1} + \rho_{i,1}\tilde{\boldsymbol{\theta}}_{i,1}^{\mathrm{T}}\boldsymbol{\Lambda}_{i,1}^{-1}\boldsymbol{\theta}_{i,1}^{*}
\end{aligned}
\tag{5.84}
$$

采用 Young 不等式分析，可以得到

$$
\begin{aligned}
D^{\alpha}V_{i,1} &\leqslant g_{i,1}z_{i,1}z_{i,2} + g_{i,1}\mathcal{N}(\zeta_{i,1})\dot{\zeta}_{i,1} + \dot{\zeta}_{i,1} - c_{i,1}z_{i,1}^2 + \frac{1}{4k_{i,1}}\bar{\varepsilon}_{i,1}^2 + \frac{1}{4l_{i,1}}f_{i,1}^2 - \frac{\rho_{i,1}}{2}\tilde{\boldsymbol{\theta}}_{i,1}^{\mathrm{T}}\boldsymbol{\Lambda}_{i,1}^{-1}\tilde{\boldsymbol{\theta}}_{i,1} \\
&\quad + \frac{\rho_{i,1}}{2}\boldsymbol{\theta}_{i,1}^{*\mathrm{T}}\boldsymbol{\Lambda}_{i,1}^{-1}\boldsymbol{\theta}_{i,1}^{*} \\
&\leqslant -\lambda_{i,1}V_{i,1} + g_{i,1}z_{i,1}z_{i,2} + \delta_{i,1}
\end{aligned}
\tag{5.85}
$$

其中，

$$\lambda_{i,1} = \min\{2c_{i,1}, \rho_{i,1}\}$$

$$\delta_{i,1} = g_{i,1}\mathcal{N}(\zeta_{i,1})\dot{\zeta}_{i,1} + \dot{\zeta}_{i,1} + \frac{1}{4k_{i,1}}\bar{\varepsilon}_{i,1}^2 + \frac{1}{4l_{i,1}}f_{i,1}^2 + \frac{\rho_{i,1}}{2}\boldsymbol{\theta}_{i,1}^{*\mathrm{T}}\boldsymbol{\Lambda}_{i,1}^{-1}\boldsymbol{\theta}_{i,1}^{*}$$

步骤 j　对误差 $z_{i,j}$ 求 α 阶导可得

$$
\begin{aligned}
D^{\alpha}z_{i,j} &= g_{i,j}z_{i,j+1} + g_{i,j}\tau_{i,j} + \phi_{i,j} + f_{i,j} - D^{\alpha}\tau_{i,j-1} \\
&= g_{i,j}z_{i,j+1} + g_{i,j}\tau_{i,j} + \phi_{i,j} + f_{i,j} - D^{\alpha}\tau_{i,j-1} + g_{i,j-1}z_{i,j-1} - g_{i,j-1}z_{i,j-1} \\
&= g_{i,j}z_{i,j+1} + g_{i,j}\tau_{i,j} + \Phi_{i,j} + f_{i,j} - g_{i,j-1}z_{i,j-1}
\end{aligned}
\tag{5.86}
$$

其中，$\Phi_{i,j} = \phi_{i,j} - D^{\alpha}\tau_{i,j-1} + g_{i,j-1}z_{i,j-1}$ 为非线性函数。利用模糊逻辑系统进行逼近处理可得

$$
\begin{aligned}
D^{\alpha}z_{i,j} &= g_{i,j}z_{i,j+1} + g_{i,j}\tau_{i,j} + \Phi_{i,j} - \hat{\Phi}_{i,j} + \hat{\Phi}_{i,j} + f_{i,j} - g_{i,j-1}z_{i,j-1} \\
&= g_{i,j}z_{i,j+1} + g_{i,j}\tau_{i,j} + \boldsymbol{\theta}_{i,j}^{\mathrm{T}}\boldsymbol{\varphi}_{i,j} + \tilde{\boldsymbol{\theta}}_{i,j}^{\mathrm{T}}\boldsymbol{\varphi}_{i,j} + \varepsilon_{i,j} + f_{i,j} - g_{i,j-1}z_{i,j-1}
\end{aligned}
\tag{5.87}
$$

此处，将虚拟控制率 $\tau_{i,j-1}$ 的分数阶导数 $\mathrm{D}^{\alpha}\tau_{i,j-1}$ 也采用模糊逻辑系统进行逼近处理，可以有效减少计算量，减轻控制器的计算负担。设计虚拟控制率 $\tau_{i,j}$ 和自适应率 $\mathrm{D}^{\alpha}\boldsymbol{\theta}_{i,j}$ 如下：

$$
\begin{aligned}
\tau_{i,j} &= \mathcal{N}(\zeta_{i,j})\eta_{i,j} \\
\eta_{i,j} &= c_{i,j}z_{i,j} + k_{i,j}z_{i,j} + l_{i,j}z_{i,j} + \boldsymbol{\theta}_{i,j}^{\mathrm{T}}\boldsymbol{\varphi}_{i,j} \\
\dot{\zeta}_{i,j} &= z_{i,j}\eta_{i,j}
\end{aligned}
\tag{5.88}
$$

$$
\mathrm{D}^{\alpha}\boldsymbol{\theta}_{i,j} = z_{i,j}\boldsymbol{\Lambda}_{i,j}\boldsymbol{\varphi}_{i,j} - \rho_{i,j}\boldsymbol{\theta}_{i,j}
\tag{5.89}
$$

其中，$c_{i,j}$、$k_{i,j}$、$l_{i,j}$ 和 $\rho_{i,j}$ 是正的设计参数；$\boldsymbol{\Lambda}_{i,j}$ 是正定矩阵。

构造 Lyapunov 函数：

$$
V_{i,j} = V_{i,j-1} + \frac{1}{2}z_{i,j}^2 + \frac{1}{2}\tilde{\boldsymbol{\theta}}_{i,j}^{\mathrm{T}}\boldsymbol{\Lambda}_{i,j}^{-1}\tilde{\boldsymbol{\theta}}_{i,j}
\tag{5.90}
$$

求其 α 阶导数，并将式(5.85)、式(5.87)～式(5.89)代入可得

$$
\begin{aligned}
\mathrm{D}^{\alpha}V_{i,j} &\leqslant \mathrm{D}^{\alpha}V_{i,j-1} + z_{i,j}\mathrm{D}^{\alpha}z_{i,j} - \tilde{\boldsymbol{\theta}}_{i,j}^{\mathrm{T}}\boldsymbol{\Lambda}_{i,j}^{-1}\mathrm{D}^{\alpha}\boldsymbol{\theta}_{i,j} \\
&\leqslant -\lambda_{i,j-1}V_{i,j-1} + \delta_{i,j-1} + g_{i,j}z_{i,j}z_{i,j+1} + g_{i,j}\mathcal{N}(\zeta_{i,j})\dot{\zeta}_{i,j} + \dot{\zeta}_{i,j} - c_{i,j}z_{i,j}^2 \\
&\quad - k_{i,j}z_{i,j}^2 + z_{i,j}\varepsilon_{i,j} - l_{i,j}z_{i,j}^2 + z_{i,j}f_{i,j} + \rho_{i,j}\tilde{\boldsymbol{\theta}}_{i,j}^{\mathrm{T}}\boldsymbol{\Lambda}_{i,j}^{-1}\boldsymbol{\theta}_{i,j} \\
&\leqslant -\lambda_{i,j-1}V_{i,j-1} + \delta_{i,j-1} + g_{i,j}z_{i,j}z_{i,j+1} + g_{i,j}\mathcal{N}(\zeta_{i,j})\dot{\zeta}_{i,j} + \dot{\zeta}_{i,j} - c_{i,j}z_{i,j}^2 \\
&\quad + \frac{1}{4k_{i,j}}\bar{\varepsilon}_{i,j}^2 + \frac{1}{4l_{i,j}}f_{i,j}^2 - \frac{\rho_{i,j}}{2}\tilde{\boldsymbol{\theta}}_{i,j}^{\mathrm{T}}\boldsymbol{\Lambda}_{i,j}^{-1}\tilde{\boldsymbol{\theta}}_{i,j} + \frac{\rho_{i,j}}{2}\boldsymbol{\theta}_{i,j}^{*\mathrm{T}}\boldsymbol{\Lambda}_{i,j}^{-1}\boldsymbol{\theta}_{i,j}^* \\
&\leqslant -\lambda_{i,j}V_{i,j} + g_{i,j}z_{i,j}z_{i,j+1} + \delta_{i,j}
\end{aligned}
\tag{5.91}
$$

其中，

$$
\lambda_{i,j} = \min\{\lambda_{i,j-1}, 2c_{i,j}, \rho_{i,j}\}
$$

$$
\delta_{i,j} = \delta_{i,j-1} + g_{i,j}\mathcal{N}(\zeta_{i,j})\dot{\zeta}_{i,j} + \dot{\zeta}_{i,j} + \frac{1}{4k_{i,j}}\bar{\varepsilon}_{i,j}^2 + \frac{1}{4l_{i,j}}f_{i,j}^2 + \frac{\rho_{i,j}}{2}\boldsymbol{\theta}_{i,j}^{*\mathrm{T}}\boldsymbol{\Lambda}_{i,j}^{-1}\boldsymbol{\theta}_{i,j}^*
$$

步骤 n_i　对误差 z_{i,n_i} 求 α 阶导，可得

$$
\begin{aligned}
\mathrm{D}^{\alpha}z_{i,n_i} &= g_{i,n_i}u_i + \phi_{i,n_i} + f_{i,n_i} - \mathrm{D}^{\alpha}\tau_{i,n_i-1} \\
&= g_{i,n_i}u_i + \Phi_{i,n_i} + f_{i,n_i} - g_{i,n_i-1}z_{i,n_i-1}
\end{aligned}
\tag{5.92}
$$

其中，$\Phi_{i,n_i} = \phi_{i,n_i} - \mathrm{D}^{\alpha}\tau_{i,n_i-1} + g_{i,n_i-1}z_{i,n_i-1}$ 为非线性函数，采用模糊逻辑系统对其进行逼近处理：

$$D^{\alpha} z_{i,n_i} = g_{i,n_i} u_i + \Phi_{i,n_i} - \hat{\Phi}_{i,n_i} + \hat{\Phi}_{i,n_i} + f_{i,n_i} - g_{i,n_i-1} z_{i,n_i-1}$$

$$= g_{i,n_i} u_i + \boldsymbol{\theta}_{i,n_i}^{\mathrm{T}} \boldsymbol{\varphi}_{i,n_i} + \tilde{\boldsymbol{\theta}}_{i,n_i}^{\mathrm{T}} \boldsymbol{\varphi}_{i,n_i} + \varepsilon_{i,n_i} + f_{i,n_i} - g_{i,n_i-1} z_{i,n_i-1} \tag{5.93}$$

设计控制量 u_i 如下：

$$u_i = \mathscr{N}(\zeta_{i,n_i}) \eta_{i,n_i}$$

$$\eta_{i,n_i} = c_{i,n_i} z_{i,n_i} + k_{i,n_i} z_{i,n_i} + l_{i,n_i} z_{i,n_i} + \boldsymbol{\theta}_{i,n_i}^{\mathrm{T}} \boldsymbol{\varphi}_{i,n_i} + \frac{z_{i,n_i}}{\omega_i^2 + z_{i,n_i}^2} \overline{F}_i \tag{5.94}$$

$$\dot{\zeta}_{i,n_i} = z_{i,n_i} \eta_{i,n_i}$$

$$\overline{F}_i = \overline{\boldsymbol{\theta}}_i^{\mathrm{T}} \overline{\boldsymbol{\varphi}}_i(x_i)$$

其中，c_{i,n_i}、k_{i,n_i}、l_{i,n_i} 和 ω_i 为正的设计参数；$\dfrac{z_{i,n_i}}{\omega_i^2 + z_{i,n_i}^2} \overline{F}_i$ 为设计的用于补偿互联项的光滑函数；$\overline{F}_i$ 为模糊逻辑系统，用于近似估计互联项的未知增长条件；$\overline{\boldsymbol{\theta}}_i$ 为 $\overline{\boldsymbol{\theta}}_i^*$ 的估计值，$\tilde{\overline{\boldsymbol{\theta}}}_i = \overline{\boldsymbol{\theta}}_i^* - \overline{\boldsymbol{\theta}}_i$。

将控制量 u_i 代入式(5.93)，可以得到

$$D^{\alpha} z_{i,n_i} = g_{i,n_i} \mathscr{N}(\zeta_{i,n_i}) \eta_{i,n_i} + \eta_{i,n_i} - c_{i,n_i} z_{i,n_i} + \tilde{\boldsymbol{\theta}}_{i,n_i}^{\mathrm{T}} \boldsymbol{\varphi}_{i,n_i} - g_{i,n_i-1} z_{i,n_i-1}$$

$$- k_{i,n_i} z_{i,n_i} + \varepsilon_{i,n_i} - l_{i,n_i} z_{i,n_i} + f_{i,n_i} - \frac{z_{i,n_i}}{\omega_i^2 + z_{i,n_i}^2} \overline{F} \tag{5.95}$$

两边同时乘 z_{i,n_i} 可得

$$z_{i,n_i} D^{\alpha} z_{i,n_i} = g_{i,n_i} \mathscr{N}(\zeta_{i,n_i}) \dot{\zeta}_{i,n_i} + \dot{\zeta}_{i,n_i} - c_{i,n_i} z_{i,n_i}^2 + z_{i,n_i} \tilde{\boldsymbol{\theta}}_{i,n_i}^{\mathrm{T}} \boldsymbol{\varphi}_{i,n_i} - g_{i,n_i-1} z_{i,n_i-1} z_{i,n_i}$$

$$- k_{i,n_i} z_{i,n_i}^2 + z_{i,n_i} \varepsilon_{i,n_i} - l_{i,n_i} z_{i,n_i}^2 + z_{i,n_i} f_{i,n_i} - \frac{z_{i,n_i}^2}{\omega_i^2 + z_{i,n_i}^2} \overline{\boldsymbol{\theta}}_i^{\mathrm{T}} \overline{\boldsymbol{\varphi}}_i(x_i)$$

$$\leqslant g_{i,n_i} \mathscr{N}(\zeta_{i,n_i}) \dot{\zeta}_{i,n_i} + \dot{\zeta}_{i,n_i} - c_{i,n_i} z_{i,n_i}^2 + z_{i,n_i} \tilde{\boldsymbol{\theta}}_{i,n_i}^{\mathrm{T}} \boldsymbol{\varphi}_{i,n_i} - g_{i,n_i-1} z_{i,n_i-1} z_{i,n_i}$$

$$+ \frac{1}{4 k_{i,n_i}} \overline{\varepsilon}_{i,n_i}^2 + \frac{1}{4 l_{i,n_i}} f_{i,n_i}^2 - \frac{z_{i,n_i}^2}{\omega_i^2 + z_{i,n_i}^2} \overline{\boldsymbol{\theta}}_i^{*\mathrm{T}} \overline{\boldsymbol{\varphi}}_i(x_i) + \frac{z_{i,n_i}^2}{\omega_i^2 + z_{i,n_i}^2} \tilde{\overline{\boldsymbol{\theta}}}_i^{\mathrm{T}} \overline{\boldsymbol{\varphi}}_i(x_i)$$

$$\tag{5.96}$$

构造 Lyapunov 函数如下：

$$V_{i,n_i} = V_{i,n_i-1} + \frac{1}{2} z_{i,n_i}^2 + \frac{1}{2} \tilde{\boldsymbol{\theta}}_{i,n_i}^{\mathrm{T}} \boldsymbol{\varLambda}_{i,n_i}^{-1} \tilde{\boldsymbol{\theta}}_{i,n_i} + \frac{1}{2} \tilde{\overline{\boldsymbol{\theta}}}_i^{\mathrm{T}} \overline{\boldsymbol{\varLambda}}_i^{-1} \tilde{\overline{\boldsymbol{\theta}}}_i \tag{5.97}$$

其中，$\overline{\Lambda}_i$ 为正定矩阵。其 α 阶导数为

$$\mathrm{D}^\alpha V_{i,n_i} \leqslant \mathrm{D}^\alpha V_{i,n_i-1} + z_{i,n_i}\mathrm{D}^\alpha z_{i,n_i} - \tilde{\boldsymbol{\theta}}_{i,n_i}^{\mathrm{T}}\boldsymbol{\Lambda}_{i,n_i}^{-1}\mathrm{D}^\alpha\boldsymbol{\theta}_{i,n_i} - \tilde{\overline{\boldsymbol{\theta}}}_i^{\mathrm{T}}\overline{\boldsymbol{\Lambda}}_i^{-1}\mathrm{D}^\alpha\overline{\boldsymbol{\theta}}_i \tag{5.98}$$

将式 (5.91) 和式 (5.96) 代入式 (5.98)，可以得到

$$\begin{aligned}
\mathrm{D}^\alpha V_{i,n_i} &\leqslant \mathrm{D}^\alpha V_{i,n_i-1} + z_{i,n_i}\mathrm{D}^\alpha z_{i,n_i} - \tilde{\boldsymbol{\theta}}_{i,n_i}^{\mathrm{T}}\boldsymbol{\Lambda}_{i,n_i}^{-1}\mathrm{D}^\alpha\boldsymbol{\theta}_{i,n_i} - \tilde{\overline{\boldsymbol{\theta}}}_i^{\mathrm{T}}\overline{\boldsymbol{\Lambda}}_i^{-1}\mathrm{D}^\alpha\overline{\boldsymbol{\theta}}_i \\
&\leqslant -\lambda_{i,n_i-1}V_{i,n_i-1} + \delta_{i,n_i-1} + g_{i,n_i}\mathcal{N}(\zeta_{i,n_i})\dot{\zeta}_{i,n_i} + \dot{\zeta}_{i,n_i} - c_{i,n_i}z_{i,n_i}^2 + \frac{1}{4k_{i,n_i}}\overline{\varepsilon}_{i,n_i}^2 \\
&\quad + \frac{1}{4l_{i,n_i}}f_{i,n_i}^2 - \tilde{\boldsymbol{\theta}}_{i,n_i}^{\mathrm{T}}\boldsymbol{\Lambda}_{i,n_i}^{-1}(\mathrm{D}^\alpha\boldsymbol{\theta}_{i,n_i} - z_{i,n_i}\boldsymbol{\Lambda}_{i,n_i}\boldsymbol{\varphi}_{i,n_i}) - \frac{z_{i,n_i}^2}{\omega_i^2 + z_{i,n_i}^2}\overline{\boldsymbol{\theta}}_i^{*\mathrm{T}}\overline{\boldsymbol{\varphi}}_i(x_i) \\
&\quad - \tilde{\overline{\boldsymbol{\theta}}}_i^{\mathrm{T}}\overline{\boldsymbol{\Lambda}}_i^{-1}\left[\mathrm{D}^\alpha\overline{\boldsymbol{\theta}}_i - \frac{z_{i,n_i}^2}{\omega_i^2 + z_{i,n_i}^2}\overline{\boldsymbol{\Lambda}}_i\overline{\boldsymbol{\varphi}}_i(x_i)\right]
\end{aligned} \tag{5.99}$$

设计自适应率如下：

$$\mathrm{D}^\alpha\boldsymbol{\theta}_{i,n_i} = z_{i,n_i}\boldsymbol{\Lambda}_{i,n_i}\boldsymbol{\varphi}_{i,n_i} - \rho_{i,n_i}\boldsymbol{\theta}_{i,n_i} \tag{5.100}$$

$$\mathrm{D}^\alpha\overline{\boldsymbol{\theta}}_i = \frac{z_{i,n_i}^2}{\omega_i^2 + z_{i,n_i}^2}\overline{\boldsymbol{\Lambda}}_i\overline{\boldsymbol{\varphi}}_i(x_i) + \gamma_i\overline{\boldsymbol{\theta}}_i \tag{5.101}$$

将式 (5.100)、式 (5.101) 代入式 (5.99) 可得

$$\begin{aligned}
\mathrm{D}^\alpha V_{i,n_i} &\leqslant -\lambda_{i,n_i-1}V_{i,n_i-1} + \delta_{i,n_i-1} + g_{i,n_i}\mathcal{N}(\zeta_{i,n_i})\dot{\zeta}_{i,n_i} + \dot{\zeta}_{i,n_i} - c_{i,n_i}z_{i,n_i}^2 + \frac{1}{4k_{i,n_i}}\overline{\varepsilon}_{i,n_i}^2 + \frac{1}{4l_{i,n_i}}f_{i,n_i}^2 \\
&\quad + \rho_{i,n_i}\tilde{\boldsymbol{\theta}}_{i,n_i}^{\mathrm{T}}\boldsymbol{\Lambda}_{i,n_i}^{-1}\boldsymbol{\theta}_{i,n_i} - \frac{z_{i,n_i}^2}{\omega_i^2 + z_{i,n_i}^2}\overline{\boldsymbol{\theta}}_i^{*\mathrm{T}}\overline{\boldsymbol{\varphi}}_i(x_i) - \gamma_i\tilde{\overline{\boldsymbol{\theta}}}_i^{\mathrm{T}}\overline{\boldsymbol{\Lambda}}_i^{-1}\overline{\boldsymbol{\theta}}_i \\
&\leqslant -\lambda_{i,n_i-1}V_{i,n_i-1} + \delta_{i,n_i-1} + g_{i,n_i}\mathcal{N}(\zeta_{i,n_i})\dot{\zeta}_{i,n_i} + \dot{\zeta}_{i,n_i} - c_{i,n_i}z_{i,n_i}^2 + \frac{1}{4k_{i,n_i}}\overline{\varepsilon}_{i,n_i}^2 + \frac{1}{4l_{i,n_i}}f_{i,n_i}^2 \\
&\quad - \frac{z_{i,n_i}^2}{\omega_i^2 + z_{i,n_i}^2}\overline{\boldsymbol{\theta}}_i^{*\mathrm{T}}\overline{\boldsymbol{\varphi}}_i(x_i) - \frac{\rho_{i,n_i}}{2}\tilde{\boldsymbol{\theta}}_{i,n_i}^{\mathrm{T}}\boldsymbol{\Lambda}_{i,n_i}^{-1}\tilde{\boldsymbol{\theta}}_{i,n_i} + \frac{\rho_{i,n_i}}{2}\boldsymbol{\theta}_{i,n_i}^{*\mathrm{T}}\boldsymbol{\Lambda}_{i,n_i}^{-1}\boldsymbol{\theta}_{i,n_i}^* \\
&\quad - \frac{\gamma_i}{2}\tilde{\overline{\boldsymbol{\theta}}}_i^{\mathrm{T}}\overline{\boldsymbol{\Lambda}}_i^{-1}\tilde{\overline{\boldsymbol{\theta}}}_i + \frac{\gamma_i}{2}\overline{\boldsymbol{\theta}}_i^{*\mathrm{T}}\overline{\boldsymbol{\Lambda}}_i^{-1}\overline{\boldsymbol{\theta}}_i^* \\
&\leqslant -\lambda_{i,n_i}V_{i,n_i} + \delta_{i,n_i}
\end{aligned} \tag{5.102}$$

其中,

$$\lambda_{i,n_i} = \min\{\lambda_{i,n_i-1}, c_{i,n_i}, \rho_{i,n_i}, \gamma_i\}$$

$$\delta_{i,n_i} = \delta_{i,n_i-1} + g_{i,n_i} \mathcal{N}(\zeta_{i,n_i})\dot{\zeta}_{i,n_i} + \dot{\zeta}_{i,n_i} + \frac{1}{4k_{i,n_i}}\bar{\varepsilon}_{i,n_i}^2 + \frac{1}{4l_{i,n_i}}f_{i,n_i}^2$$

$$- \mu_i \frac{z_{i,n_i}^2}{\omega_i^2 + z_{i,n_i}^2}\bar{F} + \frac{\rho_{i,n_i}}{2}\theta_{i,n_i}^{*\mathrm{T}}\Lambda_{i,n_i}^{-1}\theta_{i,n_i}^* + \frac{\gamma_{i,2}}{2\gamma_{i,1}}\mu_i^2$$

$$= \sum_{j=1}^{n_i}[g_{i,j}\mathcal{N}(\zeta_{i,j})\dot{\zeta}_{i,j} + \dot{\zeta}_{i,j}] + \sum_{j=1}^{n_i}\frac{1}{4l_{i,j}}f_{i,j}^2 - \frac{z_{i,n_i}^2}{\omega_i^2 + z_{i,n_i}^2}\bar{\theta}_i^{*\mathrm{T}}\bar{\varphi}_i(x_i)$$

$$+ \sum_{j=1}^{n_i}\left(\frac{1}{4k_{i,j}}\bar{\varepsilon}_{i,j}^2 + \frac{\rho_{i,j}}{2}\theta_{i,j}^{*\mathrm{T}}\Lambda_{i,j}^{-1}\theta_{i,j}^*\right) + \frac{\gamma_i}{2}\bar{\theta}_i^{*\mathrm{T}}\bar{\Lambda}_i^{-1}\bar{\theta}_i^*$$

5.3.5 稳定性分析

本节基于分数阶多 Nussbaum 函数法分析整个互联系统的稳定性。首先定义如下适用于整个系统的 Lyapunov 函数 V:

$$V = \sum_{j=1}^{n_i}V_{i,j} \tag{5.103}$$

基于式 (5.102),可以得到 V 的 α 阶导数:

$$\mathrm{D}^\alpha V = \sum_{i=1}^N \mathrm{D}^\alpha V_{i,n_i}$$

$$\leqslant \sum_{i=1}^N(-\lambda_{i,n_i}V_{i,n_i} + \delta_{i,n_i})$$

$$= -\sum_{i=1}^N \lambda_{i,n_i}V_{i,n_i} + \sum_{i=1}^N\sum_{j=1}^{n_i}[g_{i,j}\mathcal{N}(\zeta_{i,j})\dot{\zeta}_{i,j} + \dot{\zeta}_{i,j}] + \sum_{i=1}^N\frac{\gamma_i}{2}\bar{\theta}_i^{*\mathrm{T}}\bar{\Lambda}_i^{-1}\bar{\theta}_i^*$$

$$+ \sum_{i=1}^N\left[\sum_{j=1}^{n_i}\frac{1}{4l_{i,j}}f_{i,j}^2 - \frac{z_{i,n_i}^2}{\omega_i^2 + z_{i,n_i}^2}\bar{\theta}_i^{*\mathrm{T}}\bar{\varphi}_i(x_i)\right] + \sum_{i=1}^N\sum_{j=1}^{n_i}\left(\frac{1}{4k_{i,j}}\bar{\varepsilon}_{i,j}^2 + \frac{\rho_{i,j}}{2}\theta_{i,j}^{*\mathrm{T}}\Lambda_{i,j}^{-1}\theta_{i,j}^*\right)$$

$$\tag{5.104}$$

由假设 5.7 可得

$$\sum_{i=1}^N\sum_{j=1}^{n_i}\frac{1}{4l_{i,j}}f_{i,j}^2 \leqslant \sum_{i=1}^N\sum_{j=1}^{n_i}\sum_{k=1}^N\frac{\beta_{i,j,k}^2}{4l_{i,j}}\psi_{i,j,k}^2(x_k)$$

$$\tag{5.105}$$

$$= \sum_{i=1}^N F_i = \sum_{i=1}^N\bar{\theta}_i^{*\mathrm{T}}\bar{\varphi}_i(x_i) + \mu_i$$

其中，未知非线性函数 $F_i = \sum\limits_{j=1}^{n_i}\sum\limits_{k=1}^{N}\dfrac{\beta_{i,j,k}^2}{4l_{i,j}}\psi_{i,j,k}^2(x_i)$，利用模糊逻辑系统对其进行近似

估计；μ_i 是估计误差且存在常数 $\bar{\mu}_i$ 使之满足不等式 $|\mu_i| \leqslant \bar{\mu}_i$。利用设计的光滑函数进行补偿，可以得到

$$\sum_{i=1}^{N}\left[\sum_{j=1}^{n_i}\frac{1}{4l_{i,j}}f_{i,j}^2 - \frac{z_{i,n_i}^2}{\omega_i^2 + z_{i,n_i}^2}\bar{\theta}_i^{*\mathrm{T}}\bar{\varphi}_i(x_i)\right] \leqslant \sum_{i=1}^{N}\left[\bar{\theta}_i^{*\mathrm{T}}\bar{\varphi}_i(x_i) + \mu_i - \frac{z_{i,n_i}^2}{\omega_i^2 + z_{i,n_i}^2}\bar{\theta}_i^{*\mathrm{T}}\bar{\varphi}_i(x_i)\right]$$

$$\leqslant \sum_{i=1}^{N}\frac{\omega_i^2\left\|\bar{\theta}_i^*\right\|}{\omega_i^2 + z_{i,n_i}^2} + \bar{\mu}_i \leqslant \sum_{i=1}^{N}\Psi_i$$

$$(5.106)$$

其中，由模糊逻辑系统定义可得 $\|\bar{\varphi}_i\| \leqslant 1$；$\Psi_i$ 为常数。

因此，根据式 (5.106)，式 (5.104) 可以变为

$$\mathrm{D}^{\alpha}V \leqslant -\sum_{i=1}^{N}\lambda_{i,n_i}V_{i,n_i} + \sum_{i=1}^{N}\sum_{j=1}^{n_i}[g_{i,j}\mathcal{N}(\zeta_{i,j})\dot{\zeta}_{i,j} + \dot{\zeta}_{i,j}] + \sum_{i=1}^{N}\Psi_i$$

$$+ \sum_{i=1}^{N}\sum_{j=1}^{n_i}\left(\frac{1}{4k_{i,j}}\bar{\varepsilon}_{i,j}^2 + \frac{\rho_{i,j}}{2}\theta_{i,j}^{*\mathrm{T}}\Lambda_{i,j}^{-1}\theta_{i,j}^*\right) + \sum_{i=1}^{N}\frac{\gamma_i}{2}\bar{\theta}_i^{*\mathrm{T}}\bar{\Lambda}_i^{-1}\bar{\theta}_i^* \quad (5.107)$$

$$\leqslant -\lambda V + \sum_{i=1}^{N}\sum_{j=1}^{n_i}[g_{i,j}\mathcal{N}(\zeta_{i,j})\dot{\zeta}_{i,j} + \dot{\zeta}_{i,j}] + \delta$$

其中，常数 λ 和 δ 分别为

$$\lambda = \min\{\lambda_{i,n_i}, i = 1,2,\cdots,N\}$$

$$\delta = \sum_{i=1}^{N}\sum_{j=1}^{n_i}\left(\frac{1}{4k_{i,j}}\bar{\varepsilon}_{i,j}^2 + \frac{\rho_{i,j}}{2}\theta_{i,j}^{*\mathrm{T}}\Lambda_{i,j}^{-1}\theta_{i,j}^*\right) + \sum_{i=1}^{N}\frac{\gamma_i}{2}\bar{\theta}_i^{*\mathrm{T}}\bar{\Lambda}_i^{-1}\bar{\theta}_i^* + \sum_{i=1}^{N}\Psi_i$$

由定理 5.2 可得，整个闭环系统内所有信号都是有界的，且跟踪误差 $z_{i,1}(i = 1,2,\cdots,N)$ 可以收敛到 0 周围足够小的区间，即系统输出可以很好地跟踪参考信号。

5.3.6　仿真结果分析

本节将以永磁同步电机为被控对象进行仿真来验证所提出控制方法的有效性。分数阶永磁同步电机模型如下：

$$\begin{aligned}
\mathrm{D}^{\alpha}\omega &= \kappa(i_q - \omega) \\
\mathrm{D}^{\alpha}i_q &= -i_q - \omega i_d + \nu\omega + g_1 u_q \\
\mathrm{D}^{\alpha}i_d &= -i_d + \omega i_q + g_2 u_d
\end{aligned} \quad (5.108)$$

其中，ω、i_d 和 i_q 分别为电机的转子角速度和 d、q 轴电流；$\alpha = 0.9$；κ、ν、g_1 和 g_2 为系统参数，由电机规格决定。很明显，可以将分数阶永磁同步电机模型视为分数阶互联系统，互联项为 ωi_d 和 ωi_q。采用式(5.61)的形式重新描述系统模型(5.108)，可得

$$\mathrm{D}^{\alpha} x_{11} = \kappa x_{12} - \kappa x_{11}$$
$$\mathrm{D}^{\alpha} x_{12} = -x_{12} - x_{11} x_{21} + \nu x_{11} + g_1 u_1$$
$$y_1 = x_{11} \tag{5.109}$$
$$\mathrm{D}^{\alpha} x_{21} = -x_{21} + x_{11} x_{12} + g_2 u_2$$
$$y_2 = x_{21}$$

其中，定义 $\boldsymbol{x}_1 = (x_{11}, x_{12})^{\mathrm{T}} = (\omega, i_q)^{\mathrm{T}}$，$x_{21} = i_d$；$\kappa$、$g_1$ 和 g_2 为完全未知控制系数。令 $\kappa = 2$、$\nu = 3$、$g_1 = g_2 = 3$，系统状态的初始值设为 $(x_{11}, x_{12}, x_{21}) = (0.1, 0.1, 0.1)$，参考信号为 $(y_{r1}, y_{r2}) = (\sin 2t, 0)$。按照设计构造控制器，设计参数的大小选择为 $\bar{c}_{11} = c_{11} + k_{11} = 10$，$\bar{c}_{12} = c_{12} + k_{12} + l_{12} = 3$，$\bar{c}_{21} = c_{21} + k_{21} + l_{21} = 3$，$\Lambda_{11} = \Lambda_{12} = \Lambda_{21} = 1$，$\bar{\Lambda}_1 = \bar{\Lambda}_2 = 1$，$\omega_1 = \omega_2 = 1$，$\theta_{i,j}$ 和 $\bar{\theta}_i$ 的初始值为 0。模糊逻辑系统中的隶属度函数为 $\mu_{F_{i,j}}^k (x_{ij}) = \exp[-0.5(x_{i,j} - 3 + k)^2]$，$k = 1, 2, \cdots, 5$。

图 5.5 和图 5.6 分别展示了互联系统的输出 y_i 跟踪参考信号 y_{ri} 的跟踪效果和跟踪误差 z_{i1} 的变化曲线。可以看出，y_i 在刚开始时由于 $\mathcal{N}(\zeta_i)$ 的在线整定，跟踪误差较大，后面随着控制方向确定，控制性能得到提升，并逐渐趋于稳定，使跟踪误差都收敛在 0 的足够小的邻域内。

图 5.7 展示的是控制器输出量 u_i 的变化情况，可以看出，在开始时 $\mathcal{N}(\zeta_i)$ 的在线整定使得控制量抖动，随着整定完成控制量变化平稳。图 5.8 和图 5.9 展示了模糊逻辑系统中的模糊参数 θ_{ij} 和 $\bar{\theta}_i$ 的变化情况。

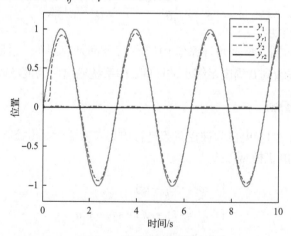

图 5.5　系统输出跟踪效果

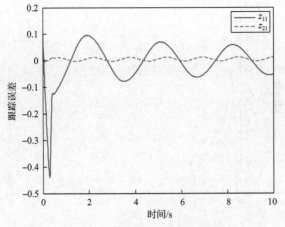

图 5.6　跟踪误差 z_{i1} 变化曲线

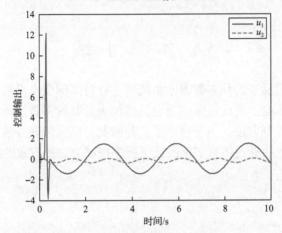

图 5.7　控制量输出量 u_i 变化曲线

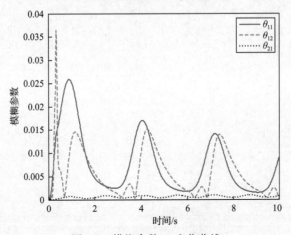

图 5.8　模糊参数 θ_{ij} 变化曲线

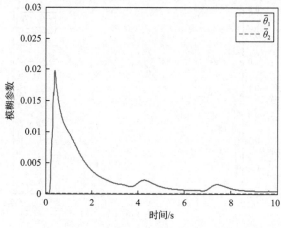

图 5.9　模糊参数 $\bar{\theta}_i$ 变化曲线

5.4　本 章 小 结

本章主要采用反步法和多智能体系统理论针对多伺服电机系统的分数阶自适应控制方法展开研究。首先将多伺服电机建模为分数阶多智能体系统；然后设计了相应的自适应控制方法，主要讨论了三种情况，即含未知参数、时变特性以及未知控制方向；最后通过仿真实例验证了所提控制方法的有效性。

第6章 数据驱动分数阶控制方法研究

针对传统整数阶控制器的局限性和依赖于模型的参数整定算法的不足，本章提出数据驱动分数阶控制方法，一方面将分数阶微积分引入交流伺服系统的控制中，另一方面深入研究分数阶控制器的数据驱动离线整定和在线校正算法，从而进一步增强系统的跟踪性能。本章利用系统的输入和输出数据，构建以分数阶控制器参数为优化变量的整定准则目标函数，继而利用数据驱动离线优化算法确定最优的控制分数阶阶次和初始化控制器参数，保证初始解的合理性。在此基础上，提出基于即时学习的分数阶控制器参数在线校正算法，通过查询和定位反映当前系统运行状态的过程数据，利用整定准则的梯度信息，自适应调整分数阶控制器参数，并对算法的收敛性进行理论分析。本章所提方法是基于数据的运动控制方法，不需要系统的精确模型，并可同时适用于整数阶系统以及具有分数阶特性的受控对象。

6.1 数据驱动分数阶控制器参数离线整定算法

6.1.1 基于 VRFT 的分数阶控制器参数离线整定算法

为了发挥分数阶控制器的最佳控制效果，需要通过合适的整定算法确定其最优的控制器参数，从而保证被控对象的动态响应性能。传统基于模型的控制器参数整定算法存在建模误差、未建模动态等问题，且应用场合侧重于整数阶控制器。考虑到分数阶控制器额外的参数对整定算法的设计提出了更高的要求，本节研究基于 VRFT 的数据驱动分数阶控制器参数离线整定算法[57]。

对于系统的跟随误差控制准则，本章采用理想伯德传递函数构建分数阶闭环系统作为被控对象的参考系统[58]，其离散表达式如下：

$$M(z) = \frac{\omega_{gc}^{\alpha}}{D(z) + \omega_{gc}^{\alpha}} \tag{6.1}$$

$$D(z) = \frac{1}{T^{\alpha}} \sum_{i=0}^{m} (-1)^i \frac{\Gamma(\alpha+1)}{\Gamma(i+1)\Gamma(\alpha-i+1)} z^{-i} \tag{6.2}$$

式中，ω_{gc} 为增益穿越频率；α 为分数阶参考系统的阶次，即对数坐标系下该闭环系统的斜率。

为了建立以分数阶控制器参数为优化变量的整定准则，对系统进行激励实验，可获取到相应的输入和输出数据集合 $\{u(t), y(t)\}_{t=1,2,\cdots,N}$。利用参考系统 $M(z)$ 和采集的输出信号 $y(t)$，可计算虚拟参考信号 $\tilde{r}(t)$ 为

$$\tilde{r}(t) = M(z)^{-1} y(t) \tag{6.3}$$

对于参考系统 $M(z)$，只需要使用其离散表达式配合输出信号进行虚拟参考信号 $\tilde{r}(t)$ 的计算，因此不需要假设 $M(z)^{-1}$ 物理存在，即无须限定参考系统 $M(z)$ 可逆。进而，相应的虚拟误差信号 $\tilde{e}(t)$ 由式 (6.4) 决定：

$$\tilde{e}(t) = \tilde{r}(t) - y(t) = [M(z)^{-1} - 1]y(t) \tag{6.4}$$

设计理想滤波器 $L(z)$ 对相关的虚拟误差信号 $\tilde{e}(t)$ 和实际的输入信号 $u(t)$ 进行滤波处理：

$$L(z) = \frac{W[1 - M(z)]M(z)}{\sqrt{\Phi_u}} = \frac{D(z)\omega_{\mathrm{gc}}^{\alpha} W}{[D(z) + \omega_{\mathrm{gc}}^{\alpha}]^2 \sqrt{\Phi_u}} \tag{6.5}$$

$$e_L(t) = L(z)\tilde{e}(t)$$

$$u_L(t) = L(z)u(t) \tag{6.6}$$

此外，使用滤波后的虚拟误差信号 $e_L(t)$ 激励分数阶控制器时，控制器的输出信号为

$$\tilde{u}(t) = C(z, \boldsymbol{\theta})e_L(t) = C(z, \boldsymbol{\theta})L(z)[M(z)^{-1} - 1]y(t) \tag{6.7}$$

因此，可推导得到数据驱动控制器参数整定准则：

$$\begin{aligned}
J_{\mathrm{VRFT}}(\boldsymbol{\theta}) &= \min_{\boldsymbol{\theta}} \frac{1}{N} \sum_{t=1}^{N} \left[u_L(t) - \tilde{u}(t) \right]^2 \\
&= \min_{\boldsymbol{\theta}} \frac{1}{N} \sum_{t=1}^{N} \left[u_L(t) - C(z, \boldsymbol{\theta})e_L(t) \right]^2 \\
&= \min_{\boldsymbol{\theta}} \frac{1}{N} \left\| u_L(t) - C(z, \boldsymbol{\theta})e_L(t) \right\|^2
\end{aligned} \tag{6.8}$$

根据分数阶控制器的线性离散表达式 $C(z, \boldsymbol{\theta}) = \boldsymbol{\beta}^{\mathrm{T}}(z)\boldsymbol{\theta}$ 和式 (6.7)，有

$$\tilde{u}(t) = \boldsymbol{\psi}^{\mathrm{T}}(t)\boldsymbol{\theta} \tag{6.9}$$

$$\boldsymbol{\psi}(t) = [\varphi_p(t) \quad \varphi_i(t)] = \boldsymbol{\beta}(z)L(z)[M(z)^{-1} - 1]y(t) \tag{6.10}$$

整定准则可进一步变换为

$$
\begin{aligned}
J_{\mathrm{VRFT}}(\boldsymbol{\theta}) &= \min_{\theta} \frac{1}{N} \sum_{t=1}^{N} [u_L(t) - \boldsymbol{\psi}^{\mathrm{T}}(t)\boldsymbol{\theta}]^2 \\
&= \min_{\theta} \frac{1}{N} \left\| u_L(t) - \boldsymbol{\varphi}^{\mathrm{T}}(t)\boldsymbol{\theta} \right\|^2
\end{aligned}
\tag{6.11}
$$

其中，

$$
\boldsymbol{\varphi}(t) =
\begin{bmatrix}
\boldsymbol{\psi}(1) \\
\boldsymbol{\psi}(2) \\
\vdots \\
\boldsymbol{\psi}(N)
\end{bmatrix}
=
\begin{bmatrix}
\varphi_p(1) & \varphi_i(1) \\
\varphi_p(2) & \varphi_i(2) \\
\vdots & \vdots \\
\varphi_p(N) & \varphi_i(N)
\end{bmatrix}
\tag{6.12}
$$

$$\boldsymbol{u}_L(t) = [u_L(1) \quad u_L(2) \quad \cdots \quad u_L(N)]^{\mathrm{T}} \tag{6.13}$$

对于固定阶次的线性分数阶控制器，利用最小二乘法求解式(6.11)，便可得到该控制器的最优参数向量：

$$\hat{\boldsymbol{\theta}} = [\boldsymbol{\varphi}(t)\,\boldsymbol{\varphi}(t)^{\mathrm{T}}]^{-1}\boldsymbol{\varphi}(t)\,\boldsymbol{u}_L(t) \tag{6.14}$$

考虑到微分项的加入会导致交流伺服系统早期饱和，增加系统不稳定性因素，因此本节选择的分数阶控制器为 FOPI 控制器。另外，考虑到最优的控制器阶次为 $\lambda \in (0,2)$，需要定位最适合受控系统的分数阶控制器阶次以保证分数阶控制器的最优控制性能。其中一种方法是在 $(0,2)$ 范围内遍历 λ，并对每个阶次进行 $J_{\mathrm{VRFT}}(\lambda)$ 的计算，从而确定最优分数阶阶次 λ。然而这种耗时久的方法增加了系统的计算负担，效率低下。为了解决这个问题，利用黄金分割搜索法提高最优分数阶阶次的搜索效率，其具体的步骤为：首先，通过黄金分割生成两个点，如 $\lambda_i (i = 1,2)$，$\lambda_1 \le \lambda_2$；其次，计算这两个阶次对应的 $J_{\mathrm{VRFT}}(\lambda)$，并进行比较：若 $J_{\mathrm{VRFT}}(\lambda_1) < J_{\mathrm{VRFT}}(\lambda_2)$，则最优阶次位于 $(0, \lambda_2]$，否则最优阶次位于 $[\lambda_1, 2)$，在确定后的区域内重复上述操作；最后，生成的两点之间的差值 $|\lambda_1 - \lambda_2|$ 满足预先设定的阈值，则表明找到了最优控制器参数，结束搜索。

6.1.2　理想滤波器的设计

通过 6.1.1 节的数据驱动控制算法将交流伺服系统跟随运动控制准则 $J_{\mathrm{MR}}(\boldsymbol{\theta})$ 转化成控制器参数的优化整定准则 $J_{\mathrm{VRFT}}(\boldsymbol{\theta})$。对于准则 $J_{\mathrm{VRFT}}(\boldsymbol{\theta})$，本节采用分数

阶控制器对系统进行控制，其中已默认假设分数阶控制器结构是准则 C 的最优解结构。为了使上述假设能够成立，需要设计合适的理想滤波器，对系统中的虚拟误差信号 $e(t)$ 和实际采集的输入信号 $u(t)$ 进行滤波处理，使得最终整定出来的分数阶控制器为系统控制器参数优化整定准则 $J_{VRFT}(\boldsymbol{\theta})$ 的最优解，从而与系统跟随控制准则 $J_{MR}(\boldsymbol{\theta})$ 的最优解决方案保持一致。

考虑到理想滤波器的最终目的是使得参考值跟踪目标准则 $J_{MR}(\boldsymbol{\theta})$ 与控制器参数整定准则 $J_{VRFT}(\boldsymbol{\theta})$ 保持一致，由其表达式可推导得到

$$L = \frac{WM(z)}{|1+PC_0(z)|\sqrt{\Phi_u}} \tag{6.15}$$

其中，$C_0(z)$ 为系统跟随自适应控制的最优控制器；Φ_u 为输入信号 $u(t)$ 的谱密度。

对于式 (6.15)，由于研究的是无模型控制理论，在系统模型 P 未知的情况下，不可通过数值化计算得到。根据 $C_0(z)$ 的定义，可知

$$\frac{P(z)C_0(z)}{1+P(z)C_0(z)} = M(z) \tag{6.16}$$

依据式 (6.16)，式 (6.15) 可进一步化简为

$$L = \frac{W(1-M)M}{\sqrt{\Phi_u}} \tag{6.17}$$

6.2　数据驱动分数阶控制器参数在线校正算法

通过 6.1 节提出的数据驱动分数阶控制器参数离线整定算法确定了 FOPI 控制器最优的分数阶阶次和其他控制器参数，可将其作为分数阶控制器的初始值使用。但是在实际中，考虑到运行环境的改变和未知扰动的存在，固定参数控制器不能保证系统的实时控制性能最优。为了解决这个问题，并进一步提高系统的鲁棒性，需要对固定参数控制器的参数进行在线更新校正，使得最终的控制器参数能够适用于当前的系统环境与运行状态，保证被控对象的实时跟踪响应，从而满足系统的实际应用需求。

传统的数据驱动控制器参数自适应整定算法可表述为：①通过采集的原始输入和输出数据 $\{u(t), y(t)\}_{t=1,\cdots,N}$ 构建离线数据库用于控制器参数的离线整定；②通过在每个采样时刻添加当前的过程数据更新数据库，可在原始数据库的扩展更新中包含当前时刻的运行状态信息，进而将扩展数据库中的所有数据用于控制器参数的优化整定，得到当前采样时刻的最优控制器参数；③当下一时刻的输入和输

出数据被采集并添加到扩展数据库中时，重复步骤②，通过参数整定算法获取新时刻的最佳控制器参数。随着新的数据不断加入构建的数据库中，数据库中的数据量越来越大，因此系统的计算复杂性和负担也就随着系统的实时运行逐步增加。对于交流伺服系统，数据库容量的增大将会严重影响系统运行的实时性和其他控制程序的运行效率。

针对上述问题，本节提出一种即时学习的分数阶控制器参数在线校正算法，在保证整定精度的同时也能够保持计算的高效率。为了对被控系统的数据库进行在线更新，根据式(6.11)，定义回归向量为

$$x_k = \begin{bmatrix} -\boldsymbol{\psi}(k) & \boldsymbol{u}_L(k) \end{bmatrix}^{\mathrm{T}}, \quad k = 1, 2, \cdots, t-1 \tag{6.18}$$

当获取到下一时刻的输入输出数据向量 $\boldsymbol{x}_t = (-\boldsymbol{\psi}(t)\ \boldsymbol{u}_L(t))^{\mathrm{T}}$ 时，可通过以下关于距离度量的相似标准来计算该数据向量与数据库中其他数据向量的关联度：

$$\cos \alpha_k = \frac{\langle \boldsymbol{x}_t, \boldsymbol{x}_k \rangle}{\|\boldsymbol{x}_t\| \cdot \|\boldsymbol{x}_k\|} \tag{6.19}$$

$$S(\boldsymbol{x}_k, \boldsymbol{x}_t) = \varpi \sqrt{\mathrm{e}^{-\|\boldsymbol{x}_k - \boldsymbol{x}_t\|_2^2}} + (1 - \varpi) \cos \alpha_k \tag{6.20}$$

式中，ϖ 是介于 0 和 1 之间的权重因子。

根据式(6.20)，$S(\boldsymbol{x}_k, \boldsymbol{x}_t)$ 越接近零表明 $\boldsymbol{x}_k$ 与 $\boldsymbol{x}_t$ 的关联度越差。如果 $\cos \alpha_k$ 为负数，则表明该查询向量 $\boldsymbol{x}_t$ 不是当前数据库的相关数据，应该被丢弃，不被更新到数据库。因此，可将所有计算得到的 $S(\boldsymbol{x}_k, \boldsymbol{x}_t)$ 按照关联度降序排列如下：

$$\varOmega_N = \{(\boldsymbol{x}_1, \boldsymbol{x}_t), (\boldsymbol{x}_2, \boldsymbol{x}_t), \cdots, (\boldsymbol{x}_N, \boldsymbol{x}_t)\}, \quad S(\boldsymbol{x}_1, \boldsymbol{x}_t) > \cdots > S(\boldsymbol{x}_N, \boldsymbol{x}_t) \tag{6.21}$$

为了提高计算效率、减轻系统的计算负担，提出的优化措施有：①当 $S(\boldsymbol{x}_k, \boldsymbol{x}_t)$ 大于预先指定的阈值时，查询数据 $\boldsymbol{x}_t$ 将被添加到更新的数据库中，以保证表征当前运行状态的相关数据被包含在数据库中；②数据库通过舍弃最不相关的数据来维持自身容量为固定值。通过这种方式可确定用于当前时刻计算最优控制器参数的最具有关联度的过程数据。

根据控制器参数整定准则，利用相似过程数据计算梯度信息如下：

$$\mathop{\mathrm{grad}}_{\boldsymbol{\theta}}[J_{\mathrm{VRFT}}(\boldsymbol{\theta})]\Big|_{\hat{\boldsymbol{\theta}}(t-1)} = -2\boldsymbol{\varphi}(t)\left[\boldsymbol{u}_L(t) - \boldsymbol{\varphi}^{\mathrm{T}}(t)\hat{\boldsymbol{\theta}}(t-1)\right] \tag{6.22}$$

考虑到整定准则是分数阶控制器参数的二次函数，为了实现分数阶控制器参数的全局最优自适应调整，利用式(6.22)所示的梯度信息，通过使用负梯度搜索，设计如下带有遗忘因子的控制器最优增量：

$$\begin{cases} \Delta \hat{\boldsymbol{\theta}}(t) = R(t)\underset{\theta}{\mathrm{grad}}\big[J_{\mathrm{VRFT}}(\boldsymbol{\theta})\big]\Big|_{\hat{\boldsymbol{\theta}}(t-1)} \\[2mm] \hat{\boldsymbol{\theta}}(t) = \hat{\boldsymbol{\theta}}(t-1) + \Delta \hat{\boldsymbol{\theta}}(t) \\[2mm] R(t) = \dfrac{1}{2\gamma(t)} \\[2mm] \gamma(t) = \zeta(t) r(t-1) + \|\boldsymbol{\varphi}(t)\|^2, \; 0 < \lambda < 1, \; r(0) = r_0 \geqslant 0 \end{cases} \tag{6.23}$$

其中，$\gamma(t)$ 为收敛因子；$\zeta(t)$ 为调节收敛速度的遗忘因子。

通过即时学习方法，可在每一个时刻实时递归得到分数阶控制参数的最优增量，从而实现控制参数的自适应校正，满足当前时刻的运行需求。在递归优化的过程中，遗忘因子 $\zeta(t)$ 不能同时保证算法的收敛速度快和稳定性强。当遗忘因子 $\zeta(t)$ 较小时，上述算法收敛速度较快，但稳定性较差。为了平衡算法收敛能力与稳定性，定义时变的遗忘因子 $\zeta(t)$ 如下：

$$\zeta(t) = 1 - \mu_1 \mathrm{e}^{-\mu_2 t}, \; \mu_1, \mu_2 > 0 \tag{6.24}$$

其中，μ_1 和 μ_2 是分别用来调节 $\zeta(t)$ 的初始值和曲率的系数。

通过 6.1.1 节确定的控制参数初始值使得分数阶控制器自适应调整不会陷入局部最优，保证了全局最优解的全局定位和初始性能。如图 6.1 所示，本节提出的基于即时学习的控制器参数更新律保证了整定的计算速度与效率，而使用包含当前时刻运行状态的数据进行控制器参数的更新，也保证了算法的精确度，使整定出来的控制器参数能适应于当前运行环境。

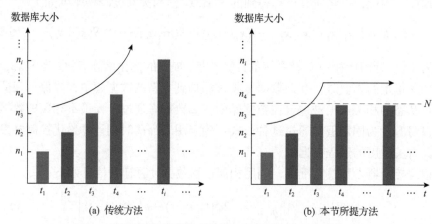

(a) 传统方法　　　　　　　　(b) 本节所提方法

图 6.1　传统控制器参数更新律与本节提出的更新律的对比

图 6.2 为数据驱动分数阶控制方法框图。数据驱动分数阶控制器参数整定流程图如图 6.3 所示，应用实施步骤总结如下。

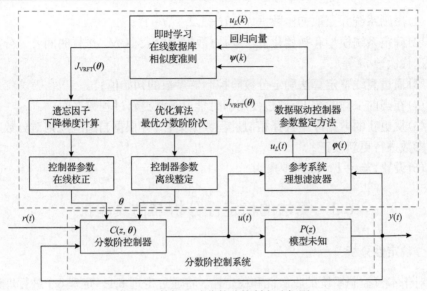

图 6.2 数据驱动分数阶控制方法框图

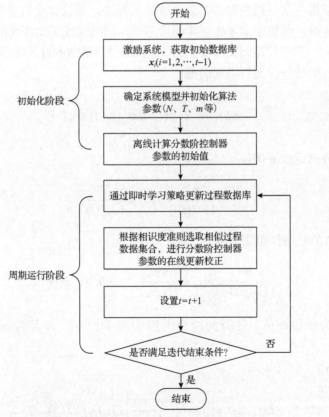

图 6.3 数据驱动分数阶控制器参数整定流程图

(1)激励系统并获取初始数据库 $x_i(i=1,2,\cdots,t-1)$；

(2)确定系统模型和初始化算法参数(数据库的大小 N、采样时间 T、分数阶计算迭代次数 m 等)；

(3)通过离线整定算法确定分数阶控制器参数的初始值；

(4)在当前采样时刻 t，通过使用即时学习策略更新过程数据库；

(5)从更新的数据库中选择相似过程数据集合,并根据自适应规则对分数阶控制器参数进行更新校正；

(6)设置 $t=t+1$，回到步骤4。

6.3　算法的稳定性分析与仿真验证

6.3.1　稳定性分析

对于本节控制系统的收敛性和稳定性,将通过定理 6.1～定理 6.3 进行理论分析,前者验证了系统跟随控制准则与控制器参数整定准则求解的一致性,后者证明了通过使用本章所提控制器参数在线校正算法,系统整定的参数将会逐步趋近于全局最优解,即整定误差将逐步趋近于零,同时保证了闭环系统的稳定性。

引理 6.1　对于线性回归梯度算法[59],如果持续激励 $\boldsymbol{\varphi}(t)$,即存在 $0<\eta\leqslant\varepsilon<\infty$,下面的持续激励条件能够得到满足:

$$\eta\boldsymbol{I}\leqslant\frac{1}{N}\sum_{i=0}^{N-1}\boldsymbol{\varphi}(t+i)\boldsymbol{\varphi}^{\mathrm{T}}(t+i)\leqslant\varepsilon\boldsymbol{I} \tag{6.25}$$

并且, $\gamma(0)$ 满足以下条件:

$$\frac{\eta}{1-\xi(t)}\leqslant\gamma(0)\leqslant\frac{nN\varepsilon}{1-\xi(t)} \tag{6.26}$$

那么, $\gamma(t)$ 的收敛性可表示为

$$\frac{\eta}{1-\xi(t)}\leqslant\gamma(t)\leqslant\frac{nN\varepsilon}{1-\xi(t)},\quad t>0,0<\xi(t)<1 \tag{6.27}$$

其中, $\boldsymbol{I}$ 为单位矩阵; $\xi(t)$ 为时变的遗忘因子; n、N 都为正整数并且满足 $N\geqslant n>0$。

引理 6.2　定义矩阵

$$\boldsymbol{L}(t+1,i)=\left[\boldsymbol{I}-\frac{\boldsymbol{\varphi}(t)\boldsymbol{\varphi}^{\mathrm{T}}(t)}{r(t)}\right]\boldsymbol{L}(t,i),\quad\boldsymbol{L}(i,i)=\boldsymbol{I} \tag{6.28}$$

在引理 6.1 的基础上，矩阵 $\boldsymbol{L}^{\mathrm{T}}(t+N,i)\boldsymbol{L}(t+N,i)$ 最大的特征根具有以下性质：

$$\lambda_{\max}[\boldsymbol{L}^{\mathrm{T}}(t+N,i)\boldsymbol{L}(t+N,i)] \leqslant 1 - \frac{N\eta^2}{(N+1)^2\delta_1[n\varepsilon(t+2N-2)+1]} \tag{6.29}$$

其中，$\delta_1 = nN\varepsilon$。

定理 6.1　当数据驱动控制器参数整定准则 $J_{\mathrm{VRFT}}(\boldsymbol{\theta})$ 趋近于零时，如果使用设计的理想滤波器，那么系统跟随控制准则 $J_{\mathrm{MR}}(\boldsymbol{\theta})$ 也趋近于零。特别地，$J_{\mathrm{MR}}(\boldsymbol{\theta})$ 是 $J_{\mathrm{VRFT}}(\boldsymbol{\theta})$ 的二阶泰勒展开式。

证明　证明分成以下两步进行。

步骤 1　分析数据驱动控制器参数整定准则 $J_{\mathrm{VRFT}}(\boldsymbol{\theta})$。

当 $N \to \infty$ 时，$J_{\mathrm{VRFT}}(\boldsymbol{\theta})$ 可用其期望值表示为

$$J_{\mathrm{VRFT}}(\boldsymbol{\theta}) = \min E[(\boldsymbol{u}_L(t) - C(z,\boldsymbol{\theta})\boldsymbol{e}_L(t))^2] \tag{6.30}$$

根据理想控制器 $C_0(z)$ 的定义，有

$$\boldsymbol{u}_L(t) = C_0(z)\boldsymbol{e}_L(t) \tag{6.31}$$

$$\frac{P(z)C_0(z)}{1+P(z)C_0(z)} = M(z) = \frac{\omega_{\mathrm{gc}}^{\alpha}}{D(z)+\omega_{\mathrm{gc}}^{\alpha}} \tag{6.32}$$

根据式 (6.31) 和式 (6.32)，可进一步得到

$$|C_0(z)|^2 = \frac{|M|^2}{|1-M|^2|P|^2} \tag{6.33}$$

根据帕塞瓦尔 (Parseval) 定理[60]以及式 (6.31)、式 (6.32) 的频域表达式为

$$\begin{aligned}
J_{\mathrm{VRFT}}(\boldsymbol{\theta}) &= \frac{1}{2\pi}\int_{-\pi}^{\pi}\left[\boldsymbol{u}_L - \frac{C(z,\boldsymbol{\theta})}{C_0(z)}\boldsymbol{u}_L\right]^2\mathrm{d}\omega \\
&= \frac{1}{2\pi}\int_{-\pi}^{\pi}\left[\boldsymbol{u} - \frac{C(z,\boldsymbol{\theta})}{C_0(z)}\boldsymbol{u}\right]^2|L|^2\mathrm{d}\omega \\
&= \frac{1}{2\pi}\int_{-\pi}^{\pi}\left[1 - \frac{C(z,\boldsymbol{\theta})}{C_0(z)}\right]^2|L|^2\varPhi_u\mathrm{d}\omega \\
&= \frac{1}{2\pi}\int_{-\pi}^{\pi}\left[\frac{C(z,\boldsymbol{\theta})-C_0(z)}{C_0(z)}\right]^2|L|^2\varPhi_u\mathrm{d}\omega
\end{aligned} \tag{6.34}$$

可得

$$J_{\text{VRFT}}(\boldsymbol{\theta}) = \frac{1}{2\pi} \int_{-\pi}^{\pi} |P|^2 |C(z,\boldsymbol{\theta}) - C_0(z)|^2 |1-M|^2 \frac{|L|^2}{|M|^2} \Phi_u \mathrm{d}\omega$$

$$= \frac{1}{2\pi} \int_{-\pi}^{\pi} |P|^2 |C(z,\boldsymbol{\theta}) - C_0(z)|^2 \left|1 - \frac{\omega_{\text{gc}}^\alpha}{D(z)+\omega_{\text{gc}}^\alpha}\right|^2 \frac{|L|^2}{\left|\dfrac{\omega_{\text{gc}}^\alpha}{D(z)+\omega_{\text{gc}}^\alpha}\right|^2} \Phi_u \mathrm{d}\omega \tag{6.35}$$

$$= \frac{1}{2\pi} \int_{-\pi}^{\pi} |P|^2 |C(z,\boldsymbol{\theta}) - C_0(z)|^2 \left|\frac{D(z)}{D(z)+\omega_{\text{gc}}^\alpha}\right|^2 \frac{|L|^2 [D(z)+\omega_{\text{gc}}^\alpha]^2}{\left|\omega_{\text{gc}}^\alpha\right|^2} \Phi_u \mathrm{d}\omega$$

$$= \frac{1}{2\pi} \int_{-\pi}^{\pi} |P|^2 |C(z,\boldsymbol{\theta}) - C_0(z)|^2 \frac{|L|^2 D^2(z)}{\left|\omega_{\text{gc}}^\alpha\right|^2} \Phi_u \mathrm{d}\omega$$

$J_{\text{VRFT}}(\boldsymbol{\theta})$ 可最终调整为

$$J_{\text{VRFT}}(\boldsymbol{\theta}) = \frac{1}{2\pi} \int_{-\pi}^{\pi} |P|^2 |C(z,\boldsymbol{\theta}) - C_0(z)|^2 \frac{D^4(z)W^2}{[D(z)+\omega_{\text{gc}}^\alpha]^4} \mathrm{d}\omega$$

$$= \frac{1}{2\pi} \int_{-\pi}^{\pi} |P|^2 |C(z,\boldsymbol{\theta}) - C_0(z)|^2 \frac{W^2}{|1+PC_0(z)|^4} \mathrm{d}\omega \tag{6.36}$$

步骤 2　分析系统跟随控制准则 $J_{\text{MR}}(\boldsymbol{\theta})$。

定义

$$\Delta C(z) = C_0(z) - C(z,\hat{\boldsymbol{\theta}}) = C_0(z) - \boldsymbol{\beta}^{\text{T}}(z)\hat{\boldsymbol{\theta}} \tag{6.37}$$

$$C'(z,\boldsymbol{\theta}') = (\boldsymbol{\beta}^{\text{T}}(z), \Delta C(z))(\hat{\boldsymbol{\theta}}, \boldsymbol{\theta}_{\Delta C(z)})^{\text{T}} \tag{6.38}$$

式中，$\boldsymbol{\theta}_{\Delta C(z)}$ 为扩展控制器参数矢量。

根据理想控制器 $C_0(z)$ 的定义，有

$$C_0(z) = C'(z,\hat{\boldsymbol{\theta}}') = (\boldsymbol{\beta}^{\text{T}}(z), \boldsymbol{\beta}^{\text{T}}(z))(\hat{\boldsymbol{\theta}}, 1)^{\text{T}} \tag{6.39}$$

其中，$\hat{\boldsymbol{\theta}}' = (\hat{\boldsymbol{\theta}}, 1)^{\text{T}}$ 为 $J_{\text{MR}}(\boldsymbol{\theta})$ 的全局最优解。

利用控制器 $C'(z,\boldsymbol{\theta}')$ 描述扩展后系统跟随控制目标函数 $J'_{\text{MR}}(\boldsymbol{\theta}')$ 为

$$J'_{\text{MR}}(\boldsymbol{\theta}') = \left\|\left[\frac{P(z)C'(z,\boldsymbol{\theta}')}{1+P(z)C'(z,\boldsymbol{\theta}')} - M(z)\right]W\right\|^2$$

在全局最优解 $\hat{\boldsymbol{\theta}}'$ 处对 $J'_{\mathrm{MR}}(\boldsymbol{\theta}')$ 进行泰勒展开，有

$$[J'_{\mathrm{MR}}(\boldsymbol{\theta}')]_{\boldsymbol{\theta}'=\hat{\boldsymbol{\theta}}'} = \frac{1}{2\pi}\int_{-\pi}^{\pi}\left|\frac{PC'(\hat{\boldsymbol{\theta}})}{1+PC'(\hat{\boldsymbol{\theta}})} - \frac{\omega_{\mathrm{gc}}^{\alpha}}{D(z)+\omega_{\mathrm{gc}}^{\alpha}}\right|^2 W^2\mathrm{d}\omega = 0 \tag{6.40}$$

$$\left[\frac{\mathrm{d}}{\mathrm{d}\boldsymbol{\theta}'}J'_{\mathrm{MR}}(\boldsymbol{\theta}')\right]_{\boldsymbol{\theta}'=\hat{\boldsymbol{\theta}}'}$$

$$= \left[\frac{1}{2\pi}\int_{-\pi}^{\pi}\left|\frac{2P^2C'(\boldsymbol{\theta}')}{[1+PC'(\boldsymbol{\theta}')]^3} - \frac{2\omega_{\mathrm{gc}}^{\alpha}P}{[D(z)+\omega_{\mathrm{gc}}^{\alpha}][1+PC'(\boldsymbol{\theta}')]^2}\right|\boldsymbol{\beta}'W^2\mathrm{d}\omega\right]_{\boldsymbol{\theta}'=\hat{\boldsymbol{\theta}}'} \tag{6.41}$$

$$= \frac{1}{2\pi}\int_{-\pi}^{\pi}\left|\frac{2P^2C'(\hat{\boldsymbol{\theta}})}{[1+PC'(\hat{\boldsymbol{\theta}})]^3} - \frac{2P^2C'(\hat{\boldsymbol{\theta}})}{[1+PC'(\hat{\boldsymbol{\theta}})][1+PC'(\hat{\boldsymbol{\theta}})]^2}\right|\boldsymbol{\beta}'W^2\mathrm{d}\omega$$

$$= 0$$

$$\left[\frac{\mathrm{d}}{\mathrm{d}\boldsymbol{\theta}'}J'_{\mathrm{MR}}(\boldsymbol{\theta}')\right]_{\boldsymbol{\theta}'=\hat{\boldsymbol{\theta}}'}$$

$$= \left[\frac{1}{2\pi}\int_{-\pi}^{\pi}\left|\frac{2P^2-4P^3C'(\boldsymbol{\theta}')}{[1+PC'(\boldsymbol{\theta}')]^4} - \frac{4P^2\omega_{\mathrm{gc}}^{\alpha}}{[D(z)+\omega_{\mathrm{gc}}^{\alpha}][1+PC'(\boldsymbol{\theta}')]^3}\right|\boldsymbol{\beta}'\boldsymbol{\beta}'^{\mathrm{T}}W^2\mathrm{d}\omega\right]_{\boldsymbol{\theta}'=\hat{\boldsymbol{\theta}}'} \tag{6.42}$$

$$= \frac{1}{2\pi}\int_{-\pi}^{\pi}\frac{2|P|^2W^2}{|1+PC_0(z)|^4}\boldsymbol{\beta}'\boldsymbol{\beta}'^{\mathrm{T}}\mathrm{d}\omega$$

因此，$J'_{\mathrm{MR}}(\boldsymbol{\theta}')$ 的二阶泰勒展开式可表示为

$$J'_{\mathrm{MR}}(\boldsymbol{\theta}') = \tilde{J}'_{\mathrm{MR}}(\boldsymbol{\theta}') + o\left(\left\|\boldsymbol{\theta}'-\hat{\boldsymbol{\theta}}'\right\|^2\right) \tag{6.43}$$

其中，

$$\tilde{J}'_{\mathrm{MR}}(\boldsymbol{\theta}') = (\boldsymbol{\theta}'-\hat{\boldsymbol{\theta}}')^{\mathrm{T}}\left[\frac{1}{2\pi}\int_{-\pi}^{\pi}\frac{2|P|^2W^2}{|1+PC_0(z)|^4}\boldsymbol{\beta}'\boldsymbol{\beta}'^{\mathrm{T}}\mathrm{d}\omega\right](\boldsymbol{\theta}'-\hat{\boldsymbol{\theta}}')$$

$$= \frac{1}{2\pi}\int_{-\pi}^{\pi}\left|C'(\boldsymbol{\theta}')-C_0(z)\right|^2\frac{|P|^2W^2}{|1+PC_0(z)|^4}\mathrm{d}\omega \tag{6.44}$$

考虑到 $J'_{\mathrm{MR}}(\boldsymbol{\theta}')$ 和 $J_{\mathrm{MR}}(\boldsymbol{\theta})$ 的区别在于前者使用扩展控制器来表示，并且两者之间的转换关系为 $J_{\mathrm{MR}}(\boldsymbol{\theta}) = J'_{\mathrm{MR}}((\boldsymbol{\theta}^{\mathrm{T}},\mathbf{0})^{\mathrm{T}})$，通过比较式 (6.36)、式 (6.43)，可知

$J_{\mathrm{MR}}(\boldsymbol{\theta})$ 和 $J_{\mathrm{VRFT}}(\boldsymbol{\theta})$ 有相同的收敛性并且 $J_{\mathrm{MR}}(\boldsymbol{\theta})$ 是 $J_{\mathrm{VRFT}}(\boldsymbol{\theta})$ 的二阶泰勒展开式。证毕。

定理 6.2　若定义随机变量 $v(t)$ 为 $v(t) = \boldsymbol{u}_L(t) - \boldsymbol{\psi}^{\mathrm{T}}(t)\hat{\boldsymbol{\theta}}'(t)$（$\hat{\boldsymbol{\theta}}'(t)$ 即为理想控制器参数矢量）并且满足 $E[v^2(t)] \leqslant \sigma_v^2 < \infty$ 以及 $E[v(t)] = 0$，则本节提出的数据驱动控制器参数更新算法保证了整定过程的收敛性。因此，最终数据驱动自适应校正优化的控制器参数将逐步趋近于最优控制器参数矢量 $\hat{\boldsymbol{\theta}}'(t)$。

证明　定义理想控制器与整定的控制器参数的差值为

$$\tilde{\boldsymbol{\theta}}(t) = \hat{\boldsymbol{\theta}}(t) - \hat{\boldsymbol{\theta}}'(t) \tag{6.45}$$

可获取得到

$$\tilde{\boldsymbol{\theta}}(t) = \left[\boldsymbol{I} - \frac{\boldsymbol{\varphi}(t)\boldsymbol{\varphi}^{\mathrm{T}}(t)}{\gamma(t)} \right] \tilde{\boldsymbol{\theta}}(t-1) + \frac{\boldsymbol{\varphi}(t)}{\gamma(t)} v(t) \tag{6.46}$$

有

$$\begin{aligned}
\tilde{\boldsymbol{\theta}}(t) &= \left[\boldsymbol{I} - \frac{\boldsymbol{\varphi}(t)\boldsymbol{\varphi}^{\mathrm{T}}(t)}{\gamma(t)} \right] \tilde{\boldsymbol{\theta}}(t-1) + \frac{\boldsymbol{\varphi}(t)}{\gamma(t)} v(t) \\
&= \boldsymbol{L}(t+1, t)\tilde{\boldsymbol{\theta}}(t-1) + \frac{\boldsymbol{\varphi}(t)}{\gamma(t)} v(t) \\
&= \boldsymbol{L}(t+1, t-N+1)\tilde{\boldsymbol{\theta}}(t-N) + \sum_{i=0}^{N-1} \boldsymbol{L}(t+1, t-i+1) \frac{\boldsymbol{\varphi}(t-i)}{\gamma(t-i)} v(t-i)
\end{aligned} \tag{6.47}$$

求范数可表示为

$$\begin{aligned}
&\left\| \tilde{\boldsymbol{\theta}}(t) \right\|^2 \\
&= \tilde{\boldsymbol{\theta}}^{\mathrm{T}}(t-N)\boldsymbol{L}^{\mathrm{T}}(t+1, t-N+1)\boldsymbol{L}(t+1, t-N+1)\tilde{\boldsymbol{\theta}}(t-N) \\
&\quad + \sum_{i=0}^{N-1} \boldsymbol{\varphi}^{\mathrm{T}}(t-i)\boldsymbol{L}^{\mathrm{T}}(t+1, t-i+1)\boldsymbol{L}(t+1, t-i+1)\boldsymbol{\varphi}(t-i) \left| \frac{v(t-i)}{\gamma(t-i)} \right|^2 \\
&\quad + 2\tilde{\boldsymbol{\theta}}^{\mathrm{T}}(t-N)\boldsymbol{L}^{\mathrm{T}}(t+1, t-N+1) \sum_{i=0}^{N-1} \boldsymbol{L}(t+1, t-i+1) \frac{\boldsymbol{\varphi}(t-i)}{\gamma(t-i)} v(t-i)
\end{aligned} \tag{6.48}$$

进而，计算期望值：

$$E\left[\left\|\tilde{\boldsymbol{\theta}}(t)\right\|^2\right]$$

$$= E[\tilde{\boldsymbol{\theta}}^{\mathrm{T}}(t-N)\boldsymbol{L}^{\mathrm{T}}(t+1,t-N+1)\boldsymbol{L}(t+1,t-N+1)\tilde{\boldsymbol{\theta}}(t-N)]$$

$$+ E\left[\sum_{i=0}^{N-1}\boldsymbol{\varphi}^{\mathrm{T}}(t-i)\boldsymbol{L}^{\mathrm{T}}(t+1,t-i+1)\boldsymbol{L}(t+1,t-i+1)\boldsymbol{\varphi}(t-i)\left|\frac{v(t-i)}{\gamma(t-i)}\right|^2\right] \quad (6.49)$$

$$+ E\left[2\tilde{\boldsymbol{\theta}}^{\mathrm{T}}(t-N)\boldsymbol{L}^{\mathrm{T}}(t+1,t-N+1)\sum_{i=0}^{N-1}\boldsymbol{L}(t+1,t-i+1)\frac{\boldsymbol{\varphi}(t-i)}{\gamma(t-i)}v(t-i)\right]$$

根据期望计算的加法性质以及 $E[v(t)]=0$，可得

$$E\left[\left\|\tilde{\boldsymbol{\theta}}(t)\right\|^2\right]$$

$$= E[\tilde{\boldsymbol{\theta}}^{\mathrm{T}}(t-N)\boldsymbol{L}^{\mathrm{T}}(t+1,t-N+1)\boldsymbol{L}(t+1,t-N+1)\tilde{\boldsymbol{\theta}}(t-N)]$$

$$+ E\left[\sum_{i=0}^{N-1}\boldsymbol{\varphi}^{\mathrm{T}}(t-i)\boldsymbol{L}^{\mathrm{T}}(t+1,t-i+1)\boldsymbol{L}(t+1,t-i+1)\boldsymbol{\varphi}(t-i)\left|\frac{v(t-i)}{\gamma(t-i)}\right|^2\right] \quad (6.50)$$

$$\leqslant E[\tilde{\boldsymbol{\theta}}^{\mathrm{T}}(t-N)\boldsymbol{L}^{\mathrm{T}}(t+1,t-N+1)\boldsymbol{L}(t+1,t-N+1)\tilde{\boldsymbol{\theta}}(t-N)]$$

$$+ E\left[N\sum_{i=0}^{N-1}\boldsymbol{\varphi}^{\mathrm{T}}(t-i)\boldsymbol{L}^{\mathrm{T}}(t+1,t-i+1)\boldsymbol{L}(t+1,t-i+1)\boldsymbol{\varphi}(t-i)\left|\frac{v(t-i)}{\gamma(t-i)}\right|^2\right]$$

由引理 6.2 可知，对于任意的 $i \geqslant 1$，$\boldsymbol{L}^{\mathrm{T}}(t+1,t-i+1)\boldsymbol{L}(t+1,t-i+1)$ 的最大特征值不会比单位 1 更大。根据矩阵范数的相容性，可得

$$E_1 = E[\tilde{\boldsymbol{\theta}}^{\mathrm{T}}(t-N)\boldsymbol{L}^{\mathrm{T}}(t+1,t-N+1)\boldsymbol{L}(t+1,t-N+1)\tilde{\boldsymbol{\theta}}(t-N)]$$

$$\leqslant \left\{1 - \frac{N\eta^2}{(N+1)^2\delta_1[n\varepsilon(t+N-1)+1]}\right\}E\left[\left\|\tilde{\boldsymbol{\theta}}(t-N)\right\|^2\right] \quad (6.51)$$

$$E_2 = E\left[N\sum_{i=0}^{N-1}\boldsymbol{\varphi}^{\mathrm{T}}(t-i)\boldsymbol{L}^{\mathrm{T}}(t+1,t-i+1)\boldsymbol{L}(t+1,t-i+1)\boldsymbol{\varphi}(t-i)\left|\frac{v(t-i)}{\gamma(t-i)}\right|^2\right]$$

$$\leqslant N\sum_{i=0}^{N-1}E\left[\left\|\boldsymbol{\varphi}^{\mathrm{T}}(t-i)\boldsymbol{\varphi}(t-i)\frac{v(t-i)}{\gamma(t-i)}\right\|^2\left\|\boldsymbol{L}^{\mathrm{T}}(t+1,t-i+1)\boldsymbol{L}(t+1,t-i+1)\right\|\right]$$

$$\leqslant N\sum_{i=0}^{N-1}E\left[\left\|\boldsymbol{\varphi}^{\mathrm{T}}(t-i)\boldsymbol{\varphi}(t-i)\frac{v(t-i)}{\gamma(t-i)}\right\|^2\right] \quad (6.52)$$

$$\leqslant N\sum_{i=0}^{N-1}E\left[\frac{\left\|\boldsymbol{\varphi}(t-i)\right\|^2}{\gamma^2(t-i)}v^2(t-i)\right]$$

利用引理 6.1，有

$$
\begin{aligned}
E_2 &\leqslant N\sum_{i=0}^{N-1}\frac{\varepsilon\sigma_v^2(1-\xi(t))^2}{\eta^2} \\
&\leqslant \frac{N^2\varepsilon\sigma_v^2(1-\xi(t))^2}{\eta^2}
\end{aligned}
\tag{6.53}
$$

期望可化简为

$$
\begin{aligned}
&E\left[\left\|\tilde{\boldsymbol{\theta}}(t)\right\|^2\right] \\
&\leqslant E_1+E_2 \\
&\leqslant \frac{N^2\varepsilon\sigma_v^2(1-\xi(t))^2}{\eta^2}+\left\{1-\frac{N\eta^2}{(N+1)^2\delta_1[n\varepsilon(t+N-1)+1]}\right\}E\left[\left\|\tilde{\boldsymbol{\theta}}(t-N)\right\|^2\right]
\end{aligned}
\tag{6.54}
$$

因此，当 $t\to\infty$，可推导得到以下结果：

$$
1-\xi(t)=\mu_1\mathrm{e}^{-\mu_2 t}
\tag{6.55}
$$

$$
\begin{aligned}
&\lim_{t\to\infty}E\left[\left\|\tilde{\boldsymbol{\theta}}(t)\right\|^2\right] \\
&\leqslant \lim_{t\to\infty}\frac{N^2\varepsilon\sigma_v^2(\mu_1\mathrm{e}^{-\mu_2 t})^2}{\eta^2}\times\frac{(N+1)^2\delta_1[n\varepsilon(t+N-1)+1]}{N\eta^2} \\
&=\lim_{t\to\infty}\frac{N\varepsilon^2\sigma_v^2(N+1)^2\delta_1 n\mu_1^2}{\eta^4}\times\frac{t}{(\mathrm{e}^{2\mu_2})^t}=0
\end{aligned}
\tag{6.56}
$$

式(6.55)和式(6.56)表明，本章提出的数据驱动分数阶控制器参数在线校正算法可以保证分数阶控制器参数整定的收敛性，自适应调整校正的控制器参数将逐步趋近于全局最优解的无偏估计。结合定理 6.1，基于本章所提算法的控制系统性能与设定的参考闭环系统控制保持一致，从而满足了系统的实际运动控制需求。证毕。

由定理 6.2 的分析可知，较小的遗忘因子 $\xi(t)$ 将产生较快的算法收敛速度，但同时会影响控制算法的稳定性。因此，针对交流伺服系统的应用场合，本节提出的时变遗忘因子可以在初始阶段保证算法的收敛速度，在自适应更新校正过程中增强自适应校正算法的稳定性。

定理 6.3　若定理 6.1 和定理 6.2 成立，则本章提出的数据驱动分数阶控制方法能保证闭环系统的有界输入有界输出(bound-input-bound-output, BIBO)稳定性。

证明　根据定理 6.1 和定理 6.2，定义 σ 为

$$\sigma \stackrel{\text{def}}{=} \left| \frac{P(z)C(z,\boldsymbol{\theta})}{1+P(z)C_0(z)} - M(z) \right|^2 \tag{6.57}$$

根据理想控制器 $C_0(z)$ 的定义,式(6.57)可变换为

$$\sigma = \left| -\frac{P(z)[C_0(z)-C(z,\boldsymbol{\theta})]}{1+P(z)C_0(z)} \right|^2 \tag{6.58}$$

由定理 6.1 和定理 6.2 可知,当 $t \to \infty$ 时,$(\sigma \to 0) < 1$。另外,闭环系统可表示为互联系统,且从 $C(z,\boldsymbol{\theta}) - C_0(z)$ 处观测,输入信号 $u_m(t)$ 和跟随误差 $e(t)$ 之间的传递函数关系为 $-P(z)/[1+P(z)C_0(z)]$。

从系统的稳定性而言,BIBO 稳定性分析可在系统内部状态未知的情况下,对系统的稳定性进行研究,即有界的输入信号是否一定能产生有界的输出信号。对于本章的数据驱动分数阶控制方法,系统的实际动态响应是未知的,因此可以使用 BIBO 稳定性准则进行如图 6.4 所示的互联系统的稳定性分析。根据小增益定理,定理 6.1 和定理 6.2 是保证系统 BIBO 稳定性的充分条件,证毕。

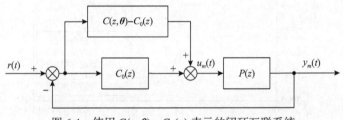

图 6.4 使用 $C(z,\boldsymbol{\theta}) - C_0(z)$ 表示的闭环互联系统

6.3.2 仿真结果分析

为了验证本章所提自适应控制方法的有效性,使用如下交流伺服系统的时变动态离散表达式进行测试:

$$y(t) = -0.9978y(t-1) + b_0 u(t-1) \tag{6.59}$$

$$b_0 = 0.0322 - 0.00002t \tag{6.60}$$

自适应控制器参数整定方法的其他参数设置如下:$\psi = 0.9$,$N = 100$,查询向量的阈值设定为 0.8。为了对比本章所提分数阶自适应控制的优越性,仿真测试采用固定参数 IOPI 控制器、固定参数 FOPI 控制器与自适应 FOPI 控制器进行对比测试实验。

对于仿真测试,使用数据驱动方法对控制器进行离线预整定,最优分数阶阶次确定为 $\lambda = 1.3$,并得到自适应控制器的初始值,同时该值也为固定参数控制器

的初始值。在时间 t 为 0.2s、0.4s、0.6s、0.8s 时刻使用基于即时学习的分数阶控制参数在线校正算法对控制器参数进行更新校正，所得控制器参数见表 6.1。图 6.5 显示了使用不同控制方法的动态响应，图 6.6 和图 6.7 分别显示了采用的对比控制器所产生的闭环系统转速跟随误差以及闭环系统与参考系统的差值。

表 6.1　控制器参数更新值

控制器参数	更新次数				
	1	2	3	4	5
K_p	2.4803	2.4804	3.3638	4.004	4.7937
K_i	0.0418	0.0349	0.0388	0.0412	0.0514

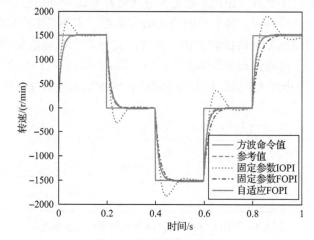

图 6.5　闭环系统动态响应

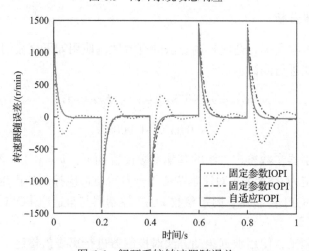

图 6.6　闭环系统转速跟随误差

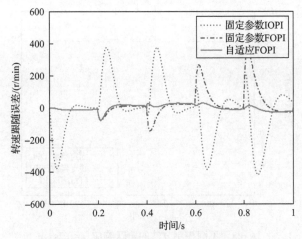

图 6.7 闭环系统与参考系统的差值

表 6.2 列出了使用转速跟随误差绝对值量化的控制性能评价指标，包括最大值、标准差、均方根和 ITAE 等。从表 6.2 中可以看出，自适应 FOPI 控制器具有很强的学习能力，能够在系统运行环境发生变化时，更新校正系统的控制器参数，从而为系统提供良好的鲁棒性，以维持系统的动态响应性能。

表 6.2 不同控制方法下的性能指标对比

控制器	最大值/(r/min)	标准差/(r/min)	均方根/(r/min)	ITAE
固定参数 IOPI	420.1914	130.9874	175.0543	116.2875
固定参数 FOPI	354.4942	72.2080	85.1054	45.1160
自适应 FOPI	77.6884	11.2217	20.0916	16.6862

为了进一步说明自适应整定方法的有效性，图 6.8～图 6.11 分别给出了控制参数更新时刻使用不同控制方法的阶跃响应曲线，从中可以看出，随着系统模型的变化，固定参数控制器不能维持系统的初始控制性能。图 6.8 中，固定参数 FOPI 控制器的超调量明显增大，表明当前的控制器参数不适用于变化后的控制系统。虽然在 0.4s（图 6.9）、0.6s（图 6.10）和 0.8s（图 6.11），阶跃响应的超调量下降，但是系统的峰值时间和上升时间明显变长，表明系统的动态响应速度受到影响。相比固定参数的 IOPI 和 FOPI 控制器，自适应调整后的 FOPI 控制器参数总是能维持系统的控制性能最优，在抑制超调量的同时保证了系统的动态跟踪性能，表明了控制器参数更新校正的必要性与优越性，验证了本章所提算法的有效性。

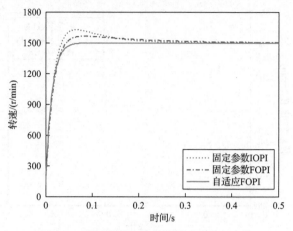

图 6.8　不同控制方法的阶跃响应（$t=0.2\text{s}$）

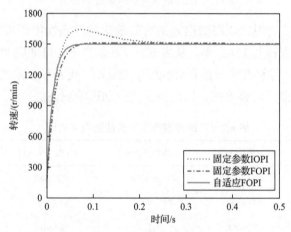

图 6.9　不同控制方法的阶跃响应（$t=0.4\text{s}$）

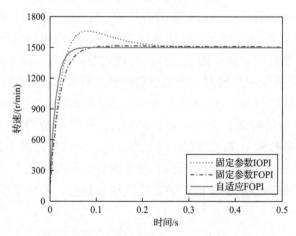

图 6.10　不同控制方法的阶跃响应（$t=0.6\text{s}$）

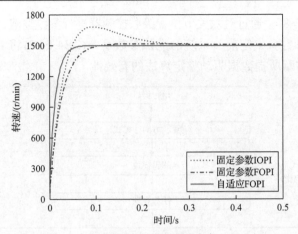

图 6.11　不同控制方法的阶跃响应($t=0.8$s)

6.4　实　验　验　证

6.4.1　数据驱动分数阶参考模型

为了验证本章所提的理想伯德传递函数闭环分数阶参考模型的有效性，本节对六关节工业机器人交流伺服系统进行精确的位置控制。该六关节工业机器人控制结构见图 6.12，主要组成部分如下。①示教器：通过用户接口接收相应的配置与命令，如运动方向、控制模式和位置参考值等，并将其转换成发送到各个关节的角速度、相对位置等。②机器人上层控制器：通过解码和任务规划模块生成所有关节的运动轨迹；关节控制模块实现了所提的级联位置控制器最优参数的整定；电机控制模块和总线通信模块为上层控制器与交流伺服系统提供了数据交互的通道。③交流伺服系统：控制工业机器人的末端执行器，使其移动到指定的位置。机器人控制器计算各关节理论角度后，基于机器人运动学方程可以得到机器人末端理论位置，同时，根据电机反馈各关节实际角度，基于机器人运动学方程可以得到机器人末端实际位置，从而得到位置跟踪误差。

对于级联位置控制器参数的整定，目标参考模型是通过 6.1.1 节所提的理想伯德传递函数确定的闭环分数阶参考模型来设定的。考虑到六关节工业机器人的实际应用场合，本节使用的是典型的码垛测试曲线。任务周期设定为 25s，同时为了提供负载扰动，在机器人末端执行器处添加了质量为 5.32kg 的负载。考虑到不同关节的特性与控制需求不一致，对于各个关节的模型参数设置也有区别。例如，关节 1～关节 3 的力矩变化比较小，可提高响应的快速性，因此参数设置为 $\alpha = 1.1$，$\omega_{gc} = 100$，而剩下的三个关节的力矩变化大，需保证响应的平滑性，因此参数选择

为 $\alpha = 1.1$，$\omega_{\mathrm{gc}} = 80$。通过对六关节位置级联控制器进行参数整定，可得到如表 6.3 所示的控制器参数。整定前，系统的默认参数 $\theta_s = (2.34, 0.02)$ 将被用于控制性能的比较以验证本章所提数据驱动整定算法的有效性。

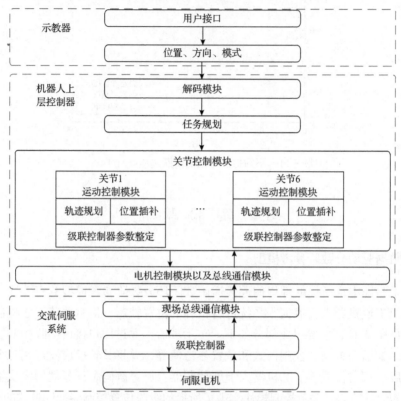

图 6.12　六关节工业机器人控制结构

表 6.3　六关节位置级联控制器参数

级联控制器控制增益	关节					
	1	2	3	4	5	6
K_p	3.90	4.68	4.01	4.37	4.71	2.81
K_s	4.56	4.18	4.14	4.28	4.56	3.28
K_I	0.0244	0.0256	0.0345	0.0357	0.0400	0.0250

图 6.13 显示了整定前后六关节的位置跟踪性能，而图 6.14 描述了相应的位置跟踪误差。对图 6.13 和图 6.14 进行分析可知，本章所提基于分数阶参考模型的数据驱动整定算法可以保证所有关节的跟踪性能，特别是对于关节 2 和关节 5，其动态响应性能得到了明显改善。表 6.4 给出了跟随误差的相关性能指标。通过对控制器参数进行数据驱动整定，增强了级联控制器对位置跟踪的调节能力。在机

器人的运行过程中，系统存在时变的外部干扰，如重力、库伦摩擦、电机的齿槽转矩等，这些扰动将会影响位置的跟踪精度，尤其是对于关节换向时扰动的影响

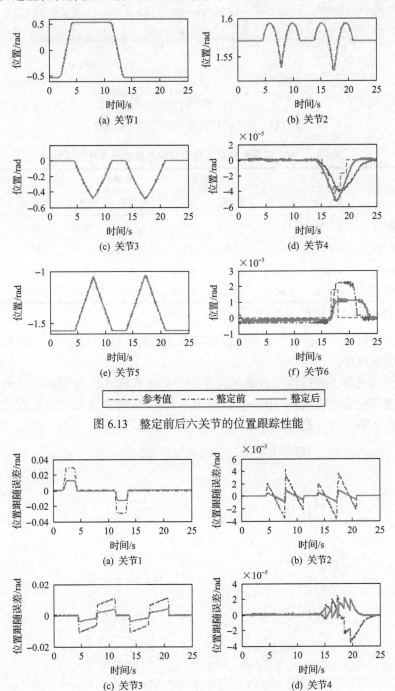

(a) 关节1

(b) 关节2

(c) 关节3

(d) 关节4

(e) 关节5

(f) 关节6

- - - - 参考值　　- · - · 整定前　　—— 整定后

图 6.13　整定前后六关节的位置跟踪性能

(a) 关节1

(b) 关节2

(c) 关节3

(d) 关节4

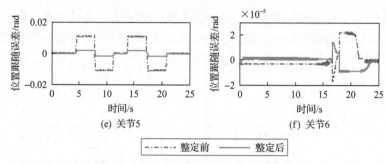

(e) 关节5   (f) 关节6

------- 整定前   —— 整定后

图 6.14   整定前后六关节的位置跟随误差

表 6.4   整定前后六关节位置跟随误差值的相关性能指标

性能指标	关节 1		关节 2		关节 3		关节 5	
	整定前	整定后	整定前	整定后	整定前	整定后	整定前	整定后
最大值/rad	0.0290	0.0157	0.0043	0.0013	0.0111	0.0051	0.0115	0.0026
标准差/rad	0.0101	0.0055	0.0010	0.0004	0.0044	0.0018	0.0053	0.0011
均方根/rad	0.0111	0.0060	0.0013	0.0005	0.0065	0.0026	0.0079	0.0017
ITAE	0.1162	0.0625	0.0211	0.0067	0.1182	0.0472	0.1464	0.0313

注：关节 4 和关节 6 整定前后性能差别不大，省略性能指标。

尤为显著。可见，机器人六关节交流伺服系统的抗外界干扰能力以及闭环鲁棒性
得到了明显改进。

对于六关节工业机器人的最终位置，图 6.15 和图 6.16 分别显示了末端执行
器的位置和位置跟随误差。从中可以看出本章提出的数据驱动级联位置控制算法
显著提高了系统的位置跟踪性能。其中，使用系统默认控制参数的跟随误差的范

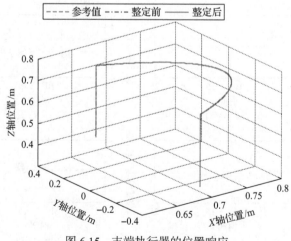

图 6.15   末端执行器的位置响应

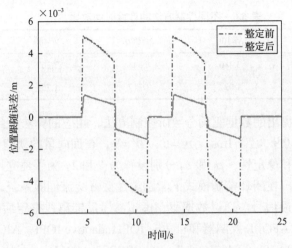

图 6.16　末端执行器的位置跟随误差

围为$[-0.0054, 0.0054]$m，而级联位置控制器的误差范围是$[-0.0017, 0.0017]$m。对于最终末端执行器的位置跟随效果，表 6.5 列出了整定前后末端执行器位置跟随误差的相关性能指标。与整定前相比，系统位置跟随误差的最大值、标准差、均方根、ITAE指标分别减小了 64.7%、72.7%、65.6%和 69.4%。从各项指标中可知，使用本节所提分数阶参考模型以及数据驱动级联控制算法可获得较好的位置跟随性能。

表 6.5　整定前后末端执行器位置跟随误差的相关性能指标

性能指标	整定前	整定后
最大值/rad	0.0051	0.0018
标准差/rad	0.0022	0.0006
均方根/rad	0.0032	0.0011
ITAE	0.0588	0.0180

6.4.2　数据驱动分数阶控制方法

为了实现对柔性旋转摆臂系统的高精度控制，本章将所提出的数据驱动分数阶控制方法应用到了该系统。对于具有分数阶特性的柔性摆臂系统，基于分数阶微积分的运动控制能够获得更好的控制性能。在上层控制器中使用 MATLAB进行控制器参数整定控制算法的效率对比，其配置规格为 2.6GHz 和 4GB RAM。表 6.6 记录了使用数据库中的不同容量样本数据进行控制器参数整定的运行时间。与传统的更新律相比，本章所设计的基于即时学习的改进型更新律需要更短的计算时间，保证了实时调整的效率。由于需要实现在线控制器参数自适应校正，运算时间不能超过控制器参数计算周期 2ms。因此，数据样本的数量选择为 $N=100$以保证其他系统控制程序的运行时间。

表 6.6　不同控制方法的计算时间对比　　　　　　（时间：ms）

更新律	$N=100$	$N=200$	$N=400$	$N=800$
传统更新律	3.486	4.544	7.267	12.455
改进型更新律	1.027	1.317	1.751	2.804

对于本章所提出的数据驱动分数阶控制方法，相应的算法参数为：$\alpha=1.1$，$\omega_{gc}^{\alpha}=400$，$\varpi=0.9$，$T=1\text{ms}$，$m=5$，$W=1$，查询向量的阈值为 0.8。为了平衡方法的收敛性和稳定性，μ_1 和 μ_2 分别设置为 1 和 2。为了建立用于数据驱动整定的离线数据库，在闭环控制模式下激励柔性摆臂交流伺服系统，获取相应的控制电流和速度反馈信号。通过数据驱动虚拟参考反馈离线整定后的自适应 FOPI（adaptive FOPI，AFOPI）控制器和自适应 IOPI（adaptive IOPI，AIOPI）控制器参数分别为 $\hat{\boldsymbol{\theta}}_{\text{AFOPI}}=(2.8388,0.0403)^{\text{T}}$ 和 $\hat{\boldsymbol{\theta}}_{\text{AIOPI}}=(2.1327,0.0311)^{\text{T}}$。利用黄金分割法选取的最优控制器分数阶阶次为 $\lambda=1.103$，其相应的优化性能指标为 $J_{\text{VRFT}}(\hat{\boldsymbol{\theta}}_{\text{AFOPI}})=5.609\times10^{-4}$。

图 6.17 和图 6.18 描述了使用不同分数阶阶次的分数阶控制器和整数阶控制器的阶跃响应曲线，可见整定后的 AFOPI 控制器提高了系统的控制性能，改善了系统响应，包括超调以及系统的调节时间。在阶跃响应测试中，参考转速指令的幅值首先被设定为 500r/min。AFOPI 控制器可以获得比整数阶控制器更好的跟踪性能。具体而言，与 AIOPI 控制器的结果相比（8%的超调和 0.031s 的调节时间），

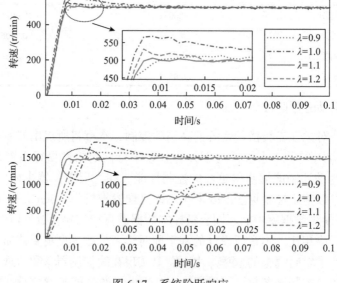

图 6.17　系统阶跃响应

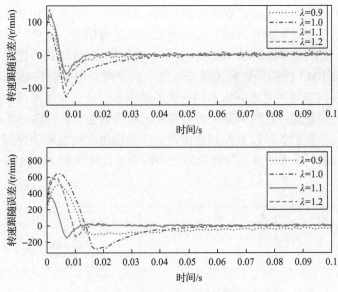

图 6.18　系统阶跃响应转速跟随误差

本章提出的控制方法下的阶跃响应有更小的超调(2.8%)和更短的调节时间(0.017s)。类似的结果可以在第二个阶跃响应测试实验中得出，在该测试中，期望的转速幅值是 1500r/min。与 AIOPI 控制器的性能(18%的超调和 0.040s 的调节时间)相比，使用调整后的 AFOPI 控制器处理得到更好的性能(4%的超调和 0.021s 的调节时间)。同时也可以从中观察到在这两个系统中都没有稳态误差，这得益于相比 AIOPI 控制器的额外控制器参数，AFOPI 控制器能获得更好的阶跃响应性能。

在柔性摆臂实际应用中，采用 S 形曲线作为参考速度轨迹实现了更高的运动控制效率和平滑的动态性能。为了评价所提出的控制方案的有效性，根据参考曲线的频率 f、幅值裕度 M 以及是否加载 J_e，系统的往复运动控制实验将考虑以下四种不同的运行环境。

示例一：$f = 10\text{Hz}$，$M = 1400\text{r/min}$，$J_e = 2.5360 \times 10^{-3}\text{kg}\cdot\text{m}^2$；

示例二：$f = 10\text{Hz}$，$M = 850\text{r/min}$，$J_e = 2.5360 \times 10^{-3}\text{kg}\cdot\text{m}^2$；

示例三：$f = 5\text{Hz}$，$M = 1400\text{r/min}$，$J_e = 2.5360 \times 10^{-3}\text{kg}\cdot\text{m}^2$；

示例四：$f = 10\text{Hz}$，$M = 1400\text{r/min}$，$J_e = 0\text{kg}\cdot\text{m}^2$。

在实时速度跟踪实验验证中，本章选取整定前系统默认的 IOPI 控制器、数据驱动 AIOPI 控制器、数据驱动 AFOPI 控制器和基于传统模型的 AFOPI 控制器进行性能对比实验。在实时的系统运行中，AIOPI 控制器和 AFOPI 控制器的参数向量将在每个采样时间内通过相同的自适应更新法则进行迭代校正。

对于高频高速加载实验,如图 6.19~图 6.22 所示,所有对比系统的转速跟随误差将稳定在零附近的有界区域,而没有发生失速等情况。此外,从中可推导得到以下结论:①自适应控制器(AIOPI 或 AFOPI 控制器)可以获得比具有整定前使用固定参数的 IOPI 控制器更好的动态性能。这主要是因为改进的自适应控制律会把当前运行状态的实时数据加入到系统的数据库中,从而使用包含系统运行状态的数据进行控制器参数的调整,为时变系统提供更强的鲁棒性。②由于 AFOPI 控制器额外的分数阶参数以及控制自由度,本章提出的数据驱动控制方法保证了优越的运动性能,从而使分数阶控制器的跟随误差比传统的 AIOPI 控制器减少了50%以上。

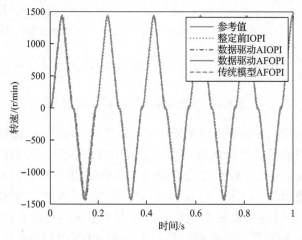

图 6.19 示例一情况下的动态响应

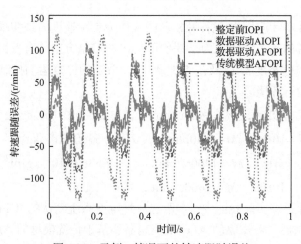

图 6.20 示例一情况下的转速跟随误差

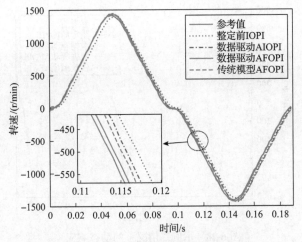

图 6.21　示例一情况下单周期的动态响应

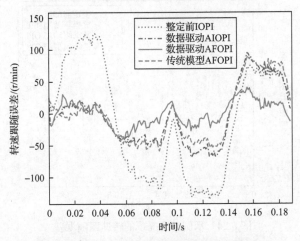

图 6.22　示例一情况下单周期的转速跟随误差

图 6.23 和图 6.24 分别显示了示例二情况下的动态响应和转速跟随误差,而图 6.25 和图 6.26 显示了放大后的单周期动态响应和转速跟随误差。在这种高频低速的加载情况下,数据驱动 AFOPI 控制系统仍然优于传统的系统。上述两个示例闭环响应的 AFOPI 和 AIOPI 控制器的参数自适应更新变化趋势如图 6.27 和图 6.28 所示。经过多个周期更新后,控制器参数收敛于相对稳定的值。图 6.27 和图 6.28 表明控制器参数是能够随着系统运行环境的改变而自适应调整的,以保证在不同的运行状态下系统良好的跟踪性能。

对于示例三和示例四,闭环系统的转速跟踪性能如图 6.29~图 6.32 所示。图 6.29 和图 6.30 表明,在低频环境中,基于即时学习整定算法的 AFOPI 控制器具有比其他控制器更好的性能,证明了所提数据驱动控制方法的鲁棒性。在示例四中,

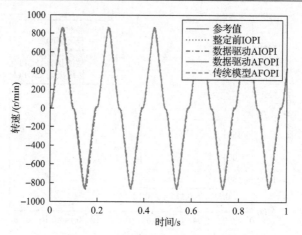

图 6.23　示例二情况下的动态响应

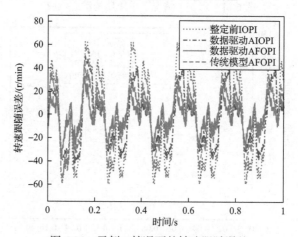

图 6.24　示例二情况下的转速跟随误差

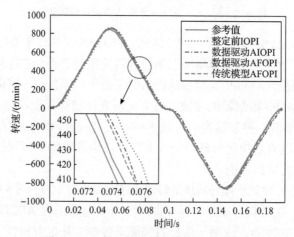

图 6.25　示例二情况下单周期的动态响应

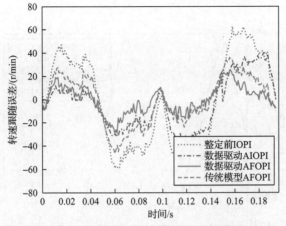

图 6.26　示例二情况下单周期的转速跟随误差

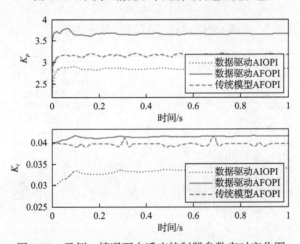

图 6.27　示例一情况下自适应控制器参数实时变化图

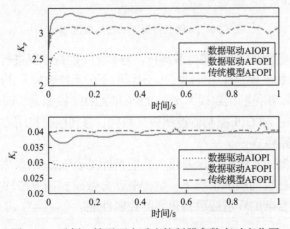

图 6.28　示例二情况下自适应控制器参数实时变化图

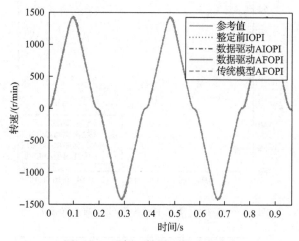

图 6.29　示例三情况下的动态响应

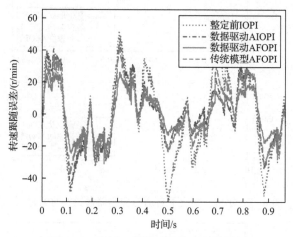

图 6.30　示例三情况下的转速跟随误差

外部惯性负载被设置为零，电机空载运行。与示例一加载情况进行对比，可以评估受扰情况(包括参数不确定性和外部转矩干扰等)下的系统响应。在图 6.31 和图 6.32 中，AFOPI 控制器获得的跟踪误差小于 IOPI 和 AIOPI 控制器，而基于本章所提数据驱动方法整定的 AFOPI 控制器控制效果最优，与其他的控制方法相比，该闭环系统具有最小的跟踪误差。

　　上述四个示例的实验跟踪误差相关性能指标见表 6.7。结果表明，不管是在高频还是低频以及是否加载的情况下，数据驱动分数阶控制方法均具有较高的自适应能力，在各种复杂的环境能取得很好的控制性能。

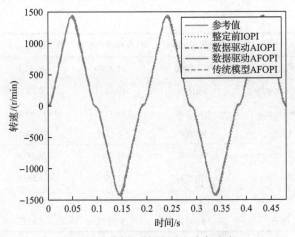

图 6.31　示例四情况下的动态响应

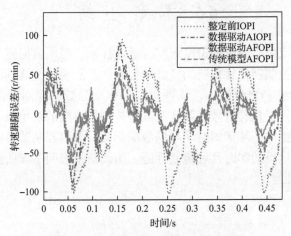

图 6.32　示例四情况下的转速跟随误差

表 6.7　不同控制方法的性能指标对比

	性能指标	整定前 IOPI	数据驱动 AIOPI	数据驱动 AFOPI	传统模型 AFOPI
示例一	最大值/(r/min)	135.0000	94.4000	41.0000	89.6000
	标准差/(r/min)	37.1066	24.5636	9.7219	25.7359
	均方根/(r/min)	86.9198	50.5299	21.8312	41.7329
	ITAE	14.9230	7.2239	3.0700	6.9416
示例二	最大值/(r/min)	62.7800	39.7950	29.0000	46.7500
	标准差/(r/min)	16.4171	11.9398	6.4783	10.4521
	均方根/(r/min)	38.6525	23.7085	12.8234	19.6560
	ITAE	6.8358	3.6644	1.9130	3.4772

续表

性能指标		整定前 IOPI	数据驱动 AIOPI	数据驱动 AFOPI	传统模型 AFOPI
示例三	最大值/(r/min)	103.2000	91.5200	46.2000	72.3800
	标准差/(r/min)	26.1678	19.8195	9.6208	15.5056
	均方根/(r/min)	54.6295	32.3126	17.4556	28.8197
	ITAE	9.8808	7.4781	3.1301	4.3884
示例四	最大值/(r/min)	52.0000	46.9000	26.0000	48.4000
	标准差/(r/min)	12.0596	11.0907	6.5331	10.7228
	均方根/(r/min)	28.1570	20.4382	12.9592	18.7121
	ITAE	8.5910	9.4150	5.8787	8.4775

6.5　本　章　小　结

本章针对交流伺服系统的速度跟踪自适应控制，提出数据驱动分数阶控制方法，利用分数阶控制器代替传统的整数阶控制器，从而为交流伺服系统运动控制提供更多的灵活性和自由度；进而提出数据驱动分数阶控制器参数离线整定算法，优化设计得到了最佳分数阶阶次和其他控制器参数的初始值。在运行工况发生变化时，本章提出的基于即时学习的数据驱动分数阶控制器参数在线校正算法保证了受控系统运行的实时性和控制性能。仿真结果表明本章所提运动控制方法的准确性与优越性。

第 7 章　数据驱动自适应扰动抑制方法研究

本章旨在探寻系统受到外界扰动时和数据干扰与整帧丢失情况下的控制方法，提出数据驱动自适应扰动抑制方法，从而增强交流伺服系统的抗扰动能力与鲁棒性。本章所研究的控制方法使得系统能够根据反馈信息和数据帧链路实时传输情况自适应调整控制器参数，从而适应不同的复杂运行环境，保证系统的动态跟踪性能，满足实际控制需求。

本章首先介绍数据扰动问题与相关定义，并提出数据驱动加权迭代反馈调整控制算法。该算法通过在线计算控制器参数整定残差峰态系数，将其引入控制目标准则中，解决常规情况下的扰动抑制和参考值跟踪问题，并通过反馈调整的方式抑制系统中存在的内部扰动和负载扰动。在此基础上，提出针对数据扰动的实时补偿算法，该算法将进行数据干扰与整帧丢失信息的无偏估测，并将补偿量叠加到修正整定后的控制器，实现考虑扰动补偿的数据驱动加权迭代运动控制算法的设计，以此消除数据扰动对系统响应的影响，进一步提高被控对象的鲁棒性。最后，通过理论分析证明所提补偿算法的收敛性和闭环系统的稳定性。

7.1　数据干扰与整帧丢失

在工业自动化领域，数字化的网络控制系统(networked control system, NCS)通过使用先进的以太网现场总线构成闭环控制系统，避免了点对点式的传统连接方式。图 7.1 是典型的工业以太网网络控制系统，上位机通过以太网数据帧给下面的节点发送相应的命令，并获取对应的反馈信息。相对于传统的模拟量控制系统，网络控制系统具有高速、数据包容量大、传输距离长、成本低、支持灵活的物理拓扑结构等优点。但是，在获取相关信号时，运行环境的实际情况或者传感器自身的缺陷等会产生噪声干扰，影响数据采集的精度，从而使上位机获取的系统真实信号实则为带有测量扰动或者测量噪声的信号。同时，在数据传输到上位机的过程中，由于链路的实际连接情况，数据碰撞和节点竞争失败等问题将导致传输的数据帧丢失[61]。另外，考虑到链路堵塞或数据传递过程中的损坏等，主从设备接收与发送的数据帧不一致将会产生无效的现场总线数据包，从而造成数据不完备。因此，对总线型交流伺服系统进行控制器的设计时，应考虑数据受到扰动或者数据帧不完整等情况，对控制系统进行分析和优化。系统的输入和输出数据一般是在同一数据帧中传输的，需要同时考虑输入端和输出端的随机整帧

丢失和测量噪声。对控制系统而言，接收到的输入数据 $u_m(t)$ 和输出数据 $y_m(t)$ 可表示为

$$u_m(t) = u_r(t)u(t) + u_d(t)$$
$$y_m(t) = y_r(t)y(t) + y_d(t)$$

(7.1)

其中，$u(t)$ 和 $y(t)$ 为被控系统的实际输入和输出数据；$u_d(t)$ 和 $y_d(t)$ 为噪声干扰；$u_r(t)$ 和 $y_r(t)$ 为表征实际数据是否成功传输的随机变量，可定义为

$$u_r(t) = \begin{cases} 1, & u(t) \ \text{成功传输} \\ 0, & u(t) \ \text{丢失} \end{cases}$$

$$y_r(t) = \begin{cases} 1, & y(t) \ \text{成功传输} \\ 0, & u(t) \ \text{丢失} \end{cases}$$

(7.2)

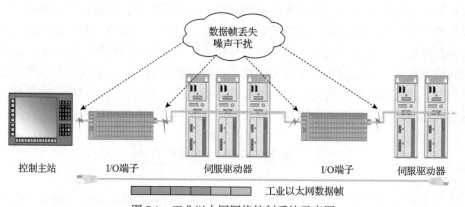

图 7.1　工业以太网网络控制系统示意图

对于数据驱动控制目标，如何利用受到干扰的相关过程数据进行控制器的优化设计，使得被控对象能够跟踪时变的参考信号 $r(t)$ 将是本章需要解决的问题，也为本章的研究创新点。为此，进行以下合理的假设。

假设 7.1　噪声序列 $y_d(t)$ 和 $u_d(t)$ 是相互独立的并且它们独立于 $y(t)$ 和 $u(t)$，即两两互相关函数为零。

假设 7.2　二进制随机变量 $u_r(t)$ 和 $y_r(t)$ 独立于 $y(t)$ 和 $u(t)$，且它们之间相互独立。

假设 7.3　考虑到数据传递的通信原理与协议机制，可假设系统输入和输出的传输成功概率是相同的，即有

$$E[u_r(t)] = E[y_r(t)] = P_r[u_r(t) = 1] = P_r[y_r(t) = 1]$$

(7.3)

其中，E 表示期望；P_r 表示数据帧成功传输的概率，且满足 $0 < P_r < 1$。

假设 7.1 和假设 7.2 是许多处理数据扰动问题都需要考虑的假设条件，其合理性在于数据干扰和数据帧丢失的随机性。对于不同环境或者不同时间点，系统的运行状态都是变化的，因此测量噪声都是随机且时变的。对于假设 7.3，根据以太网通信原理与相应的协议规定，一般数据帧中同时包含了输入数据和输出数据等状态反馈信息，前者对应被控系统的控制输入电流，后者对应位置或者速度输出值。事实上，在复杂的运行环境中，假设 7.3 中所涉及的整帧丢失概率的确切值很难估测并且随着运行环境的变化而改变。因此，需要根据时变工作条件（包括通信链路状态、传感器时间故障等），对数据整帧丢失的概率进行估计和校准，从而在数据不完备的情况下进行控制器的设计与系统性能的优化。

7.2　数据驱动加权迭代反馈调整控制算法

7.2.1　数据扰动情况下的控制器参数整定准则

为了使实际被控系统能跟踪时变的参考命令，进一步优化系统的控制性能，构建 p 阶系统跟随控制准则 $J_{MR}(\boldsymbol{\theta})$ 如下：

$$J_{MR}(\boldsymbol{\theta}) = \left| W\left[\frac{P(z)C(z,\boldsymbol{\theta})}{1+P(z)C(z,\boldsymbol{\theta})} - M(z) \right] \right|^p, \quad p > 0 \tag{7.4}$$

其中，W 为预先设定的权重因子；p 为目标准则的阶次。

为了求解出式（7.4）的最优解，利用实时采集的数据（$u_m(t)$ 和 $y_m(t)$）来构建并求解以分数阶控制器参数矢量 $\boldsymbol{\theta}$ 为优化变量的整定准则函数，从而优化设计得到相应的控制器参数，实现对受控系统的反馈调整控制。根据实际接收到的输出数据 $y_m(t)$ 和系统的参考系统 $M(z)$，计算虚拟参考信号 $\tilde{r}_m(t)$：

$$\tilde{r}_m(t) = M(z)^{-1} y_m(t) \tag{7.5}$$

定义虚拟参考信号 $\tilde{r}_m(t)$ 与实际输出数据 $y_m(t)$ 的差值为虚拟误差信号 $e_m(t)$，表达式为

$$e_m(t) = \tilde{r}_m(t) - y_m(t) = [M(z)^{-1} - 1]y_m(t) \tag{7.6}$$

为了保证分数阶控制器参数整定准则与系统跟随控制准则的一致性，设计合适的滤波器 $L(z)$ 对 $u_m(t)$ 和 $e_m(t)$ 进行滤波：

$$L(z) = \frac{W[1-M(z)]M(z)}{\sqrt[p]{\Phi_u}} \tag{7.7}$$

其中，$\varPhi_u$ 为 $u_m(t)$ 的谱密度。

因此，p 阶整定目标函数最终的寻优目的即为寻找最优的控制器参数，使得当系统控制器的参考输入信号为 $e_m(t)$ 时，控制器的实际输出能接近于滤波后的信号 $u_m(t)$。使用虚拟参考信号激励受控系统时，分数阶控制器计算的控制量为

$$\tilde{u}(t) = C(z,\boldsymbol{\theta})e_m(t) = C(z,\boldsymbol{\theta})L(z)[M(z)^{-1}-1]y_m(t) \tag{7.8}$$

因此，推导得到 p 阶控制器参数整定准则：

$$
\begin{aligned}
J_{\text{VRFT}}(\boldsymbol{\theta}) &= \min_{\boldsymbol{\theta}} \frac{1}{N}\sum_{t=1}^{N}\big[u_m(t)-\tilde{u}(t)\big]^p \\
&= \min_{\boldsymbol{\theta}} \frac{1}{N}\sum_{t=1}^{N}\big[u_m(t)-C(z,\boldsymbol{\theta})e_m(t)\big]^p
\end{aligned} \tag{7.9}
$$

根据待整定控制器的离散空间表达式 $C(z,\boldsymbol{\theta}) = \boldsymbol{\beta}^{\text{T}}(z)\boldsymbol{\theta}$，式 (7.8) 可变形为

$$
\begin{aligned}
\tilde{u}(t) &= \boldsymbol{\psi}_m^{\text{T}}(t)\boldsymbol{\theta} \\
\boldsymbol{\psi}_m(t) &= \boldsymbol{\beta}(z)L(z)[M(z)^{-1}-1]y_m(t)
\end{aligned} \tag{7.10}
$$

由式 (7.1) 和式 (7.10) 可知

$$
\begin{aligned}
\boldsymbol{\psi}_m(t) &= \boldsymbol{\beta}(z)L(z)[M(z)^{-1}-1]y_m(t) \\
&= \boldsymbol{\beta}(z)L(z)[M(z)^{-1}-1]\big[y_r(t)y(t)+y_d(t)\big] \\
&= \boldsymbol{\varpi}(z)\big[y_r(t)y(t)+y_d(t)\big]
\end{aligned} \tag{7.11}
$$

其中，$\boldsymbol{\varpi}(z) = \boldsymbol{\beta}(z)L(z)[M(z)^{-1}-1]$。

定义 $\boldsymbol{\psi}(t) = \boldsymbol{\varpi}(z)y(t)$ 和 $\boldsymbol{\psi}_d(t) = \boldsymbol{\varpi}(z)y_d(t)$，式 (7.11) 可进一步表示为

$$\boldsymbol{\psi}_m(t) = y_r(t)\boldsymbol{\psi}(t)+\boldsymbol{\psi}_d(t) \tag{7.12}$$

在数据受到噪声干扰和数据帧丢失的情况下，系统控制器优化设计的 p 阶评价目标函数可描述为

$$J_{\text{VRFT}}(\boldsymbol{\theta}) = \min_{\boldsymbol{\theta}} \frac{1}{N}\sum_{t=1}^{N}[u_m(t)-\boldsymbol{\psi}_m^{\text{T}}(t)\boldsymbol{\theta}]^p \tag{7.13}$$

综上，利用数据驱动控制理论，将 p 阶跟随控制准则转化为输入/输出数据下的控制器参数整定问题。下面将设计优化算法实现对控制器参数的优化设计。

7.2.2 数据驱动加权迭代控制器参数整定算法

针对式(7.13)所示的分数阶控制器参数整定准则,本节提出数据驱动加权迭代控制器参数整定算法,通过反馈调整和迭代优化的方式对控制器参数进行自适应调整,从而保证系统在受到外部扰动时(包括数据干扰和整帧丢失)的控制性能。

根据式(7.13),定义控制器参数整定残差:

$$\hat{\varepsilon}(t) = u_m(t) - \boldsymbol{\psi}_m^{\mathrm{T}}(t)\boldsymbol{\theta} \tag{7.14}$$

p 阶控制器参数整定准则(7.13)可描述为

$$J_p = \frac{1}{N}\sum_{t=1}^{N}|\hat{\varepsilon}(t)|^p = \sum_{t=1}^{N}\left|u_m(t) - \boldsymbol{\psi}_m^{\mathrm{T}}(t)\boldsymbol{\theta}\right|^p \tag{7.15}$$

考虑到式(7.15)控制器参数 $\boldsymbol{\theta}$ 的 p 阶函数,通过式(7.16)计算其梯度信息:

$$\frac{\partial J_p}{\partial \boldsymbol{\theta}} = \frac{1}{N}\sum_{t=1}^{N} p\boldsymbol{\psi}_m^{\mathrm{T}}(t)|\hat{\varepsilon}(t)|^{p-2}[u_m(t) - \boldsymbol{\psi}_m^{\mathrm{T}}(t)\boldsymbol{\theta}] = 0 \tag{7.16}$$

根据式(7.16),有

$$\frac{1}{N}\sum_{t=1}^{N}\boldsymbol{\psi}_m(t)\xi(t)[u_m(t) - \boldsymbol{\psi}_m^{\mathrm{T}}(t)\boldsymbol{\theta}] = 0 \tag{7.17}$$

其中,

$$\xi(t) = \left|u_m(t) - \boldsymbol{\psi}_m^{\mathrm{T}}(t)\boldsymbol{\theta}\right|^{p-2} = |\hat{\varepsilon}(t)|^{p-2} \tag{7.18}$$

对式(7.17)进行变换,得到如下的优化准则:

$$\frac{1}{N}\sum_{t=1}^{N}\xi(t)\boldsymbol{\psi}_m^{\mathrm{T}}(t)u_m(t) = \frac{1}{N}\sum_{t=1}^{N}\xi(t)\boldsymbol{\psi}_m(t)\boldsymbol{\psi}_m^{\mathrm{T}}(t)\boldsymbol{\theta} \tag{7.19}$$

因此,通过解决上述优化准则,便可寻优求解得到控制器全局最优解 $\boldsymbol{\theta}$。考虑到式(7.19)是控制器参数整定残差 $\hat{\varepsilon}(t)$ 的函数,本节将整定残差的函数 $\xi(t)$ 作为加权系数,提出数据驱动加权迭代控制器参数整定算法,周期性地对分数阶控制器参数进行迭代更新调整。对于迭代次数 i 的最优解可表示为

$$\hat{\boldsymbol{\theta}}^{(i)} = \left\{\frac{1}{N}\sum_{t=1}^{N}[\xi(t)^{(i)}\boldsymbol{\psi}_m(t)\boldsymbol{\psi}_m^{\mathrm{T}}(t)]\right\}^{-1}\left\{\frac{1}{N}\sum_{t=1}^{N}[\xi(t)^{(i)}\boldsymbol{\psi}_m(t)u_m(t)]\right\} \tag{7.20}$$

考虑到本节提出的参数整定准则的阶次为 p，对于 p 的选择也会影响算法的收敛性和稳定性。对于 p 阶优化问题，阶次 p 的最优值与适应度函数计算值的概率分布有关。因此，将阶次 p 设计成如下所示的峰态系数 K 相关函数：

$$p = 9 / K^2 + 1 \tag{7.21}$$

在统计学理论中，峰态系数 K 是表征概率密度分布曲线在平均值处峰值高低的特征数[42, 43]，概率分布越集中，峰态系数值越高。本节所提出的数据驱动加权迭代控制器参数整定算法的每一次迭代调整都需要使用前一个迭代周期的整定残差函数 $\xi(t)$ 来解决系统的 p 阶整定优化问题。在实际的应用过程中，考虑到整定残差的真实分布是未知的，使用加权迭代算法进行控制器参数更新之前需利用当前时刻的整定残差估测峰态系数 K，以保证最优阶次 p 的计算。利用系统的整定误差 $\hat{\varepsilon}(t)$，使用式(7.22)计算峰态系数 K：

$$K = \frac{(N+1)N(N-1)\sum_{t=1}^{N}\left\{\hat{\varepsilon}(t) - \dfrac{1}{N}\sum_{t=1}^{N}\hat{\varepsilon}(t)\right\}^4}{(N-2)(N-3)\left\{\sum_{t=1}^{N}\left[\hat{\varepsilon}(t) - \dfrac{1}{N}\sum_{t=1}^{N}\hat{\varepsilon}(t)\right]^2\right\}^2} \tag{7.22}$$

对于 $1 < p < 2$ 的情况，当整定误差 $\hat{\varepsilon}(t)$ 接近于零时，$\xi^{(i)}(t)$ 趋于无限大，此时控制器参数整定的精确度以及算法的收敛性将会受到影响。因此，当 $1 < p < 2$ 时，本节提出式(7.23)来限定 $\xi^{(i)}(t)$ 以保证所提算法的收敛性与被控系统的稳定性：

$$\xi^{(i)}(t) = \left[\frac{1}{\max\left\{\left|\hat{\varepsilon}^{(i)}(t)\right|, \delta\right\}}\right]^{2-p} \tag{7.23}$$

其中，δ 表示预先设定的数值很小的正数。

7.3　数据驱动加权迭代扰动补偿控制算法

7.3.1　考虑扰动补偿的控制器参数整定算法

当系统受到强干扰时，如强噪声干扰的运行环境或者数据传输链路间歇性中断等情况，7.2 节所提出的反馈调整算法不能保证系统的强鲁棒性。为了寻优到全局最优解，进一步满足系统的运动控制性能要求，本节在此基础上，提出数据驱动加权迭代扰动补偿控制算法，通过对未知数据扰动进行无偏估测，进而将其引入数据驱动加权迭代控制算法，完成对最优控制参数矢量的优化设计，从而抑制数据噪声干扰和整帧丢失对系统控制性能的影响。

根据期望值的定义，在假设 7.1～假设 7.3 成立的前提下有

$$E[\xi(t)\boldsymbol{\psi}_m(t)\boldsymbol{\psi}_m^{\mathrm{T}}(s)] = \begin{cases} P_r^2 E[\xi(t)\boldsymbol{\psi}(t)\boldsymbol{\psi}(s)], & t \neq s \\ P_r E[\xi(t)\boldsymbol{\psi}^2(t)] + E[\xi(t)\boldsymbol{\psi}_d^2(t)], & t = s \end{cases} \tag{7.24}$$

同理可得

$$\begin{aligned} E[\xi(t)\boldsymbol{\psi}_m(t)u_m(s)] &= E[u_r(t)y_r(s)]E[\xi(t)\boldsymbol{\psi}(t)u(s)] + E[\xi(t)\boldsymbol{\psi}_d(t)u_d(s)] \\ &= P_r^2 E[\xi(t)\boldsymbol{\psi}(t)u(s)] \end{aligned} \tag{7.25}$$

根据式 (7.24) 和式 (7.25)，可知

$$\begin{aligned} &E[\xi(t)\boldsymbol{\psi}_m(t)\boldsymbol{\psi}_m^{\mathrm{T}}(t)] = P_r^2 E[\xi(t)\boldsymbol{\psi}(t)\boldsymbol{\psi}^{\mathrm{T}}(t)] + \boldsymbol{\Lambda} \\ &E[\xi(t)\boldsymbol{\psi}_m(t)u_m(t)] = P_r^2 E[\xi(t)\boldsymbol{\psi}(t)u(t)] \\ &\boldsymbol{\Lambda} = \mathrm{diag}\{(P_r - P_r^2)\sigma_{\xi\psi}^2 + \sigma_{\varsigma\psi_d}^2\}\boldsymbol{I}_{n_\theta} \end{aligned} \tag{7.26}$$

其中，$\boldsymbol{I}_{n_\theta}$ 是维度为 n_θ 的单位矩阵并且有

$$\begin{aligned} \sigma_{\varsigma\psi}^2 &= E[\xi(t)\boldsymbol{\psi}(t)\boldsymbol{\psi}^{\mathrm{T}}(t)] \\ \sigma_{\varsigma\psi_d}^2 &= E[\xi(t)\boldsymbol{\psi}_d(t)\boldsymbol{\psi}_d^{\mathrm{T}}(t)] \end{aligned} \tag{7.27}$$

实际应用中，$\boldsymbol{\Lambda}$ 为数据扰动补偿量用以保证系统的全局最优解。因此，针对式 (7.19) 所示的控制器参数整定准则，叠加补偿量 $\boldsymbol{\Lambda}$ 时，最优控制参数矢量 $\boldsymbol{\theta}$ 可由式 (7.28) 确定：

$$\boldsymbol{\theta} = \left\{ E[\xi(t)\boldsymbol{\psi}_m(t)\boldsymbol{\psi}_m^{\mathrm{T}}(t)] - \boldsymbol{\Lambda} \right\}^{-1} \left\{ E[\xi(t)\boldsymbol{\psi}_m(t)u_m(t)] \right\} \tag{7.28}$$

对于式 (7.28)，有

$$E[\xi(t)\boldsymbol{\psi}_m(t)\boldsymbol{\psi}_m^{\mathrm{T}}(t)]\boldsymbol{\theta} - \boldsymbol{\Lambda}\boldsymbol{\theta} = E[\xi(t)\boldsymbol{\psi}_m(t)u_m(t)] \tag{7.29}$$

根据式 (7.29)，最终的最优控制参数矢量 $\boldsymbol{\theta}$ 为

$$\begin{aligned} \boldsymbol{\theta} &= \boldsymbol{R}^{-1}\boldsymbol{\Lambda}\boldsymbol{\theta} + \boldsymbol{R}^{-1}\boldsymbol{Q} \\ \boldsymbol{R} &= E[\xi(t)\boldsymbol{\psi}_m(t)\boldsymbol{\psi}_m^{\mathrm{T}}(t)] \\ \boldsymbol{Q} &= E[\xi(t)\boldsymbol{\psi}_m(t)u_m(t)] \end{aligned} \tag{7.30}$$

因此，提出数据驱动加权迭代扰动补偿控制算法，对最优控制器参数进行迭代更新校正，其最终解决方案为

$$\hat{\boldsymbol{\theta}}^{(i)} = [\hat{\boldsymbol{R}}^{(i)}]^{-1} \hat{\boldsymbol{\Lambda}}^{(i)} \hat{\boldsymbol{\theta}}^{(i-1)} + [\hat{\boldsymbol{R}}^{(i)}]^{-1} \hat{\boldsymbol{Q}}^{(i)}$$

$$\hat{\boldsymbol{R}}^{(i)} = \frac{1}{N} \sum_{t=1}^{N} \xi^{(i)}(t) \boldsymbol{\psi}_m(t) \boldsymbol{\psi}_m^{\mathrm{T}}(t)$$

$$\hat{\boldsymbol{Q}}^{(i)} = \frac{1}{N} \sum_{t=1}^{N} \xi^{(i)}(t) \boldsymbol{\psi}_m(t) u_m(t) \tag{7.31}$$

$$\xi^{(i)}(t) = \left| u_m(t) - \boldsymbol{\psi}_m^{\mathrm{T}}(t) \hat{\boldsymbol{\theta}}^{(i-1)} \right|^{p-2}$$

式中，$\hat{\boldsymbol{\theta}}^{(i-1)}$ 为迭代周期为 $i-1$ 时的最优控制参数矢量；$\hat{\boldsymbol{\Lambda}}^{(i)}$ 为当前周期的数据扰动信息估测值。

对比式(7.20)和式(7.31)可知，基于扰动补偿的运动控制算法，将系统的数据扰动信息叠加到数据驱动加权迭代反馈调整的控制器参数中，从而抑制扰动对受控系统的影响，提高系统的鲁棒性。本节所提出的无偏补偿量 $\hat{\boldsymbol{\Lambda}}$ 是时变的，可根据当前的实际状态自动计算并进行补偿。若测量噪声的概率信息 $E[u_d^2(t)]$、$E[y_d^2(t)]$ 以及数据帧传输概率 P_r 已知，则可直接将上述算法应用于交流伺服系统。然而在实际的运行中，上述信息将随着系统运行环境发生改变，因此不能作为系统提前获取的先验知识。针对这个问题，在测量噪声信息和数据帧丢失概率未知的情况下，本节提出了补偿量 $\hat{\boldsymbol{\Lambda}}$ 的无偏估计方法，保证了式(7.31)数据驱动算法的顺利实施。

7.3.2 数据干扰与整帧丢失信息的无偏估计

与式(7.24)~式(7.28)类似，对 $p=2$ 的情况分析可得

$$\boldsymbol{\theta} = \left\{ E[\boldsymbol{\psi}_m(t) \boldsymbol{\psi}_m^{\mathrm{T}}(t)] - \boldsymbol{\Gamma} \right\}^{-1} \left\{ E[\boldsymbol{\psi}_m(t) u_m(t)] \right\} \tag{7.32}$$

其中，

$$\boldsymbol{\Gamma} = \mathrm{diag}\{(P_r - P_r^2)\sigma_\psi^2 + \sigma_{\psi_d}^2\} \boldsymbol{I}_{n_\theta}$$

$$\sigma_\psi^2 = E[\boldsymbol{\psi}_m(t) \boldsymbol{\psi}_m^{\mathrm{T}}(t)] \tag{7.33}$$

$$\sigma_{\psi_d}^2 = E[\boldsymbol{\psi}_d(t) \boldsymbol{\psi}_d^{\mathrm{T}}(t)]$$

依据式(7.32)，可知

$$\hat{\boldsymbol{\Gamma}}^{(i)}\hat{\boldsymbol{\theta}}^{(i-1)} = -\frac{1}{N}\sum_{t=1}^{N}\boldsymbol{\psi}_m(t)[u_m(t) - \boldsymbol{\psi}_m^{\mathrm{T}}(t)\hat{\boldsymbol{\theta}}^{(i-1)}] \tag{7.34}$$

此外，设定 $\boldsymbol{\Lambda} = \eta\boldsymbol{\Gamma}$，由式 (7.30) 可得

$$\boldsymbol{\theta} - \boldsymbol{R}^{-1}\boldsymbol{Q} = \eta\boldsymbol{R}^{-1}\boldsymbol{\Gamma}\boldsymbol{\theta} \tag{7.35}$$

$$\eta = \boldsymbol{\theta}^{\mathrm{T}}(\boldsymbol{\theta} - \boldsymbol{R}^{-1}\boldsymbol{Q})(\boldsymbol{\theta}^{\mathrm{T}}\boldsymbol{R}^{-1}\boldsymbol{\Gamma}\boldsymbol{\theta})^{-1} \tag{7.36}$$

时变参数 $\eta^{(i)}$ 可由式 (7.37) 计算得到：

$$\hat{\eta}^{(i)} = [\hat{\boldsymbol{\theta}}^{(i-1)}]^{\mathrm{T}}\left\{\hat{\boldsymbol{\theta}}^{(i-1)} - [\hat{\boldsymbol{R}}^{(i)}]^{-1}\hat{\boldsymbol{Q}}^{(i)}\right\}\left\{[\hat{\boldsymbol{\theta}}^{(i-1)}]^{\mathrm{T}}[\hat{\boldsymbol{R}}^{(i)}]^{-1}\hat{\boldsymbol{\Gamma}}^{(i)}\hat{\boldsymbol{\theta}}^{(i-1)}\right\}^{-1} \tag{7.37}$$

从而根据式 (7.34) 和式 (7.37)，利用迭代优化的思路，确定迭代周期 $i+1$ 的补偿量 $\hat{\boldsymbol{\Lambda}}^{(i)}$ 为

$$\hat{\boldsymbol{\Lambda}}^{(i)} = \hat{\eta}^{(i)}\hat{\boldsymbol{\Gamma}}^{(i)} \tag{7.38}$$

因此，综合式 (7.31) 和式 (7.38) 即可完成数据驱动加权迭代扰动补偿控制算法，实现分数阶控制器参数的实时更新调整，其控制原理见图 7.2。

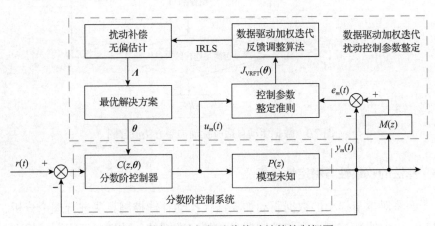

图 7.2　数据驱动加权迭代扰动补偿控制框图

综合以上分析，最终可得到如图 7.3 所示的数据驱动自适应扰动抑制方法，其具体步骤概括如下。

(1) 激励系统并获取相关的输入和输出数据 $\{u_m, y_m\}$。

(2) 确定参考闭环系统和初始化算法参数 (权重因子 W、采样时间 T、分数阶计算迭代次数 m 等)。

(3) 对于迭代周期 i，使用式 (7.38) 估测补偿量。

(4) 使用数据驱动加权迭代扰动补偿控制算法进行分数阶控制器参数的在线更新调整。

(5) 设置 $i = i + 1$，回到步骤 (3)。

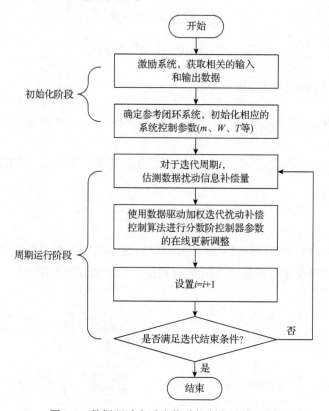

图 7.3　数据驱动自适应扰动抑制方法流程图

7.3.3　算法的收敛性与稳定性分析

下面将对本节提出的数据驱动加权迭代扰动补偿控制算法进行理论分析，主要包括：p 阶跟随控制准则与控制器参数整定准则的一致性求解问题；扰动补偿下控制参数自适应调整的收敛性；闭环系统的稳定性。

定理 7.1　在数据扰动的情况下，p 阶跟随控制准则 $J_{MR}(\boldsymbol{\theta})$ 与本章提出的 p 阶控制器参数整定准则 $J_{VRFT}(\boldsymbol{\theta})$ 的全局最优解保持一致，即当 $J_{VRFT}(\boldsymbol{\theta})$ 趋于零时，$J_{MR}(\boldsymbol{\theta})$ 也趋于零。因此，本节提出的数据驱动解决方案可解决系统跟随控制问题。

证明　首先进行系统跟随控制准则 $J_{MR}(\boldsymbol{\theta})$ 的分析。

定义理想控制器 $C_0(z)$ 和扩展控制器 $C'(z, \boldsymbol{\theta}')$，可以推导得到 p 阶扩展性能指标函数 $J'_{MR}(\boldsymbol{\theta}')$：

$$J'_{MR}(\boldsymbol{\theta}') = \left\| \left(\frac{P(z)C'(z, \boldsymbol{\theta}')}{1 + P(z)C'(z, \boldsymbol{\theta}')} - M(z) \right) W \right\|^p \tag{7.39}$$

在全局最优解 $\hat{\boldsymbol{\theta}}'$ 处对 $J'_{MR}(\boldsymbol{\theta}')$ 进行泰勒展开，有

$$[J'_{MR}(\boldsymbol{\theta}')]_{\boldsymbol{\theta}'=\hat{\boldsymbol{\theta}}'}$$

$$= \left[\frac{1}{2\pi} \int_{-\pi}^{\pi} \left| \frac{P(z)C'(z, \boldsymbol{\theta}')}{1 + P(z)C'(\boldsymbol{\theta}')} - M(z) \right|^p W^p d\omega \right]_{\boldsymbol{\theta}'=\hat{\boldsymbol{\theta}}'} \tag{7.40}$$

$$= 0$$

$$\left[\frac{d}{d\boldsymbol{\theta}'} J'_{MR}(\boldsymbol{\theta}') \right]_{\boldsymbol{\theta}'=\hat{\boldsymbol{\theta}}'}$$

$$= \left[\frac{1}{2\pi} \int_{-\pi}^{\pi} \left| \frac{P(z)C'(z, \boldsymbol{\theta}')}{1 + P(z)C'(z, \boldsymbol{\theta}')} - M(z) \right|^{p-1} \frac{P(z)}{\left(1 + P(z)C'(z, \hat{\boldsymbol{\theta}}')\right)^2} \boldsymbol{\beta}' W^p p d\omega \right]_{\boldsymbol{\theta}'=\hat{\boldsymbol{\theta}}'}$$

$$= \left[\frac{1}{2\pi} \int_{-\pi}^{\pi} \left| \frac{P^{\frac{p}{p-1}}(z)C'(z, \boldsymbol{\theta}')}{\left(1 + P(z)C'(z, \hat{\boldsymbol{\theta}}')\right)^{\frac{p+1}{p-1}}} - \frac{P^{\frac{1}{p-1}}(z)M(z)}{\left(1 + P(z)C'(z, \hat{\boldsymbol{\theta}}')\right)^{\frac{2}{p-1}}} \right|^{p-1} \boldsymbol{\beta}' W^p p d\omega \right]_{\boldsymbol{\theta}'=\hat{\boldsymbol{\theta}}'} \tag{7.41}$$

$$= 0$$

$$\left[\frac{d^2}{d\boldsymbol{\theta}'^2} J'_{MR}(\boldsymbol{\theta}') \right]_{\boldsymbol{\theta}'=\hat{\boldsymbol{\theta}}'}$$

$$= \left\{ \frac{d}{d\boldsymbol{\theta}'} \left[\frac{1}{2\pi} \int_{-\pi}^{\pi} \left| \frac{P(z)C'(z, \boldsymbol{\theta}')}{1 + P(z)C'(z, \boldsymbol{\theta}')} - M(z) \right|^{p-1} \frac{P(z)}{\left(1 + P(z)C'(z, \hat{\boldsymbol{\theta}}')\right)^2} \boldsymbol{\beta}' W^p p d\omega \right] \right\}_{\boldsymbol{\theta}'=\hat{\boldsymbol{\theta}}'}$$

$$= \left[\frac{1}{2\pi} \int_{-\pi}^{\pi} \left(\frac{d}{d\boldsymbol{\theta}'} \bar{J}_{MR} \cdot \bar{J}_{MR} + \bar{J}_{MR} \cdot \frac{d}{d\boldsymbol{\theta}'} \bar{J}_{MR} \right) \boldsymbol{\beta}' W^p p d\omega \right]_{\boldsymbol{\theta}'=\hat{\boldsymbol{\theta}}'}$$

$$= 0 \tag{7.42}$$

其中，

$$\bar{J}_{MR} = \left| \frac{P(z)C'(z,\boldsymbol{\theta}')}{1 + P(z)C'(z,\boldsymbol{\theta}')} - M(z) \right|^{p-1} \tag{7.43}$$

$$\bar{J}_{MR} = \frac{P(z)}{\left(1 + P(z)C'(z,\boldsymbol{\theta}')\right)^2} \tag{7.44}$$

依据式 (7.40)～式 (7.42)，$J'_{MR}(\boldsymbol{\theta}')$ 在全局最优解 $\hat{\boldsymbol{\theta}}'$ 的二阶泰勒展开式可确定为

$$J'_{MR}(\boldsymbol{\theta}') = \left[\frac{\mathrm{d}^2}{\mathrm{d}\boldsymbol{\theta}'^2} J'_{MR}(\boldsymbol{\theta}') \right]_{\boldsymbol{\theta}'=\hat{\boldsymbol{\theta}}'} + o\left(\left\| \boldsymbol{\theta}' - \hat{\boldsymbol{\theta}}' \right\|^2 \right) \tag{7.45}$$

原始系统跟随控制准则 $J_{MR}(\boldsymbol{\theta})$ 与扩展准则 $J'_{MR}(\boldsymbol{\theta}')$ 之间的区别在于后者是使用扩展控制器 $C'(z,\boldsymbol{\theta}')$ 来构建的，两者之间的关系为 $J_{MR}(\boldsymbol{\theta}) = J'_{MR}([\boldsymbol{\theta}^T,\mathbf{0}]^T)$。

其次，当 $N \to \infty$ 时，基于虚拟参考反馈校正的 p 阶优化准则 $J_{VRFT}(\boldsymbol{\theta})$ 将趋近于其期望值，因此有

$$J_{VRFT}(\boldsymbol{\theta}) = \min E[(u_m(t) - C(z,\boldsymbol{\theta})e_m(t))^p] \tag{7.46}$$

根据 Parseval 定理以及式 (7.7) 确定的滤波器，$J_{VRFT}(\boldsymbol{\theta})$ 的频域表示式为

$$\begin{aligned}
J_{VRFT}(\boldsymbol{\theta}) &= \frac{1}{2\pi} \int_{-\pi}^{\pi} \left[u_m(t) - \frac{C(z,\boldsymbol{\theta})}{C_0(z)} u_m(t) \right]^p |L(z)|^p \, \mathrm{d}\omega \\
&= \frac{1}{2\pi} \int_{-\pi}^{\pi} \left[1 - \frac{C(z,\boldsymbol{\theta})}{C_0(z)} \right]^p |L(z)|^p \Phi_u \mathrm{d}\omega \\
&= \frac{1}{2\pi} \int_{-\pi}^{\pi} \left[\frac{C(z,\boldsymbol{\theta}) - C_0(z)}{C_0(z)} \right]^p |L(z)|^p \Phi_u \mathrm{d}\omega
\end{aligned} \tag{7.47}$$

由理想控制器 $C_0(z)$ 的定义以及式 (7.47)，有

$$J_{VRFT}(\boldsymbol{\theta}) = \frac{1}{2\pi} \int_{-\pi}^{\pi} |P(z)|^p |C(z,\boldsymbol{\theta}) - C_0(z)|^p |1 - M(z)|^p \frac{|L(z)|^p}{|M(z)|^p} \Phi_u \mathrm{d}\omega \tag{7.48}$$

根据式 (7.7) 滤波器的定义，可进一步推导得到

$$\begin{aligned}
J_{VRFT}(\boldsymbol{\theta}) &= \frac{1}{2\pi} \int_{-\pi}^{\pi} |P(z)|^p |C(z,\boldsymbol{\theta}) - C_0(z)|^p \frac{W^p}{|1 + P(z)C_0(z)|^{2p}} \mathrm{d}\omega \\
&= \frac{1}{2\pi} \int_{-\pi}^{\pi} \left| \frac{P(z)C(z,\boldsymbol{\theta}) - P(z)C_0(z)}{|1 + P(z)C_0(z)|^2} W \right|^p \mathrm{d}\omega
\end{aligned} \tag{7.49}$$

根据式 (7.49)，当 $J_{\mathrm{VRFT}}(\boldsymbol{\theta})$ 趋于零时，$C(z,\boldsymbol{\theta})$ 将会趋于理想控制器 $C_0(z) = C'(z,\hat{\boldsymbol{\theta}}')$。另外，根据前面的分析，可知 p 阶拓展控制准则 $J'_{\mathrm{MR}}(\boldsymbol{\theta}')$ 和跟随控制准则 $J_{\mathrm{MR}}(\boldsymbol{\theta})$ 的最优控制解保持一致，即当 $J'_{\mathrm{MR}}(\boldsymbol{\theta}')$ 取得全局最优解时也能保证 $J_{\mathrm{MR}}(\boldsymbol{\theta})$ 取得全局最优解。因此，当 $N \to \infty$ 时，本章构建的 p 阶控制器参数整定准则 $J_{\mathrm{VRFT}}(\boldsymbol{\theta})$ 和原始系统跟随控制准则 $J_{\mathrm{MR}}(\boldsymbol{\theta})$ 具有相同的收敛性质，可利用本章提出的数据驱动控制算法解决被控对象的参考值跟踪问题。证毕。

定理 7.2　在数据受到噪声干扰和发生整帧丢失的情况下，本节提出的数据驱动加权迭代扰动补偿控制算法可保证优化设计的控制器参数迭代趋近于系统的最优控制器参数，即当 $N \to \infty, i \to \infty$ 时，由式 (7.31) 更新的控制器参数将收敛于理想控制器参数，此时 $J_{\mathrm{VRFT}}(\boldsymbol{\theta})$ 优化问题即得到求解。为了衡量本章所提算法的精确度，定义 $\boldsymbol{\Sigma}$ 为 $\boldsymbol{Q}$ 的协方差，那么，本章优化求解的控制器参数矢量和理想控制器参数矢量之间的差值满足正态分布 $\sqrt{N}(\hat{\boldsymbol{\theta}} - \boldsymbol{\theta}) \to N(0,(\boldsymbol{R}-\boldsymbol{\Lambda})^{-1}\boldsymbol{\Sigma}(\boldsymbol{R}-\boldsymbol{\Lambda})^{-\mathrm{T}})$。

证明　对于定理 7.2 的证明，可分为两步，首先证明控制器参数更新的收敛性，然后分析控制器参数更新算法的准确度。

步骤 1　控制器参数更新的收敛性证明。

当 $N \to \infty$ 时，根据期望 E 的定义，有

$$\hat{\boldsymbol{R}}^{(i)} = \frac{1}{N}\sum_{t=1}^{N}\xi^{(i)}(t)\boldsymbol{\psi}_m(t)\boldsymbol{\psi}_m^{\mathrm{T}}(t) \to \boldsymbol{R}^{(i)} = E[\xi^{(i)}(t)\boldsymbol{\psi}_m(t)\boldsymbol{\psi}_m^{\mathrm{T}}(t)] \tag{7.50}$$

$$\hat{\boldsymbol{Q}}^{(i)} = \frac{1}{N}\sum_{t=1}^{N}\xi^{(i)}(t)\boldsymbol{\psi}_m(t)u_m(t) \to \boldsymbol{Q}^{(i)} = E[\xi^{(i)}(t)\boldsymbol{\psi}_m(t)u_m(t)] \tag{7.51}$$

在迭代更新控制器参数的过程中，考虑到 $\boldsymbol{R}^{(i)}$（或者 $\boldsymbol{Q}^{(i)}$）和 $\boldsymbol{R}$（或者 $\boldsymbol{Q}$）之间的区别在于前者采用不同的迭代权重系数 $\xi^{(i+1)}(t)$，因此可推导得到

$$[\hat{\boldsymbol{R}}^{(i)}]^{-1}[\hat{\boldsymbol{Q}}^{(i)}] \to [\boldsymbol{R}^{(i)}]^{-1}[\boldsymbol{Q}^{(i)}] = \boldsymbol{R}^{-1}\boldsymbol{Q} \tag{7.52}$$

根据式 (7.32)～式 (7.36)，有如下表达式：

$$[\hat{\boldsymbol{R}}^{(i)}]^{-1}[\eta^{(i)}\boldsymbol{\Gamma}^{(i)}] \to [\boldsymbol{R}^{(i)}]^{-1}[\boldsymbol{\Lambda}^{(i)}] = \boldsymbol{R}^{-1}\boldsymbol{\Lambda} \tag{7.53}$$

随着 $i \to \infty, N \to \infty$，有

$$\boldsymbol{\theta}^{(i)} = [\boldsymbol{R}^{(i)}]^{-1}\boldsymbol{\Lambda}^{(i)}\boldsymbol{\theta}^{(i-1)} + [\boldsymbol{R}^{(i)}]^{-1}\boldsymbol{Q}^{(i)} \tag{7.54}$$

结合式(7.53)和式(7.54)可知

$$\boldsymbol{\theta}^{(i)} = \boldsymbol{R}^{-1}\boldsymbol{\Lambda}\boldsymbol{\theta}^{(i-1)} + \boldsymbol{R}^{-1}\boldsymbol{Q} \tag{7.55}$$

定义 ς 为矩阵 $\boldsymbol{R}^{-1}\boldsymbol{\Lambda}$ 的任意特征根并且 υ 为相关的特征向量，则有 $\boldsymbol{R}^{-1}\boldsymbol{\Lambda}\upsilon = \varsigma\upsilon$ ，并可推导得到

$$\upsilon^{\mathrm{T}}\boldsymbol{\Lambda}\upsilon = \varsigma\upsilon^{\mathrm{T}}\boldsymbol{R}\upsilon \tag{7.56}$$

考虑到 $\boldsymbol{R} = E[\xi(t)\boldsymbol{\psi}_m(t)\boldsymbol{\psi}_m^{\mathrm{T}}(t)] = P_r^2 E[\xi(t)\boldsymbol{\psi}(t)\boldsymbol{\psi}^{\mathrm{T}}(t)] + \boldsymbol{\Lambda}$ ，可推导得到

$$\left|\frac{\upsilon^{\mathrm{T}}\boldsymbol{\Lambda}\upsilon}{\upsilon^{\mathrm{T}}\boldsymbol{R}\upsilon}\right| < 1 \tag{7.57}$$

根据式(7.57)，可进一步获得

$$\max_{1 \leqslant i \leqslant N}\left|\varsigma_i(\boldsymbol{R}^{-1}\boldsymbol{\Lambda})\right| < 1 \tag{7.58}$$

其中， $\varsigma_i(\boldsymbol{R}^{-1}\boldsymbol{\Lambda})$ 表示矩阵 $\boldsymbol{R}^{-1}\boldsymbol{\Lambda}$ 的特征根。

由式(7.58)可知，矩阵 $\boldsymbol{R}^{-1}\boldsymbol{\Lambda}$ 的所有特征值的绝对值都将比 1 更小。因此，当 $i \to \infty$ 时，式(7.55)可表示为

$$\boldsymbol{\theta} = \boldsymbol{R}^{-1}\boldsymbol{\Lambda}\boldsymbol{\theta} + \boldsymbol{R}^{-1}\boldsymbol{Q} \tag{7.59}$$

将式(7.59)和式(7.30)进行对比，由式(7.31)迭代计算出来的 $\boldsymbol{\theta}^{(i)}$ 将会随着 $N \to \infty$ 和 $i \to \infty$ 收敛于全局最优解，此时 $J_{\mathrm{VRFT}}(\boldsymbol{\theta})$ 优化问题也得到求解，系统整定的控制参数矢量将迭代趋近于理想控制器参数矢量。由此可知，在数据受到扰动的情况下，系统的参考值跟随控制问题也得到了解决。

步骤 2　控制器参数更新算法的准确度。

将式(7.59)变形为

$$\boldsymbol{\theta}_{l_p} = \left(\boldsymbol{I} - \boldsymbol{R}^{-1}\boldsymbol{\Lambda}\right)^{-1}\boldsymbol{R}^{-1}\boldsymbol{Q} = \left(\boldsymbol{R} - \boldsymbol{\Lambda}\right)^{-1}\boldsymbol{Q} \tag{7.60}$$

考虑到非高斯噪声的渐近分布与高斯噪声情况相似， $\boldsymbol{Q}$ 计算值的协方差满足渐近正态分布，即

$$\boldsymbol{\Sigma} = E[(\hat{\boldsymbol{Q}} - E[\hat{\boldsymbol{Q}}])(\hat{\boldsymbol{Q}} - E[\hat{\boldsymbol{Q}}])^{\mathrm{T}}] \tag{7.61}$$

基于协方差矩阵的相关性质，有

$$\sqrt{N}(\hat{\boldsymbol{\theta}} - \boldsymbol{\theta}) \to N(0, \boldsymbol{P}_{\theta}) \tag{7.62}$$

其中，$\boldsymbol{P}_{\theta} = (\boldsymbol{R} - \boldsymbol{\Lambda})^{-1}\boldsymbol{\Sigma}(\boldsymbol{R} - \boldsymbol{\Lambda})^{-T}$。

随着 N 趋近于无穷大，本章整定的控制器参数矢量与理想控制器参数矢量的差值将会趋近于正态分布，其均数为零、标准差为 $\boldsymbol{P}_{\theta}$。这也表明本章所提基于扰动抑制的数据驱动方法的准确性与有效性。证毕。

定理 7.3　若定理 7.1 和定理 7.2 成立，那么本章提出的数据驱动加权迭代扰动补偿控制算法能保证闭环系统的有界输入有界输出稳定性。

证明　定理 7.3 的证明与定理 6.3 的证明类似，此处从略。

7.3.4　仿真结果分析

在仿真分析中，使用与第 6 章相同的仿真系统模型。首先针对不同分数阶下的闭环系统阶跃响应进行测试，测试结果如图 7.4 所示。其中，整定出来最优的分数阶是 $\lambda = 1.3$。额外的分数阶参数可以提高被控对象的控制能力，并有助于改善系统的性能，包括超调和调节时间等。同时，表 7.1 列出了阶跃响应的超调、上升时间、峰值时间以及调节时间等性能评价指标。从图 7.4 和表 7.1 中可以看出，使用调整后的最优控制器参数的系统在前面提到的性能指标方面获得了更好的性能。

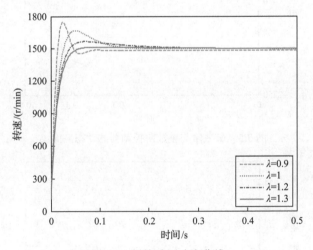

图 7.4　系统阶跃响应曲线

表 7.1　仿真下阶跃响应性能指标

分数阶阶次 λ	超调/%	上升时间/s	峰值时间/s	2%调节时间/s
0.9	16.3	0.0140	0.0250	0.1190
1	11.2	0.0260	0.0490	0.1250
1.2	4.4	0.0380	0.0620	0.1660
1.3	1.1	0.0490	0.0840	0.0450

　　图 7.5 和图 7.6 显示了分数阶控制器与整数阶控制器的动态响应和转速跟随误差。与 IOPI 控制器相比,数据驱动 FOPI 控制器可以更精确地跟踪参考命令,这证明了整定后的 FOPI 控制器的有效性。图 7.7 和图 7.8 描述了上述控制器矢量控制下 d、q 轴的控制输入电流信号的参考值和反馈值。

　　为了评估数据丢失和测量噪声的算法补偿性能,在接收到的输入和输出信号上叠加白噪声,对于整帧丢失的情况,考虑丢失率分别为 10%、20% 和 50% 情况下补偿前和补偿后的系统对比响应。图 7.9 显示了补偿前的动态响应。可以观察到,随着丢失率的增加,系统的跟随误差将会增大,动态响应变得更差。而后,利用所提出的数据扰动补偿算法,自适应 FOPI 控制器可以在不同丢帧率的环境下,恢复闭环系统良好的动态性能,保证了系统的鲁棒性,如图 7.10、图 7.11 和图 7.12 所示。

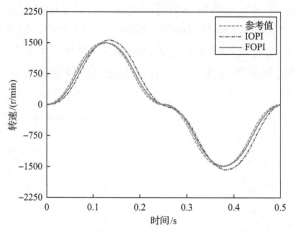

图 7.5　分数阶与整数阶控制器的动态响应

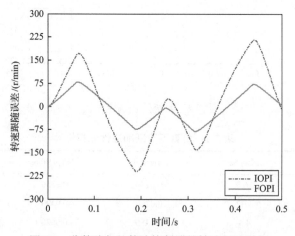

图 7.6　分数阶与整数阶控制器的转速跟随误差

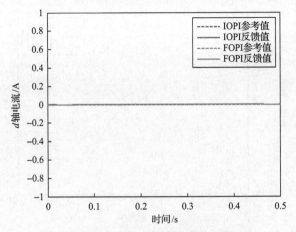

图 7.7　分数阶与整数阶控制器的 d 轴电流

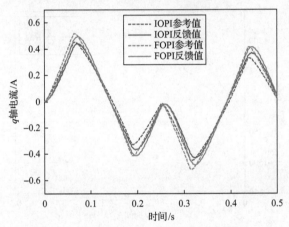

图 7.8　分数阶与整数阶控制器的 q 轴电流

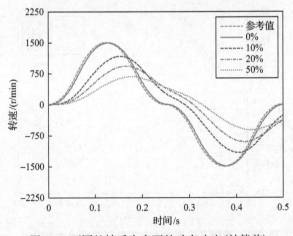

图 7.9　不同整帧丢失率下的动态响应(补偿前)

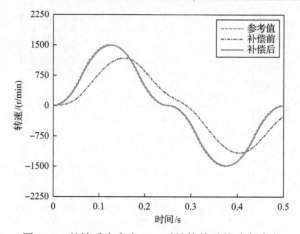

图 7.10　整帧丢失率为 10%时补偿前后的动态响应

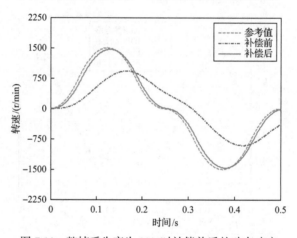

图 7.11　整帧丢失率为 20%时补偿前后的动态响应

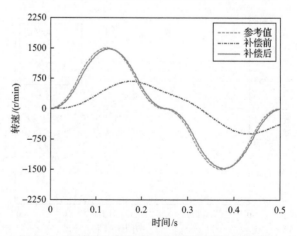

图 7.12　整帧丢失率为 50%时补偿前后的动态响应

　　表 7.2 给出了补偿前后的系统性能指标，图 7.13 描绘了不同整帧丢失率下补偿前后系统的转速跟随误差对比图。从上述结果中可以看出，通过使用本节所提的补偿控制算法，系统的动态响应性能得到明显改善。图 7.14 和图 7.15 给出了

表 7.2　补偿前后的系统性能指标对比

性能指标		10%整帧丢失率	20%整帧丢失率	50%整帧丢失率
补偿前	最大值/(r/min)	652.8880	933.1422	1197.0143
	标准差/(r/min)	180.1385	260.5361	357.4463
	均方根/(r/min)	397.0937	552.7530	694.1113
	ITAE	177.0730	243.9180	297.8176
补偿后	最大值/(r/min)	58.1086	138.2354	110.4037
	标准差/(r/min)	16.1550	36.4337	31.0145
	均方根/(r/min)	31.8445	74.7219	61.5101
	ITAE	13.7519	30.7382	26.6154

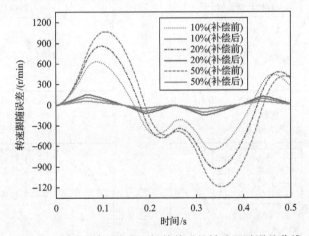

图 7.13　不同整帧丢失率下补偿前后的转速跟随误差曲线

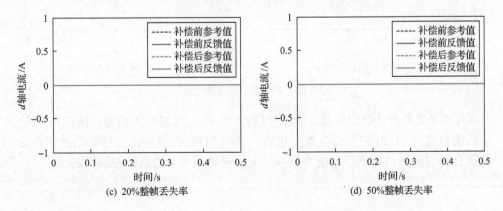

(c) 20%整帧丢失率　　　　　　　　　　(d) 50%整帧丢失率

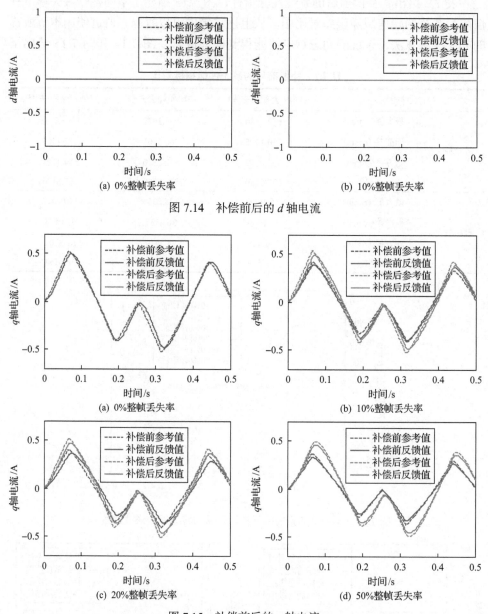

图 7.14　补偿前后的 d 轴电流

图 7.15　补偿前后的 q 轴电流

不同整帧丢失率下补偿前后自适应 FOPI 控制器的 d、q 轴电流信号。图 7.16 是补偿后的自适应 FOPI 控制器参数变化图，表明 FOPI 控制器由数据驱动补偿算法在线自适应调整，保证了系统在数据丢失和测量噪声下的最佳控制性能。

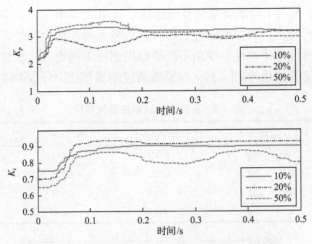

图 7.16　不同整帧丢失率下控制器参数的变化图

7.4　实　验　验　证

为了验证所提出的控制方法的有效性, 将使用双惯量弹性交流伺服系统对以下两种不同的运行环境进行实验: 空载时, 外部惯量为 $J_e = 0\,\text{kg}\cdot\text{m}^2$; 加载时, 外部惯量为 $J_{\text{load}} = 1.088 \times 10^{-3}\,\text{kg}\cdot\text{m}^2$ 以及 $J_{\text{PMSM}} = 1.108 \times 10^{-3}\,\text{kg}\cdot\text{m}^2$。考虑到测试实际运行速度的平滑性, 速度参考指令为 S 形曲线, 频率设置为 $f = 2\text{Hz}$, 幅值则为永磁同步电机的额定转速。为了衡量基于扰动抑制数据驱动控制方法的效果, 使用基于数据的 IOPI、FOPI 和 AFOPI 控制器以及基于传统模型的 AFOPI 控制器[49]进行对比实验测试。

在空载情况下, 图 7.17 显示了使用不同分数阶阶次的分数阶控制器的阶跃响

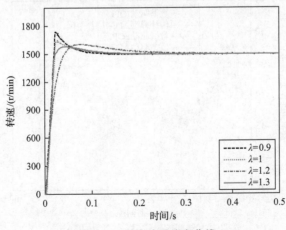

图 7.17　系统阶跃响应曲线

应曲线。表 7.3 列出了阶跃响应的性能指标。从图 7.17 和表 7.3 中可以看出，经过对控制器进行整定，被控系统能获得较好的超调抑制能力并能缩短调节时间，保证响应的快速性与平滑性。使用不同类型控制器下的交流伺服系统动态响应和转速跟随误差见图 7.18 和图 7.19。与整数阶控制器相比，分数阶控制器的跟随误

表 7.3　实验下阶跃响应性能指标

分数阶阶次 λ	超调/%	上升时间/s	峰值时间/s	2%调节时间/s
0.9	15.8	0.021	0.024	0.079
1	9.2	0.022	0.025	0.099
1.2	7.2	0.043	0.073	0.163
1.3	5.6	0.024	0.045	0.105

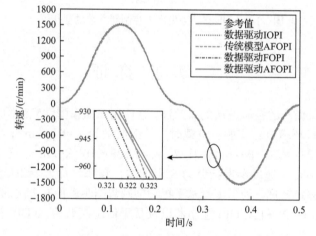

图 7.18　空载情况下的动态响应

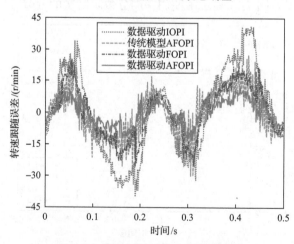

图 7.19　空载情况下的转速跟随误差

差更小，其中，数据驱动 AFOPI 控制器的跟随误差最小。在数据受到干扰的情况下，本章所提算法能保证系统的跟踪性能，验证了控制器的有效性与优越性。

图 7.20 和图 7.21 是矢量控制下相应的系统 d、q 轴控制输入信号的参考值和反馈值。在当前的交流伺服系统回路中，矢量控制分离了永磁同步电机的非线性和耦合特性，只需要对系统的 q 轴电流进行调节就可以输出需要的扭矩，带动电机转动。在实际中，交流伺服系统的控制性能将会受到干扰因素的影响。因此，本节设计了加载实验以研究相关干扰(包括参数不确定性、外部噪声和外部转矩脉动等)对系统响应的影响。图 7.22 和图 7.23 分别是对比控制器的动态响应曲线和跟随误差曲线。结果表明，外部负载扰动影响闭环系统的转速跟踪精确度，所提出的数据驱动 AFOPI 控制器比其他控制器具有更小的跟踪误差，由此说明所提基于扰动抑制的 AFOPI 控制器的优越性。此外，在交流伺服系统矢量控制中，相应的 d、q 轴电流输入命令信号和反馈信号如图 7.24 和图 7.25 所示。

图 7.26 和图 7.27 分别是基于数据的 AFOPI 控制器和基于传统模型的 AFOPI 控制器的参数在线更新图。上述研究结果表明，控制参数将会随着运行状态进行实时的自适应调节从而确保闭环交流伺服系统始终处于最优的控制状态。

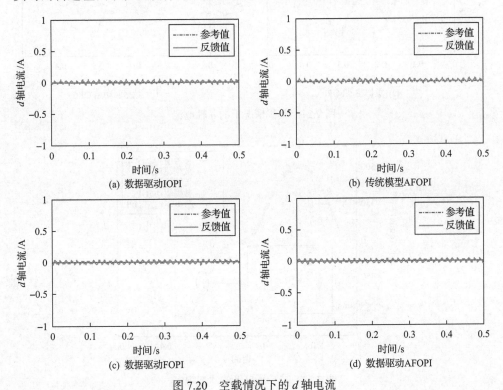

(a) 数据驱动IOPI

(b) 传统模型AFOPI

(c) 数据驱动FOPI

(d) 数据驱动AFOPI

图 7.20　空载情况下的 d 轴电流

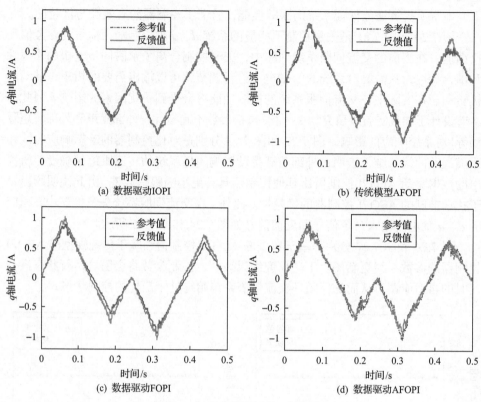

图 7.21　空载情况下的 q 轴电流

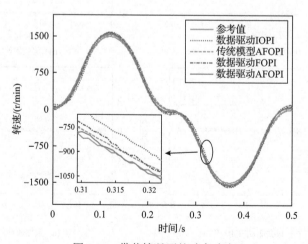

图 7.22　带载情况下的动态响应

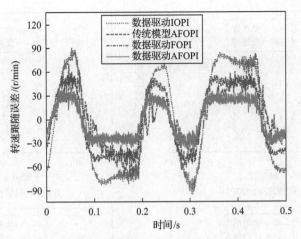

图 7.23　带载情况下的转速跟随误差

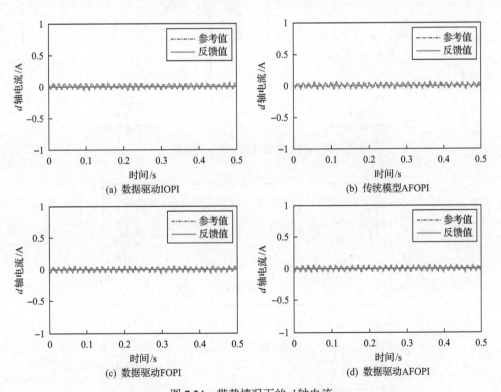

(a) 数据驱动IOPI

(b) 传统模型AFOPI

(c) 数据驱动FOPI

(d) 数据驱动AFOPI

图 7.24　带载情况下的 d 轴电流

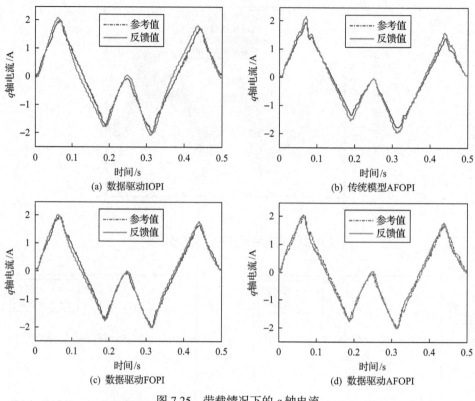

(a) 数据驱动IOPI　　　　　　　　　　(b) 传统模型AFOPI

(c) 数据驱动FOPI　　　　　　　　　　(d) 数据驱动AFOPI

图 7.25　带载情况下的 q 轴电流

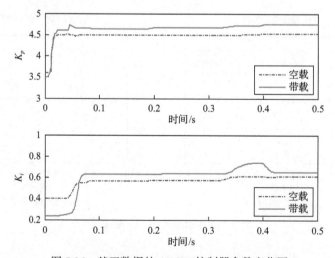

图 7.26　基于数据的 AFOPI 控制器参数变化图

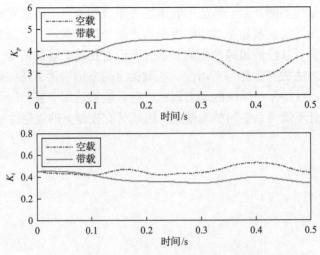

图 7.27 基于传统模型的 AFOPI 控制器参数变化图

从表 7.4 可以看出，与使用非自适应控制器或基于模型的 AFOPI 控制器的系统相比，使用本章所提扰动抑制的数据驱动 AFOPI 控制器在跟随误差的性能指标方面具有更好的控制性能，实现了对交流伺服系统的高性能控制，提高了系统的鲁棒性。

表 7.4 不同控制方法的性能指标对比

	性能指标	数据驱动 IOPI	传统模型 AFOPI	数据驱动 FOPI	数据驱动 AFOPI
空载	最大值/(r/min)	40.9227	29.9800	25.9327	13.3411
	标准差/(r/min)	10.9427	5.8461	6.2958	3.1479
	均方根/(r/min)	20.5857	11.5230	11.8723	5.8654
	ITAE	8.3944	4.7968	4.1972	2.3984
带载	最大值/(r/min)	95.1235	82.5137	61.1433	40.8081
	标准差/(r/min)	22.5558	19.0553	13.6381	8.0774
	均方根/(r/min)	61.2157	35.9481	40.5061	23.0532
	ITAE	49.8520	29.0800	27.8430	18.9144

7.5 本章小结

本章针对数据驱动运动控制中的数据干扰与整帧丢失问题进行了研究，提出了基于反馈调整和扰动补偿的数据驱动加权迭代扰动抑制控制方法。该方法进行了数据干扰与整帧丢失信息的无偏估计，在加权迭代控制器参数反馈整定的基础上，进行了数据扰动的补偿。算法的收敛性分析表明本章提出的扰动补偿算法是收敛的，优化设计的控制器参数能够逐渐趋近于全局最优解。仿真结果表明，通过进行扰动抑制，系统的跟踪性能能够恢复到没有扰动影响的情况，验证了本章所提扰动抑制方法的有效性与实用性。本章提出的方法增强了系统对于数据扰动的鲁棒性，进而维持系统响应的动态跟踪性能，能够适用于整数阶与分数阶控制器的设计，并且不需要系统的精确模型，因此具有控制上的优越性。

第8章 数据驱动多性能指标优化方法研究

8.1 基于频率响应的性能指标约束条件

传统的控制方法通过辨识被控对象的精确数学模型进行相应的时域分析、根轨迹分析和频域分析等，并可进一步根据系统的设计要求(包括稳定性、稳态精度、瞬态响应等特性)设计控制器和校正环节，如超前、滞后校正环节，使最终的控制性能满足不同应用场合的实际需求。这类基于模型的方法依赖于系统时不变部分的结构和参数的确定，但是建模误差与未建模动态始终存在，并且系统模型的不确定度也需要被限定在一个已知的范围内。针对一些复杂的非线性自动化领域，建立交流伺服系统精确的数学模型(动态响应模型、传递函数模型等)并非易事。因此，本节在系统模型结构与参数未知的情况下，利用实际测试采集的频率响应数据来进行相关性能指标函数的约束，建立实际控制系统的输入输出特性与设计性能指标的数值联系，并将其引入控制器的寻优求解中，从而使被控对象满足控制器参数稳定性和频域性能的要求，为性能指标的优化设立约束条件，使系统满足跟随响应的控制性能需求。

8.1.1 稳定性约束

受控系统正常运行的首要前提是其满足闭环系统稳定性。通过 PID 等控制器，包括整数阶、分数阶控制器等，对系统进行闭环反馈控制，若参数整定算法确定的参数不适合当前系统的运行状态则会产生振荡，从而使系统偏离原先的平衡状态，且不能恢复到起始稳定状态。考虑到系统的稳定性是其最低性能要求，在控制器参数的整定过程中如果能够提前预知系统的稳定域，即在该范围内的所有特定控制器参数都能保证系统是稳定的，这为系统控制器的设计提供求解空间，提高控制算法的收敛性与被控对象的鲁棒性。对于本书第 6 章、第 7 章所设计的 FOPI 控制器，在对其进行最优控制器参数的整定时，本节会推导出分数阶阶次 λ 与控制器参数 θ 平面的完整稳定域。此处提出的解决方案是通过确定稳定域边界来获得空间中固定分数阶阶次的稳定域，在分数阶阶次 $\lambda \in (0,2)$ 的范围内，即可确定被控系统的完整稳定域。

本节提出的方法本质上是无模型的数据驱动方法，因此不需要识别如传递函数或状态空间方程等系统模型信息。可通过对系统进行激励实验，获取系统的频率响应 $P(\mathrm{j}\omega)$：

$$P(j\omega) = P_M(\omega)e^{j\varphi(\omega)} = \frac{N(j\omega)}{D(j\omega)} = P_M(\omega)\cos\varphi(\omega) + jP_M(\omega)\sin\varphi(\omega) \quad (8.1)$$

其中，$N(j\omega)$ 和 $D(j\omega)$ 分别表示频率响应的分子和分母项；$P_M(\omega)$ 和 $\varphi(\omega)$ 分别表示被控系统在频率 ω 处的幅值和相位。

对于 FOPI 控制器，其稳定域边界由 RRB、IRB、CRB 组成。与自动控制系统的代数稳定判据类似，数据驱动系统稳定的充分必要条件是闭环系统的极点全部位于左半平面。根据 D 分解理论，属于稳定域的特征方程在右半平面没有根，而不稳定域的特征方程在右半平面上有一定的数根。

此外，FOPI 控制器结构的频域表达式为

$$C(j\omega,\boldsymbol{\theta}) = \begin{bmatrix} K_p & K_i \end{bmatrix} \begin{bmatrix} 1 & \dfrac{1}{(j\omega)^\lambda} \end{bmatrix}^T \quad (8.2)$$

在系统的频率响应以及 FOPI 控制器频域表达式的基础上，可推导得到交流伺服闭环系统的特征方程为

$$\begin{cases} K_p(\omega) = \dfrac{\sin[\varphi(\omega) - (\lambda\pi/2)]}{P_M(\omega)\sin(\lambda\pi/2)} \\[4mm] K_i(\omega) = \dfrac{-\omega^\lambda \sin[\varphi(\omega)]}{P_M(\omega)\sin(\lambda\pi/2)} \end{cases} \quad (8.3)$$

利用 D 分解法，根据系统的闭环特征方程，被控系统的稳定域边界可由以下步骤确定：

(1) 确定 λ 的范围。最优的分数阶阶次 λ 被限定为 $\lambda \in (0,2)$。

(2) 计算 RRB。将 $j\omega = 0$ 代入 $\delta(j\omega; K_p, K_i, \lambda)$，可得到 $\delta(j\omega; K_p, K_i, \lambda) = 0$。因此，分界线 RRB 为 $K_i = 0$，否则边界不存在。

(3) 计算 IRB。当 $j\omega = \infty$ 时，$\delta(\infty; K_p, K_i, \lambda) = 0$ 的解依赖系统的相对阶次与分数阶控制器的结构。针对本章研究的 FOPI 控制器结构，IRB 曲线不存在。

(4) 计算 CRB。根据 $\delta(j\omega \neq 0; K_p, K_i, \lambda) = 0$，可变形为

$$(j\omega)^\lambda \delta(j\omega) = (j\omega)^\lambda + [K_p(j\omega)^\lambda + K_i][P_M(\omega)\cos\varphi + jP_M(\omega)\sin\varphi] \quad (8.4)$$

根据分数阶计算原则：

$$j^\lambda = e^{j\frac{\lambda\pi}{2}} = \cos\left(\frac{\lambda\pi}{2}\right) + j\sin\left(\frac{\lambda\pi}{2}\right) \quad (8.5)$$

分别考虑实部和虚部，可得

$$\begin{bmatrix} \omega^{\lambda}\cos(\lambda\pi/2)R - \omega^{\lambda}\sin(\lambda\pi/2)P_M(\omega)\sin\varphi & P_M(\omega)\cos\varphi \\ \omega^{\lambda}\cos(\lambda\pi/2)R + \omega^{\lambda}\sin(\lambda\pi/2)P_M(\omega)\sin\varphi & P_M(\omega)\sin\varphi \end{bmatrix}\begin{bmatrix} K_p \\ K_i \end{bmatrix}$$
$$= \begin{bmatrix} -\omega^{\lambda}\cos(\lambda\pi/2) \\ -\omega^{\lambda}\sin(\lambda\pi/2) \end{bmatrix} \tag{8.6}$$

由式(8.6)可得

$$\begin{cases} K_p(\omega) = \dfrac{\sin\big[\varphi(\omega)-(\lambda\pi/2)\big]}{P_M(\omega)\sin(\lambda\pi/2)} \\[4mm] K_i(\omega) = \dfrac{-\omega^{\lambda}\sin\big[\varphi(\omega)\big]}{P_M(\omega)\sin(\lambda\pi/2)} \end{cases} \tag{8.7}$$

对于固定的分数阶阶次 λ，通过遍历 $\omega \to +\infty$，可绘制出以控制器参数 K_p 和 K_i 分别作为横纵坐标的边界曲线。因此，θ 平面被 RRB 和 CRB 分割成稳定域和不稳定域两个区域。通过对分数阶阶次 $\lambda \in (0,2)$ 的情况进行绘制，可确定分数阶控制器系统完整的稳定域。另外，通过从这两个区域中分别选取响应的测试点，便可知道该区域是否为系统的稳定域。通过上述方法确定的 FOPI 控制器的稳定域可作为控制器参数整定的寻优范围，用以提高控制器的设计与优化算法的收敛速度。

8.1.2　频域性能约束

为了进一步衡量控制系统的稳定性能，频域性能指标中的相角裕度 ϕ 和增益裕度 A 可作为数据驱动控制器设计的边界条件。如图 8.1 所示，奈奎斯特曲线与

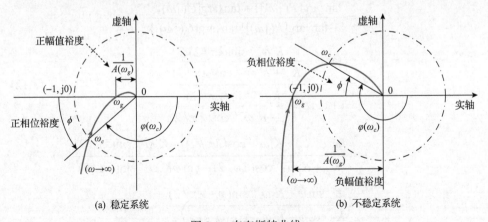

图 8.1　奈奎斯特曲线

临界稳定点 $(-1, j0)$ 越近，系统的稳定裕量越小。其中，ω_c 为增益截止频率；ω_g 为相位截止频率；相角裕度 ϕ 为增益截止频率与 $-180°$（负实轴）的相角度差，表明允许系统相角再滞后 ϕ，系统处于临界稳定状态；增益裕度 A 是穿越频率处的开环幅频特性的倒数，即为奈奎斯特曲线与负实轴的交点到原点距离的倒数，表明若被控系统的开环增益增加 A 倍，则系统恰好处于临界稳定状态。在不利用系统模型的基础上，本节利用系统的频率响应数据，将相角裕度 ϕ 和增益裕度 A 引入控制器的优化整定中来，使最终的控制系统能够满足相应的频域性能指标，进一步保证系统的稳定性与鲁棒性。

根据分数阶控制器的定义，FOPI 控制器频域表达式中的幅值和相位为

$$|C(j\omega)| = \sqrt{C_R^2(\omega) + C_I^2(\omega)}$$
$$\arg[C(j\omega)] = \arctan\left[C_I(\omega) / C_R(\omega)\right] \tag{8.8}$$

其中，

$$C_R(\omega) = K_p + K_i\omega^{-\lambda}\cos(\lambda\pi/2)$$
$$C_I(\omega) = -K_i\omega^{-\lambda}\sin(\lambda\pi/2) \tag{8.9}$$

因此，采用 FOPI 控制器时，被控系统的开环频率响应曲线可表示为

$$G_{ol}(j\omega) = C(j\omega)P(j\omega) \tag{8.10}$$

根据三角函数公式运算法则，可推导得到

$$M_{ol}(\omega) = |C(j\omega)P(j\omega)|$$
$$= P_M(\omega)\sqrt{K_p^2 + (K_i/\omega^\lambda)^2 + 2K_pK_i\cos(\lambda\pi/2)/\omega^\lambda} \tag{8.11}$$

$$\tan[\varphi_{ol}(\omega)] = \tan\{\arg[P(j\omega)] + \arg[C(j\omega)]\}$$
$$= \frac{\tan\{\arg[P(j\omega)]\} + \tan\{\arg[C(j\omega)]\}}{1 - \tan\{\arg[P(j\omega)]\}\tan\{\arg[C(j\omega)]\}}$$
$$= \frac{\tan\varphi - \dfrac{K_i\omega^{-\lambda}\sin(\lambda\pi/2)}{K_p + K_i\omega^{-\lambda}\cos(\lambda\pi/2)}}{1 + \tan\varphi\dfrac{K_i\omega^{-\lambda}\sin(\lambda\pi/2)}{K_p + K_i\omega^{-\lambda}\cos(\lambda\pi/2)}} \tag{8.12}$$
$$= \frac{\tan\varphi[K_p + K_i\omega^{-\lambda}\cos(\lambda\pi/2)] - K_i\omega^{-\lambda}\sin(\lambda\pi/2)}{K_p + K_i\omega^{-\lambda}\cos(\lambda\pi/2) + \tan\varphi K_i\omega^{-\lambda}\sin(\lambda\pi/2)}$$
$$= \frac{K_p\sin\varphi + K_i\omega^{-\lambda}\sin(\varphi - \lambda\pi/2)}{K_p\cos\varphi + K_i\omega^{-\lambda}\cos(\varphi - \lambda\pi/2)}$$

式中，$M_{ol}(\omega)$ 和 $\varphi_{ol}(\omega)$ 分别表示开环频率响应 $G_{ol}(j\omega)$ 的幅值和相位。

根据控制系统相位裕度的相关定义，为了确保其不小于预先设定的边界 φ_{mb}，需满足

$$\arg[P(j\omega_c)] + \arg[C(j\omega_c)] \geqslant -\pi + \varphi_{mb} \tag{8.13}$$

式中，ω_c 为增益截止频率。因此，满足以下条件：

$$\left| P(j\omega_c)C(j\omega_c) \right| = 1 \tag{8.14}$$

同时，根据增益裕度的定义，为了不小于预先设置的边界 L_{gb}，有

$$\frac{1}{\left| P(j\omega_g)C(j\omega_g) \right|} \geqslant L_{gb} \tag{8.15}$$

$$\arg[P(j\omega_g)] + \arg[C(j\omega_g)] = -\pi \tag{8.16}$$

在上面分析的基础上，对于给定的幅值裕度 A 和相位裕度 ϕ，可获得如下关系：

$$1/A^2 = [K_p P_M(\omega_g)]^2 + [K_p P_M(\omega_g)/\omega_g^\lambda]^2 + 2K_p K_i P_M^2(\omega_g)\cos(\lambda\pi/2)/\omega_g^\lambda$$

$$-\pi = \arctan\left\{\frac{\omega_p^\lambda K_p \sin\varphi(\omega_g) + K_i \sin[\varphi(\omega_g) - \lambda\pi/2]}{\omega_p^\lambda K_p \cos\varphi(\omega_g) + K_i \cos[\varphi(\omega_g) - \lambda\pi/2]}\right\} \tag{8.17}$$

$$1 = [K_p P_M(\omega_c)]^2 + [K_p P_M(\omega_c)/\omega_c^\lambda]^2 + 2K_p K_i P_M^2(\omega_c)\cos(\lambda\pi/2)/\omega_c^\lambda$$

$$\phi = \arctan\left\{\frac{\omega_g^\lambda K_p \sin\varphi(\omega_c) + K_i \sin[\varphi(\omega_c) - \lambda\pi/2]}{\omega_g^\lambda K_p \cos\varphi(\omega_c) + K_i \cos[\varphi(\omega_c) - \lambda\pi/2]}\right\} + \pi \tag{8.18}$$

通过设定幅值裕度 A 和相位裕度 ϕ 为分数阶控制器的整定确定了满足频域性能指标的边界条件。需要说明的是，单独只用幅值裕度或相位裕度不能充分保证系统的相对稳定性，应同时给出这两个指标并且一般设定值为 $A=2\sim5$，$\phi = 30° \sim 60°$。

8.2　基于参考模型的性能指标约束条件

8.2.1　理想伯德函数闭环参考模型

对于系统的动态响应，在系统模型结构以及参数未知的情况下，无法使用传统的相关性能评价指标去设计和整定控制器，因此被控系统的相关性能难以满足

实际的控制需求。模型参考自适应控制可通过选定相应的参考模型，作为系统的控制目标，从而达到高性能控制的目的。对于 FOPI 控制器参数的整定目标，最终系统的设计目标是被控系统的控制性能与参考闭环系统特性保持一致，因此，参考模型的选取在整个优化设计的过程中至关重要。传统参考模型的设定一般与系统的实际模型结构保持一致，因此需要提前知道系统的模型结构并确定相应的系统参数以保证受控系统的控制性能。对于交流伺服系统，非线性摩擦力、模型的不确定性等因素的存在加大了其参考模型设定的难度。

考虑到交流伺服系统的分数阶特性以及基于分数阶微积分控制的优越性，本节提出利用理想伯德函数(Bode ideal control loop, BICL)构建的单位分数阶闭环系统作为参考模型。理想伯德函数的定义为 $L(s) = (\omega_{\mathrm{gc}}/s)^{\alpha}$，因此对于理想伯德函数 $L(s)$ 构建的单位闭环系统 $M(s)$ 可表示为

$$M(s) = \frac{L(s)}{1+L(s)} = \frac{\omega_{\mathrm{gc}}^{\alpha}}{s^{\alpha} + \omega_{\mathrm{gc}}^{\alpha}} \tag{8.19}$$

8.2.2 时域性能约束

对于 8.2.1 节选定的理想伯德函数闭环参考系统 $M(s)$，可通过设定合适的系统参数来满足系统不同时域性能控制需求，如超调(依赖 α)、调节时间(依赖 ω_{gc})等。对于不同的应用场合，如六关节工业机器人，因为系统各个关节的运动特性不一样，所以对于参考模型的控制性能选择有所差异。通过使用本章研究的分数阶参考模型，可以根据不同关节的控制需求进行系统参数的选择，满足系统的实时运行要求。

当输入信号为单位阶跃函数 $R(s) = 1/s$ 时，系统的输出为

$$
\begin{aligned}
y(t) &= L^{-1}[M(s)R(s)] \\
&= L^{-1}\left[\frac{\omega_{\mathrm{gc}}^{\alpha}}{s(s^{\alpha} + \omega_{\mathrm{gc}}^{\alpha})}\right] \\
&= 1 - \sum_{n=0}^{\infty} \frac{[-(\omega_{\mathrm{gc}}t)^{\alpha}]^{n}}{\Gamma(1+\alpha n)} = 1 - E_{\alpha}[-(\omega_{\mathrm{gc}}t)^{\alpha}]
\end{aligned}
\tag{8.20}
$$

其中，E_{α} 为单参数 Mittag-Leffler 函数。

对于单参数 Mittag-Leffler 函数 $E_{\alpha}[-(\omega_{\mathrm{gc}}t)^{\alpha}]$，当 $t \to \infty$ 以及 $t \to 0^{+}$ 时，其具有以下收敛性质：

$$E_\alpha[-(\omega_{gc}t)^\alpha] = \begin{cases} 1 - \dfrac{(\omega_{gc}t)^\alpha}{\Gamma(1+\alpha)}, & \omega_{gc}t \to 0^+ \\[3mm] \dfrac{(\omega_{gc}t)^{-\alpha}}{\Gamma(1-\alpha)}, & \omega_{gc}t \to \infty \end{cases} \tag{8.21}$$

因此，分数阶参考模型 $M(s)$ 的单位阶跃响应初始值 $y(0^+)$ 和稳态值 $y(\infty)$ 为

$$y(0^+) = \lim_{t \to 0^+} y(t) = 0, \quad y(\infty) = \lim_{t \to \infty} y(t) = 1 \tag{8.22}$$

式 (8.22) 表明参考模型 $M(s)$ 单位阶跃响应的稳态误差为零，也体现了该参考闭环系统的控制精度高与抗扰动能力强等特性。图 8.2 给出了不同阶次的阶跃响应曲线，α 的合适取值范围为 $1 < \alpha < 2$。图 8.3 给出了该参考模型的阶跃响应调节时间。

从量化的角度，理想伯德函数 $L(s)$ 的系统参数与相关性能指标的关系可近似表示为

$$M_p \approx 0.8(\alpha - 1)(\alpha - 0.75) \tag{8.23}$$

$$T_r \approx \frac{0.131(\alpha + 1.157)^2}{(\alpha - 0.724)\omega_{gc}} \tag{8.24}$$

$$T_s(2\%) \approx \frac{4}{\cos(\pi - \pi/\alpha)\omega_{gc}} \tag{8.25}$$

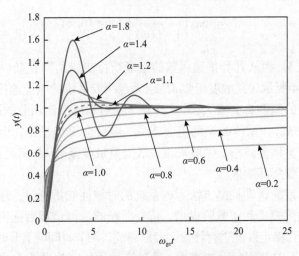

图 8.2 分数阶参考模型单位阶跃响应曲线

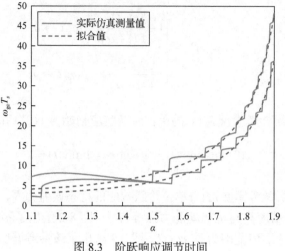

图 8.3　阶跃响应调节时间

$$T_s(5\%) \approx \frac{3}{\cos(\pi - \pi / \alpha)\omega_{gc}} \tag{8.26}$$

式中，$\xi = \cos(\pi - \pi / \alpha)$ 是分数阶参考闭环系统 $M(s)$ 的阻尼比。

8.2.3　灵敏度函数约束

通过对分数阶参考模型 $M(s)$ 的时域性能分析可确定控制器参数整定过程中时域性能指标的约束条件。此外，分数阶参考模型 $M(s)$ 的灵敏度反映了抵抗外界干扰的能力，其灵敏度函数定义为

$$M_s = \max\left[\frac{1}{1 + L(\omega)}\right], \quad \omega \in (0, \infty) \tag{8.27}$$

灵敏度函数 M_s 为从开环传递函数的奈奎斯特曲线到临界点 $(-1, j0)$ 最短距离的倒数，如图 8.4 所示。灵敏度函数 M_s 越大意味着系统的响应速度越快，但是同时也意味着系统的超调将会增大，并且外界干扰对系统控制误差的影响也会增加。减小灵敏度函数 M_s，系统的振荡将会减少，响应会更加平稳，但是时域性能响应变慢，系统增益将会减小。一般来说，最大灵敏度函数 M_s 满足 $1.2 < M_s < 2.0$，以取得合适的系统实际响应。

传统基于模型的运动控制方法考虑系统的时域性能指标时，通过对辨识系统的模型，如分数阶模型和整数阶模型，进行阶跃响应测试或者速度跟踪测试，并对动态响应性能和稳定性能进行评价，考虑超调、调节时间、上升时间等阶跃性能指标或者 ITAE 等误差积分性能准则。通过这种预整定的系统不适用于运行工况

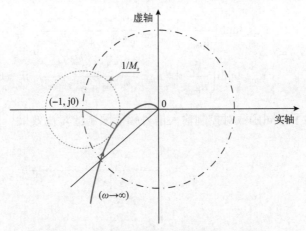

图 8.4　灵敏度函数与奈奎斯特曲线的关系图

发生改变的场合，而且会受到未建模动态和建模误差的影响。本节提出的利用理想伯德函数构建的闭环参考模型，可通过设定不同的参数对系统时域性能进行约束，而不影响系统正常运行过程，可实现在线自适应整定，保证受控系统的控制性能。

8.3　数据驱动多性能指标模型参考自适应控制算法

8.3.1　控制输入信号的幅值限制

在自动控制系统中，饱和特性作为常见的静态非线性特性，会影响系统的闭环控制效果。在交流伺服系统中，考虑到电机扭矩饱和特性，当控制输入信号（电流信号）在一定范围内变化时，其与输出扭矩存在线性关系，此时等效增益是常值；当控制输入信号超过该范围时，输出扭矩将保持为定值，不再随着输入信号变化，系统等效增益将会减小。

为了解决执行机构扭矩非线性饱和问题，保证系统安全合理地运行，常规的方法是通过非线性 sat 函数来限制控制输入信号的幅值：

$$\text{sat}(\tilde{u}_t) = \begin{cases} u_{\max}, & \tilde{u}_t \geqslant u_{\max} \\ \tilde{u}_t, & u_{\min} < \tilde{u}_t < u_{\max} \\ u_{\min}, & \tilde{u}_t \leqslant u_{\min} \end{cases} \tag{8.28}$$

其中，$\tilde{u}_t$、$u_{\max}$ 和 $u_{\min}$ 分别为自适应控制器生成的控制输入信号、预先设定的最大幅值和最小幅值。

为了进一步有效地解决饱和问题，本节利用自然常数将实际控制输入信号 $u(\tilde{u}_t)$ 限制为式(8.29)确定的平滑函数：

$$h(\tilde{u}_t) = \begin{cases} u_{\max} \tanh\left(\dfrac{\tilde{u}_t}{u_{\max}}\right) = u_{\max} \dfrac{\mathrm{e}^{\tilde{u}_t/u_{\max}} - \mathrm{e}^{-\tilde{u}_t/u_{\max}}}{\mathrm{e}^{\tilde{u}_t/u_{\max}} + \mathrm{e}^{-\tilde{u}_t/u_{\max}}}, & \tilde{u}_t \geqslant 0 \\[4mm] u_{\min} \tanh\left(\dfrac{\tilde{u}_t}{u_{\min}}\right) = u_{\min} \dfrac{\mathrm{e}^{\tilde{u}_t/u_{\min}} - \mathrm{e}^{-\tilde{u}_t/u_{\min}}}{\mathrm{e}^{\tilde{u}_t/u_{\min}} + \mathrm{e}^{-\tilde{u}_t/u_{\min}}}, & \tilde{u}_t < 0 \end{cases} \tag{8.29}$$

图 8.5 描述了不同函数对控制输入信号幅值限制的对比效果。

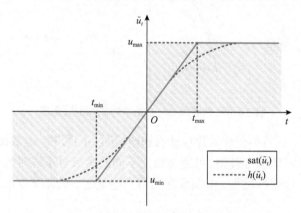

图 8.5　不同函数对控制输入信号幅值限制的对比

经过限幅后，系统的实际输入信号 $u(\tilde{u}_t)$ 可表示为

$$u(\tilde{u}_t) = h(\tilde{u}_t) + \Delta(\tilde{u}_t) \tag{8.30}$$

其中，$\Delta(\tilde{u}_t) = \mathrm{sat}(\tilde{u}_t) - h(\tilde{u}_t)$ 是 $\mathrm{sat}(\tilde{u}_t)$ 和 $h(\tilde{u}_t)$ 的偏差值，并且满足以下条件：

$$\begin{aligned} \left|\Delta(\tilde{u}_t)\right| &= \left|\mathrm{sat}(\tilde{u}_t) - h(\tilde{u}_t)\right| \\ &\leqslant \max\{u_{\max}[1 - \tanh(1)], u_{\min}[\tanh(1) - 1]\} \\ &= u' \end{aligned} \tag{8.31}$$

通过上面的分析可知，$|\tilde{u}_t|$ 超过设置的上限或者下限时，偏差值 $\Delta(\tilde{u}_t)$ 将会从 u' 变成 0；相反，其幅值在范围内时，差值 $\Delta(\tilde{u}_t)$ 将会从 0 增大为 u'，保证了系统的等效增益。

8.3.2　分数阶模型参考自适应控制算法

为了保证受控系统的综合控制性能，本节提出了分数阶模型参考自适应控制算法，利用理想伯德函数构建的闭环系统来表征参考模型特征。根据前述章节构建的数据驱动多性能指标约束条件，结合虚拟参考反馈校正理论，得到数据驱动分数阶模型参考自适应控制的参数整定解决方案：

$$\min_{K_p, K_i, \lambda} J_{\mathrm{VRFT}}(\boldsymbol{\theta}) \tag{8.32}$$

$$\begin{cases} (K_p, K_i, \lambda) \in \Omega, \ u \in \Psi \\ A \geqslant L_{\mathrm{gb}}, \ \phi \geqslant \varphi_{\mathrm{mb}} \\ T_r \leqslant T_r', \quad T_s \leqslant T_s' \\ M_p \leqslant M_p', \ M_s \leqslant \gamma_s \end{cases} \tag{8.33}$$

式中，Ω 为稳定域；Ψ 为输入限幅函数；T_r' 为上升时间；T_s' 为调整时间；L_{gb} 和 φ_{mb} 分别为幅值裕度和相位裕度；M_p' 为超调量；γ_s 为最大灵敏度函数。

为了完成多性能指标约束下的模型参考自适应控制问题的求解，本节采用了粒子群优化(particle swarm optimization, PSO)算法。相比较现有的优化算法，PSO 算法具有很好的收敛性，其算法本身的参数少，可在不增加计算负担的情况下寻找到多目标的全局最优解。PSO 算法通过模拟生物群的社会活动，如鸟类和鱼群，追随当前搜索到的最优值来寻找全局最优解。PSO 算法迭代地更新粒子的位置信息，并具有记忆功能，能记住所搜寻到的最佳位置，从而进行信息共享，动态调整运动的距离和方向，逐步逼近全局最优解。其中，PSO 算法可表示为

$$V_{ij}^{(l+1)} = \varpi V_{ij}^{(l)} + c_1 r_1 (\mathrm{pbest}_{ij} - X_{ij}^{(l)}) + c_2 r_2 (\mathrm{gbest}_{ij} - X_{ij}^{(l)}) \tag{8.34}$$

$$X_{ij}^{(l+1)} = X_{ij}^{(l)} + V_{ij}^{(l+1)}, \quad V_{ij}^{\min} \leqslant V_{ij}^{(l+1)} \leqslant V_{ij}^{\max} \tag{8.35}$$

其中，i 为种群中各粒子的序号；$j = 1, 2, \cdots, d$，d 为求解的维数；l 为迭代数；X_{ij} 为被优化的变量；V_{ij} 为速度矢量；pbest 为局部最优解；gbest 为全局最优解；c_1 和 c_2 为调节搜索的加速度系数；r_1 和 r_2 为[0,1]范围内的随机数；ϖ 为惯性权重。

为了进一步改进 PSO 算法的寻优效率与性能，平衡全局搜索和局部搜索的能力，将非负数的惯性权重 ϖ 定义为如下迭代线性递减函数：

$$\varpi(k) = \varpi_{\max} - \frac{\varpi_{\max} - \varpi_{\min}}{l_{\max}} \times l \tag{8.36}$$

其中，$\varpi_{\max}$ 和 $\varpi_{\min}$ 为预先定义的常数；$l_{\max}$ 为最大迭代次数。

使用上述变步长 PSO 算法，可保证系统开始时步长较大，快速定位到最优的控制器参数的大致范围，进而在该范围内进行进一步最优控制器参数的寻优。

一般来说，如果控制器是相关参数的线性函数(如 IOPI 和 FOPI 控制器)，在没有性能指标约束情况下的参数离线整定准则可用最小二乘法来进行最优控制器

参数的求解。然而考虑到多性能指标约束条件，该整定准则为非线性的多目标寻优问题。因此，最小二乘法等算法不适于本节所提优化问题的求解。PSO算法可通过元启发式方法解决非线性优化问题，具有收敛速度快、计算负担较轻、易处理约束条件等优点，在自动化控制领域得到了广泛运用。因此，采用PSO算法进行分数阶控制器在多性能指标约束条件下的参数优化设计。同时，根据前述章节的研究，当$J_{\mathrm{VRFT}}(\boldsymbol{\theta})$准则得到最优求解时，相应的分数阶模型参考自适应准则也同时获得最优解决方案。图 8.6 是本节所提数据驱动多性能指标模型参考自适应控制算法框图。

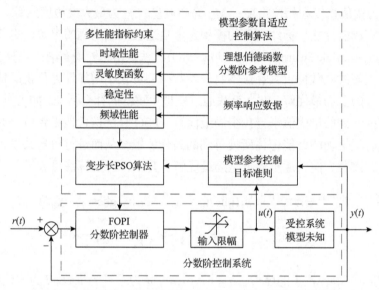

图 8.6　数据驱动多性能指标模型参考自适应控制算法框图

8.3.3　仿真结果分析

在本节仿真测试中，使用的是交流伺服系统中的动态模型，其参数通过辨识算法得到：$a_1 = 0.9978$，$b_0 = 0.0322$。根据 8.1.1 节所提的稳定性约束条件，对于固定的分数阶阶次 λ，稳定边界 RRB 和 CRB 将参数矢量划分为稳定域和不稳定域。通过改变 $\lambda \in (0,2)$ 的范围，可得到分数阶系统稳定域的集合。如图 8.7 所示，将 CRB 曲线和 RRB 曲线绘制在 θ 平面上，此时参数平面被划分为两个区域，即稳定域和不稳定域，根据分数阶阶次的不同，稳定域的范围发生变化。通过遍历 $\lambda \in (0,2)$，可得到如图 8.8 所示的控制系统三维空间稳定域，其横截面分别显示 $\lambda = 1.5$ 和 $\lambda = 1.8$ 时的稳定域。

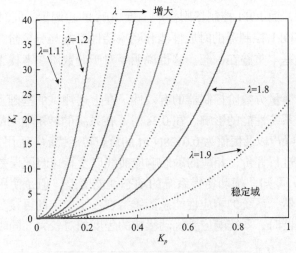

图 8.7 不同分数阶系统的稳定域

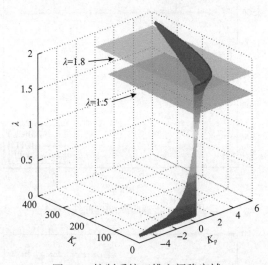

图 8.8 控制系统三维空间稳定域

对于本章所设计的分数阶模型参考自适应控制,参考模型的相关参数设置为:$\alpha = 1.1$,$\omega_{gc} = 80$,系统的采样时间定为 1ms,分数阶算法的迭代计算次数设置为 5,通过对系统进行激励并采集系统的输入和输出数据,可得到系统的控制器参数为 $\hat{\theta} = (3.6427, 0.0471)^T$,最优分数阶阶次选定为 $\lambda = 1.3$,此时的数据驱动目标函数的值为 3.1018×10^{-5}。

对于系统的性能测试,首先进行的是阶跃响应测试。从图 8.9 和图 8.10 可看出,用于对比的 IOPI 和 FOPI 控制器都不会引起稳态误差,但是本节所提出的分数阶控制系统在兼具平滑性的同时保持了很好的动态响应性能,特别是具有很强的超调抑制能力，而 IOPI 控制器则会产生近 10% 的超调量。同时根据图 8.10 和图 8.11 可知，FOPI 控制器的时域性能和频率特性都能与分数阶参考模型保持一致，两者的响应基本重叠在一起。这也说明了对于分数阶参考模型使用分数阶控制器的优越性。

　　为了进一步衡量分数阶控制器的有效性，在上述测试的基础上，考虑负载扰动与噪声干扰对系统性能的影响。在 0.3s 时，在系统的转矩输入端同时添加幅值为 0.05N·m 的白噪声以及恒值为 0.0128N·m 的负载转矩扰动。采用方波参考值对控制器的控制性能进行评价，相应的动态响应曲线以及转速跟随误差分别如图 8.12 和图 8.13 所示。可知，扰动使得系统的动态性能变差，但是使用本章方法整定后的分数阶控制器，系统的响应性能总能维持在一个稳定的可接受的范围内。而使用整数阶控制器时，系统响应受扰动影响的程度相对较大。同时，考虑到实际

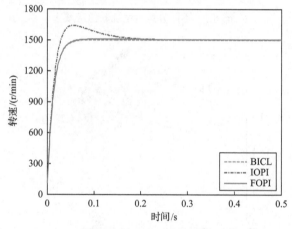

图 8.9　转速阶跃响应曲线

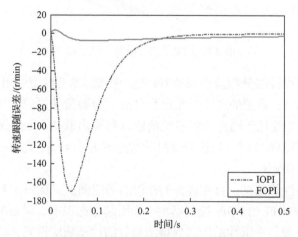

图 8.10　阶跃响应曲线转速跟随误差

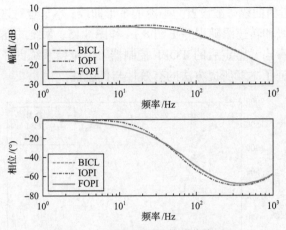

图 8.11 不同控制器的伯德曲线对比

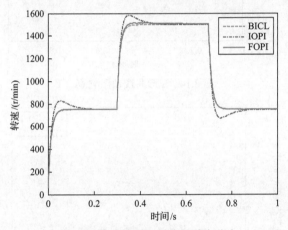

图 8.12 扰动情况下系统的动态响应

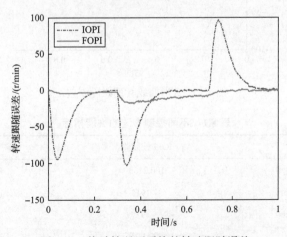

图 8.13 扰动情况下系统的转速跟随误差

运行情况中，参考值曲线一般设置为平滑的 S 形曲线，本节也对这种情况进行了仿真，动态响应曲线和转速跟随误差见图 8.14 和图 8.15，系统的性能指标见表 8.1。从以上结果可以看出，整定后的 FOPI 控制器可以维持系统良好的动态响应性能以及稳定性，验证了本章所提方法的有效性与优越性。

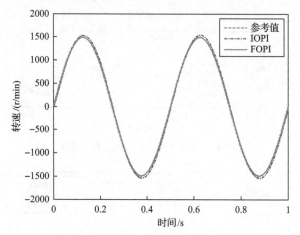

图 8.14　S 形曲线动态响应

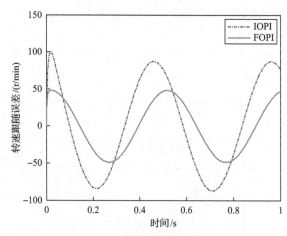

图 8.15　S 形曲线转速跟随误差

表 8.1　不同控制方法的性能指标

性能指标	IOPI 控制器	FOPI 控制器
最大值/(r/min)	100.2463	48.9636
标准差/(r/min)	27.1915	14.9067
均方根/(r/min)	56.4717	30.7123
ITAE	62.6903	34.1501

8.4　实　验　验　证

为了确保控制算法的顺利实施，相关的性能指标约束设定为：$A=2\sim5$，$\phi=30°\sim60°$，$T_r'=0.05$，$T_s'=0.1$，$\gamma_s=1.8$，$M_p'=0.05$。为了取得较好的优化效果，变步长 PSO 算法的迭代次数定为 300。为满足系统时域性能需求，参考模型的参数设置为 $\alpha=1.1$，$\omega_{gc}^{\alpha}=80$。

系统开环激励的输入电流和输出转速信号见图 8.16，这些数据将用于控制器参数的整定。对于本节的交流伺服系统，图 8.17 描述了分数阶阶次 λ 为 1.1、1.2、

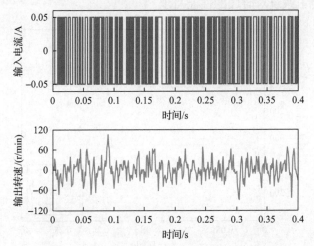

图 8.16　系统开环激励的输入电流和输出转速信号

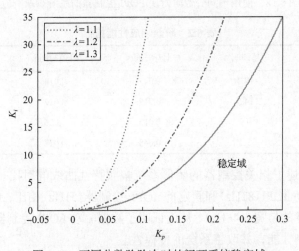

图 8.17　不同分数阶阶次时的闭环系统稳定域

1.3 时的系统稳定域。通过分数阶阶次在(0, 2)范围内进行变化便可以得到系统的全部稳定域。传统的 IOPI 控制器(包括整定前以及使用本章所提方法整定的 IOPI 控制器)将被用于性能对比实验。其中，整定前 IOPI 控制器、整定后 IOPI 控制器和 FOPI 控制器的参数分别为{2.3438, 0.0200, 1}、{3.1256, 0.0532, 1}、{4.6875, 0.1224, 1.3}。

图 8.18 显示了使用不同分数阶阶次 FOPI 控制器的系统阶跃响应。可观察得到，在最终所有的闭环系统中都不存在稳态误差。整定后控制系统的上升时间是 0.018s，可以满足预设置的小于 0.05s 的实际需求。具体而言，如表 8.2 所示，使用整定后的最优分数阶阶次的控制系统具有较小的超调(3.2%)、较短的调节时间 (0.054s)，满足了系统对时域的性能需求。

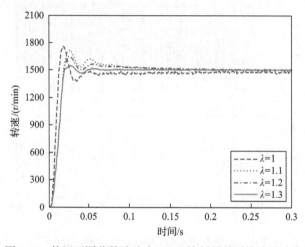

图 8.18　使用不同分数阶阶次 FOPI 控制器的系统阶跃响应

表 8.2　阶跃响应性能指标

分数阶阶次 λ	超调/%	上升时间/s	峰值时间/s	2%调节时间/s
1	17.4	0.013	0.018	0.128
1.1	14.5	0.019	0.027	0.101
1.2	9.9	0.019	0.026	0.093
1.3	3.2	0.018	0.027	0.054

图 8.19 描述了相关控制器的闭环系统幅频特性曲线的对比。从图中可以看出，与数据驱动 IOPI(81Hz)和整定前 IOPI 控制器(51Hz)相比，数据驱动 FOPI 控制器具有最宽的带宽(146Hz)，从而证明了数据驱动 FOPI 控制器能使系统达到最佳的频域控制性能，并改善系统的鲁棒性。

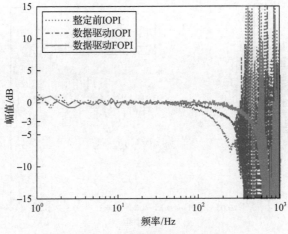

图 8.19　闭环系统幅频特性

　　本节设计的转速跟踪验证实验包含空载和加载两种情况。空载情况将考虑转速参考值与数据驱动 FOPI 控制器、数据驱动 IOPI 控制器和整定前 IOPI 控制器之间的跟随误差值。如图 8.20 和图 8.21 所示，考虑到动态性能，基于本章所提运动控制方法的 FOPI 控制器能更精确地跟踪系统的转速参考值，这得益于 FOPI 控制器与 IOPI 控制器相比额外的控制参数与自由度。图 8.21 显示了三个控制器的转速跟随误差。可以看出，数据驱动 FOPI 控制器的跟随误差比整定前 IOPI 控制器和数据驱动 IOPI 控制器要小，这验证了本章所提出的数据驱动控制方法的优越性与有效性。图 8.22 给出了不同控制方法的输入电流信号。在矢量控制框架下，该图所描绘的控制输入信号是交流伺服系统 q 轴的实际电流。

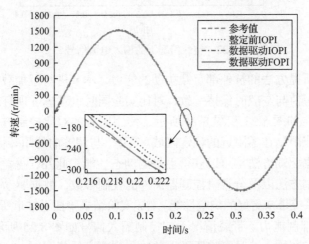

图 8.20　空载情况下的动态响应

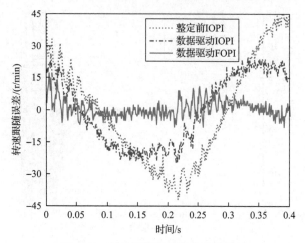

图 8.21　空载情况下的转速跟随误差

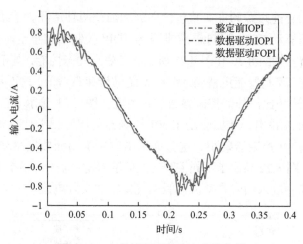

图 8.22　空载情况下的输入电流信号

　　为了评估所提方法的抗外部负载扰动的能力，本节进行了加载实验。带载情况下的转速参考值与空载时保持一致，对比实验同时也考虑了现有的基于精确模型的控制方法。如图 8.23 和图 8.24 所示，使用所有的对比控制方法，系统的转速跟随误差都能限制在零附近的稳定区域。其中，与调整前的闭环控制系统相比，基于模型及数据驱动方法均可以获得更好的动态性能。此外，得益于本章所提出的数据驱动控制方法以及分数阶控制器额外的控制参数，数据驱动 FOPI 控制器可以为最终的系统带来更好的响应性能。上述实验结果验证了本章所提控制方法的鲁棒性和干扰抑制能力。带载情况下的控制输入信号如图 8.25 所示，通过 FOPI 控制器生成的控制输入信号可将跟随误差减小到更小的范围。

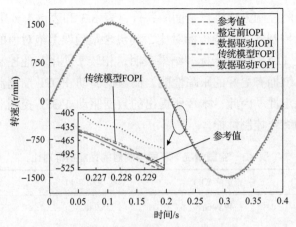

图 8.23　带载情况下的动态响应

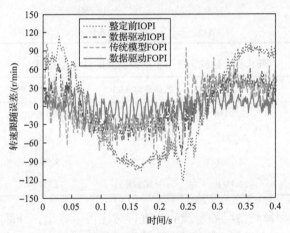

图 8.24　带载情况下的转速跟随误差

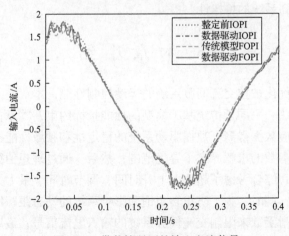

图 8.25　带载情况下的输入电流信号

为了对相关的控制方法进行全面的评价，表 8.3 和表 8.4 分别给出了空载和带载情况下不同控制器的性能指标对比，其包含跟随误差绝对值的最大值、标准差、均方根以及 ITAE 评价指标。结果表明，相较于使用其他控制方法的系统，数据驱动控制系统拥有更好的跟踪性能，而数据驱动 FOPI 控制器具有最佳的动态响应性能和稳定性。因此，本章所提出的数据驱动 FOPI 控制器调整方法具有较高的适应性和综合控制性能。

表 8.3　空载情况下不同控制器的性能指标对比

性能指标	整定前 IOPI	数据驱动 IOPI	数据驱动 FOPI
最大值/(r/min)	49.9466	25.9482	16.9387
标准差/(r/min)	12.4492	6.5956	2.6982
均方根/(r/min)	24.8983	19.7868	12.7415
ITAE	8.84941	6.1459	2.5483

表 8.4　带载情况下不同控制器的性能指标对比

性能指标	整定前 IOPI	数据驱动 IOPI	传统模型 FOPI	数据驱动 FOPI
最大值/(r/min)	122.9180	79.8967	100.7328	35.9760
标准差/(r/min)	26.8321	14.5403	18.8874	7.6449
均方根/(r/min)	74.3504	36.4257	38.5243	24.8834
ITAE	28.3311	12.2918	13.7908	7.3451

通过对空载和带载情况的系统响应进行对比可以看出，外部力矩的干扰会影响系统的跟踪性能，而使用本章提出的数据驱动控制方法可改进系统对外部扰动的抑制能力，提高系统的鲁棒性。

8.5　本 章 小 结

为了进一步优化被控交流伺服系统的运动控制性能，本章提出了数据驱动多性能指标优化方法。不同于传统基于模型的性能指标约束，本章首先利用系统的输入输出频率响应数据得到了数据驱动系统的稳定性和频域性能指标约束，这两者为最优控制器参数的求解界定了寻优范围；然后，通过理想伯德函数设计了闭环系统参考模型，综合考虑了超调、上升时间、调节时间、最大灵敏度函数等性能指标约束条件；同时，为了防止转矩饱和影响系统的动态跟踪性能，设计了基于自然常数的平滑函数来限制交流伺服系统的输入电流信号；最后，通过变步长

PSO 算法，进行了多约束条件下的寻优求解，确定了系统综合性能最优的控制器参数，保证了数据驱动多性能指标模型参考自适应控制问题的最优解。仿真结果验证了所提方法的有效性。

相比于现有的基于模型的运动控制方法，本章所提方法不使用系统的实际模型信息，因此不受非建模动态、建模误差与系统模型不确定度的影响，并且该方法能适用于整数阶和分数阶系统，适用性广。

参 考 文 献

[1] 陈鹏展. 交流伺服系统控制参数自整定策略研究[D]. 武汉: 华中科技大学, 2010.

[2] 胡雄雄, 龚时华, 李斌, 等. 摆臂高频往复旋转定位抑振控制[J]. 电气自动化, 2014, 5: 77-81.

[3] 刘海涛. 工业机器人的高速高精度控制方法研究[D]. 广州: 华南理工大学, 2012.

[4] 卢少武. 永磁同步直线伺服系统的参数自整定与抗扰动策略研究[D]. 武汉: 华中科技大学, 2010.

[5] 郑世祺. 基于分数阶的交流伺服系统控制参数整定方法研究[D]. 武汉: 华中科技大学, 2016.

[6] Ma C B, Hori Y C. Fractional-order control: Theory and applications in motion control[J]. IEEE Industrial Electronics Magazine, 2007, 4(1): 6-16.

[7] Zheng W J, Luo Y, Chen Y Q, et al. Fractional-order modeling of permanent magnet synchronous motor speed servo system[J]. Journal of Vibration and Control, 2016, 22(9): 2255-2280.

[8] Yu W, Luo Y, Chen Y Q, et al. Frequency domain modelling and control of fractional-order system for permanent magnet synchronous motor velocity servo system[J]. IET Control Theory and Applications, 2016, 10(2): 136-143.

[9] 梁涛年. 分数阶 PID 控制器及参数不确定分数阶系统稳定域分析[D]. 西安: 西安电子科技大学, 2012.

[10] Zhang B T, Pi Y. Robust fractional order proportion-plus-differential controller based on fuzzy inference for permanent magnet synchronous motor[J]. IET Control Theory and Applications, 2012, 6(6): 829-837.

[11] Podlubny I, Magin R, Trymorush I. Niels Henrik Abel and the birth of fractional calculus[J]. Fractional Calculus and Applied Analysis, 2017, 31: 1068-1075.

[12] Barbosa R, Machado J, Ferreira I. Tuning of PID controllers based on Bode's ideal transfer function[J]. Nonlinear Dynamics, 2004, 38: 305-321.

[13] Podlubny I. Fractional Differential Equations[M]. San Diego: Academic Press, 1999.

[14] Zhang B T, Pi Y. Enhanced robust fractional order proportional-plus-integral controller based on neural network for velocity control of permanent magnet synchronous motor[J]. ISA Transactions, 2013, 52(4): 510-516.

[15] Romero M, Madrid A, Manoso C, et al. Fractional-order generalized predictive control: Application for low-speed control of gasoline-propelled cars[J]. Mathematical Problems in Engineering, 2013: 289-307.

[16] Ge F, Chen Y, Kou C. Regional controllability analysis of fractional diffusion equations with Riemann-Liouville time fractional derivatives[J]. Automatica, 2017, 76: 193-199.

[17] Nguyen L, Bonnet C. Stabilization of MISO fractional systems with delays[J]. Automatica, 2017, 83: 337-344.

[18] Victor S, Mayoufi A, Malti R, et al. System identification of MISO fractional systems: Parameter and differentiation order estimation[J]. Automatica, 2022, 141: 110268.

[19] Haeri M, Tavazoei M. A proof for non existence of periodic solutions in time invariant fractional order systems[J]. Automatica, 2009, 45(8): 1886-1890.

[20] 卫一恒, 朱敏, 彭程, 等. 不确定分数阶时滞系统的鲁棒稳定性判定准则[J]. 控制与决策, 2014, 29(3): 511-516.

[21] Zhang Q, Lu J. Robust stability of output feedback controlled fractional-order systems with structured uncertainties in all system coefficient matrices[J]. ISA Transactions, 2020, 105: 51-62.

[22] 郑伟家, 王孝洪, 皮佑国. 基于输出误差的永磁同步电机分数阶建模[J]. 华南理工大学学报, 2015, 43: 8-13.

[23] Song G, Tao G. A partial-state feedback model reference adaptive control scheme[J]. IEEE Transactions on Automatic Control, 2020, 65(1): 44-57.

[24] Lu S, Tang X, Song B, et al. GPC-based self-tuning PI controller for speed servo system of PMSLM[J]. Asian Journal of Control, 2013, 15(5): 1325-1336.

[25] Zheng S, Tang X, Song B, et al. Stable adaptive PI control for permanent magnet synchronous motor drive based on improved JITL technique[J]. ISA Transactions, 2013, 52(4): 539-549.

[26] Wang W, Long J, Zhou J, et al. Adaptive backstepping based consensus tracking of uncertain onlinear systems with event-triggered communication[J]. Automatica, 2021, 133: 109841.

[27] Zheng S, Shi P, Wang S, et al. Adaptive neural control for a class of nonlinear multi-agent systems[J]. IEEE Transactions on Neural Networks and Learning Systems, 2021, 32(2): 763-776.

[28] Weng Y P, Gao X W. Data-driven sliding mode control of unknown MIMO nonlinear discrete-time systems with moving PID sliding surface[J]. Journal of the Franklin Institute, 2017, 354(15): 6463-6502.

[29] Ri M, Yun C. Riemann-Liouville fractional derivatives of hidden variable recurrent fractal interpolation functions with function scaling factors and box dimension[J]. Chaos, Solitons & Fractals, 2022, 156: 111793.

[30] Zaky M, Hendy A, Suragan D. A note on a class of Caputo fractional differential equations with respect to another function[J]. Mathematics and Computers in Simulations, 2022, 196: 289-295.

[31] Scherer R, Kalla S, Tang Y, et al. The Grünwald-Letnikov method for fractional differential equations[J]. Computers & Mathematics with Applications, 2011, 62(3): 902-917.

[32] Monje C, Chen Y Q, Vinagre B M, et al. Fractional-Order Systems and Controls: Fundamentals and Applications[M]. New York: Springer, 2010.

[33] Luo Y, Chen Y, Wang C, et al. Tuning fractional order proportional integral controllers for fractional order systems[J]. Journal of Process Control, 2010, 20(7): 823-831.

[34] Esmaeilzad A, Khanlari K. Dynamic condensation of non-classically damped structures using the method of MacLaurin expansion of the frequency response function in Laplace domain[J]. Journal of Sound and Vibration, 2018, 426: 111-128.

[35] Merrikh-Bayat F. Rules for selecting the parameters of oustaloup recursive approximation for the simulation of linear feedback systems containing PID controller[J]. Communications in Nonlinear Science and Numerical Simulations, 2012, 17(4): 1852-1861.

[36] Malek H, Luo Y, Chen Y Q. Identification and tuning fractional order proportional integral controllers for time delayed systems with a fractional pole[J]. Mechatronic, 2013, 23(7): 746-754.

[37] 余伟. 永磁同步电动机的分数阶建模研究[D]. 广州: 华南理工大学, 2014.

[38] 陈天航. NCUC-Bus 现场总线技术研究及实现[D]. 武汉: 华中科技大学, 2011.

[39] 王翰, 宋宝, 唐小琦, 等. 基于 NCUC_Bus 现场总线的数据硬件复制设计实现[J]. 组合机床与自动化加工技术, 2012, 7: 23-26.

[40] Zheng S, Tang X, Song B. A graphical tuning method of fractional order proportional integral derivative controllers for interval fractional order plant[J]. Journal of Process Control, 2014, 24(11): 1691-1709.

[41] Liang T, Chen J, Lei C. Algorithm of robust stability region for interval plant with time delay using fractional order $PI^{\lambda}D^{\mu}$ controller[J]. Communications in Nonlinear Science and Numerical Simulation, 2012, 17(2): 979-991.

[42] Wang D J, Li W, Guo M L. Tuning of $PI^{\lambda}D^{\mu}$ controllers based on sensitivity constraint[J]. Journal of Process Control, 2013, 23(6): 861-867.

[43] Zheng S, Tang X, Song B. Graphical tuning method of FOPID controllers for fractional order uncertain system achieving robust D-stability[J]. International Journal of Robust and Nonlinear Control, 2015, 26(5): 1112-1142.

[44] Yu W, Luo Y, Pi Y. Fractional order modeling and control of permanent magnet synchronous motor velocity servo system[J]. Mechatronics, 2013, 23(17): 813-820.

[45] Zheng S, Tang X, Song B. Graphical tuning methods for nonlinear fractional order PID-type controllers free of analytical model[J]. Transactions of the Institute of Measurement and Control, 2016, 38(12): 1442-1459.

[46] Zheng S. Robust stability of fractional order system with general interval uncertainties[J]. Systems & Control Letters, 2017, 99: 1-8.

[47] Zheng S, Li W. Stabilizing region of PD^{μ} controller for fractional order system with general interval uncertainties and an interval delay[J]. Journal of the Franklin Institute, 2018, 355(3): 1107-1138.

[48] Yeroglu C, Ates A. A stochastic multi-parameters divergence method for online auto-tuning of fractional order PID controllers[J]. Journal of Franklin Institute, 2014, 351(5): 2411-2429.

[49] Zheng S, Tang X, Song B. Tuning strategy of fractional-order PI controllers for PMSM based on enhanced SMDO algorithm[J]. IET Control Theory and Applications, 2016, 10(11): 1240-1249.

[50] Li K. PID tuning for optimal closed-loop performance with specified gain and phase margins[J]. IEEE Transactions on Control Systems Technology, 2013, 21(3): 1024-1030.

[51] Lu S, Zheng S, Tang X, et al. Adaptive speed control based on just-in-time learning technique for permanent magnet synchronous linear motor[J]. Journal of Process Control, 2013, 23(10): 1455-1464.

[52] Chen X, Zheng S, Liu F, et al. Adaptive backstepping sliding mode control for fractional order systems[C]. The 39th Chinese Control Conference, Shenyang, 2020: 520-525.

[53] Alagoz B, Ateş A, Yeroğlu C. Auto-tuning of PID controller according to fractional-order reference model approximation for DC rotor control[J]. Mechatronics, 2013, 23(7): 789-797.

[54] Yang Z, Zheng S, Liu F, et al. Adaptive output feedback control for fractional-order multi-agent systems[J]. ISA Transactions, 2020, 96: 195-209.

[55] Liang B, Zheng S, Ahn C K, et al. Adaptive fuzzy control for fractional-order interconnected systems with unknown control directions[J]. IEEE Transactions on Fuzzy Systems, 2022, 30(1): 75-87.

[56] Zhang X, Zheng S, Ahn C K, et al. Adaptive neural consensus for fractional-order multi-agent systems with faults and delays[J/OL]. IEEE Transactions on Neural Networks Learning Systems, 2022. DOI: 10.1109/TNNLS.2022.3146889.

[57] Xie Y, Tang X, Zheng S, et al. Adaptive fractional order PI controller design for flexible swing arm system via enhanced virtual reference feedback tuning[J]. Asian Journal of Control, 2018, 20(3): 1221-1240.

[58] Pradhan R, Majhi S K, Pradhan J K, et al. Antlion optimizer tuned PID controller based on Bode ideal transfer function for automobile cruise control system[J]. Journal of Industrial Information Integration, 2018, 9: 45-52.

[59] Ding F, Xu L, Zhu Q. Performance analysis of the generalised projection identification for time-varying systems[J]. IET Control Theory and Applications, 2016, 10(18): 2506-2514.

[60] Al-Timemy A H, Khushaba R N, Bugmann G, et al. Improving the performance against force variation of EMG controlled multifunctional upper-limb prostheses for transradial amputees[J]. IEEE Transactions on Neural Systems and Rehabilitations Engineering, 2016, 24(6): 650-661.

[61] Xie Y, Tang X, Song B, et al. Data-driven adaptive fractional order PI control for PMSM servo system with measurement noise and data dropouts[J]. ISA Transactions, 2018, 75: 172-188.